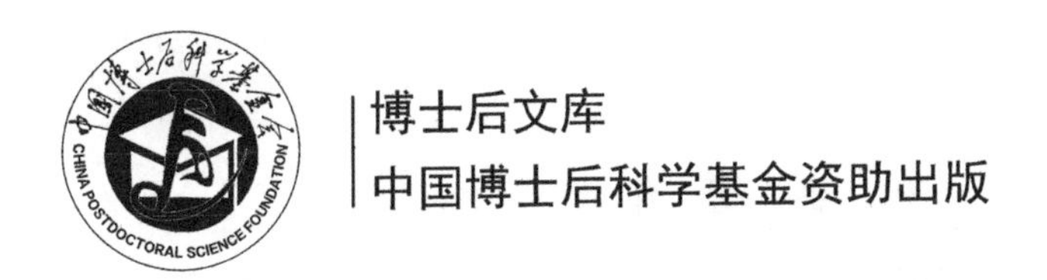

炼钢-精炼-连铸生产调度决策方法及应用

孙亮亮　著

科学出版社
北京

内 容 简 介

本书从实际钢铁企业炼钢-精炼-连铸生产调度的优化问题出发，全面系统地分析该生产过程中的多重性能指标、复杂约束条件、多种扰动因素，深入研究钢铁企业在不同工况下炼钢-精炼-连铸的生产调度优化数学模型的搭建方法及其求解策略。

本书可供流程工业生产管理优化相关领域的研究人员和工程技术人员阅读，也可作为高等院校控制科学与工程专业研究生的参考书。

图书在版编目(CIP)数据

炼钢-精炼-连铸生产调度决策方法及应用 / 孙亮亮著. —北京：科学出版社，2023.8

（博士后文库）

ISBN 978-7-03-073997-1

Ⅰ. ①炼… Ⅱ. ①孙… Ⅲ. ①炼钢-生产调度-研究②精炼（冶金）-生产调度-研究③连续铸钢-生产调度-研究 Ⅳ. ①TF7②TF114③TF777

中国版本图书馆 CIP 数据核字（2022）第 224668 号

责任编辑：姜 红 韩海童 / 责任校对：邹慧卿
责任印制：吴兆东 / 封面设计：无极书装

科学出版社 出版
北京东黄城根北街 16 号
邮政编码：100717
http://www.sciencep.com

北京中石油彩色印刷有限责任公司 印刷
科学出版社发行 各地新华书店经销
*
2023 年 8 月第 一 版 开本：720×1000 1/16
2023 年 8 月第一次印刷 印张：13 1/4
字数：267 000

定价：129.00 元

（如有印装质量问题，我社负责调换）

“博士后文库”序言

1985 年，在李政道先生的倡议和邓小平同志的亲自关怀下，我国建立了博士后制度，同时设立了博士后科学基金。30 多年来，在党和国家的高度重视下，在社会各方面的关心和支持下，博士后制度为我国培养了一大批青年高层次创新人才。在这一过程中，博士后科学基金发挥了不可替代的独特作用。

博士后科学基金是中国特色博士后制度的重要组成部分，专门用于资助博士后研究人员开展创新探索。博士后科学基金的资助，对正处于独立科研生涯起步阶段的博士后研究人员来说，适逢其时，有利于培养他们独立的科研人格、在选题方面的竞争意识以及负责的精神，是他们独立从事科研工作的“第一桶金”。尽管博士后科学基金资助金额不大，但对博士后青年创新人才的培养和激励作用不可估量。四两拨千斤，博士后科学基金有效地推动了博士后研究人员迅速成长为高水平的研究人才，“小基金发挥了大作用”。

在博士后科学基金的资助下，博士后研究人员的优秀学术成果不断涌现。2013 年，为提高博士后科学基金的资助效益，中国博士后科学基金会联合科学出版社开展了博士后优秀学术专著出版资助工作，通过专家评审遴选出优秀的博士后学术著作，收入“博士后文库”，由博士后科学基金资助、科学出版社出版。我们希望，借此打造专属于博士后学术创新的旗舰图书品牌，激励博士后研究人员潜心科研，扎实治学，提升博士后优秀学术成果的社会影响力。

2015 年，国务院办公厅印发了《关于改革完善博士后制度的意见》(国办发〔2015〕87 号)，将“实施自然科学、人文社会科学优秀博士后论著出版支持计划”作为“十三五”期间博士后工作的重要内容和提升博士后研究人员培养质量的重要手段，这更加凸显了出版资助工作的意义。我相信，我们提供的这个出版资助平台将对博士后研究人员激发创新智慧、凝聚创新力量发挥独特的作用，促使博士后研究人员的创新成果更好地服务于创新驱动发展战略和创新型国家的建设。

祝愿广大博士后研究人员在博士后科学基金的资助下早日成长为栋梁之才，为实现中华民族伟大复兴的中国梦做出更大的贡献。

中国博士后科学基金会理事长

前　言

钢铁制造业是工业生产的支柱，能够为建筑、汽车、机械等行业提供基本原材料。典型的钢铁生产流程主要包括炼铁、炼钢-精炼-连铸、轧制三个过程。炼钢-精炼-连铸生产是整个钢铁生产的瓶颈环节，该过程包括炼钢、精炼、连铸三个阶段，精炼阶段由循环式真空脱气（Ruhrstahl Heraeus refining，RH）法、钢包加罩吹氩精炼（composition adjustment by sealed argon bubbling，CAS）法、钢包喷粉钙处理（Kimitsu inject process，KIP）法等多种精炼方式组成。炼钢-精炼-连铸生产调度由主体设备在辅助设备协同配合下通过多种精炼方式完成。从高炉烧制的铁水通过转炉冶炼成钢水，然后根据每炉钢水的不同等级倒入与之对应的容器——钢包（一台转炉或精炼炉内冶炼的一炉钢水，称为一个炉次）。数量有限的钢包通过横向行走的天车和纵向行走的台车的合理调配及协同运输，根据钢水需求的不同载运钢包到其对应的精炼设备，进行一重或多重精炼（一个炉次在一个或多个精炼设备上加工，分别称为一重或多重精炼）。精炼后的钢水由钢包装载，通过天车和台车运送到连铸机，由连铸机铸成板坯（在同一台连铸机上连续浇铸的炉次集合，称为一个浇次）。随着钢铁企业市场化需求向多品种、少批量、准时交货的方向发展，炼钢-精炼-连铸生产调度对物流、资源与时间的动态平衡，以及生产资源的合理配置的需求不断提高。科学合理的炼钢-精炼-连铸生产调度编制（在炉次的工艺路径、每个炉次加工工序总数以及每道工序所选设备种类已知的条件下，考虑炼钢-精炼-连铸过程的性能指标、约束条件，确定每个炉次在选择的工序以及在所选设备加工的开始时间）可以大幅提高大型钢厂的生产效率，调控生产节奏，缩短工序等待时间，降低物耗、能耗，从而提高产品竞争力。

炼钢-精炼-连铸生产调度优化的决策问题属于大规模混合流水车间调度问题，此类调度问题的建模方法和优化方法是炼钢-精炼-连铸生产调度优化的核心研究内容。炼钢-精炼-连铸生产调度问题的建模方法通过建立生产过程的调度模型，给出生产过程调度性能指标的数学形式表达，为优化算法和调度方法的优劣评价奠定基础；调度方法主要用于在满足该过程调度问题的工艺和资源等相关约束条件下，采用合适的算法或技术，使得该调度过程的多个性能指标达到最优或近似最优。在炼钢-精炼-连铸生产调度编制过程中，因多炉次在精炼环节多设备、多阶段并行处理产生的指数级路径组合带来多种“作业冲突”可能性，每种路径组合中同一设备上两个相邻炉次产生“作业冲突”的不确定性，同一浇次中炉次间连续浇铸生产特性难以采用精确的数学模型描述，多个炉次调度优化过程需兼顾多重性能指标、多重约束条件，已有方法直接应用于大规模炼钢-精炼-连铸生产调度存在着过程描述难、存储空间大和计算时间长等问题，难以保证实际钢铁企业对炼钢-精炼-连铸生产调度数学模型求解质量和求解速度的要求。

本书以国内某大型钢厂生产过程实例为背景，提出更加贴近实际生产的炼钢-精炼-连铸生产调度决策方法。作者一直从事复杂工业生产过程计划与调度决策理论的研究工作。本书是作者对近年来从事流程工业生产管理优化方法研究的阶段性工作进行的总结，涉及的研究工作得到国家自然科学基金项目（项目编号：61873174）、中国博士后科学基金项目（项目编号：2017M611261）、辽宁省“兴辽英才计划”青年拔尖人才项目（项目编号：XLYC1807115）、辽宁省自然科学基金项目（项目编号：2020-KF-11-07）以及辽宁省中青年科技创新人才支持计划项目（项目编号：RC200003）的资助。

在本书出版之际，由衷地感谢我的博士研究生导师柴天佑教授以及美国博士联合培养导师 Peter B. Luh 教授。他们在自动化领域给我指明了科研的方向，他们淡泊名利、孜孜以求的科学精神感染着我。本书的出版得到东北大学赵勇教授、郭戈教授、罗小川教授、刘腾飞教授、卢绍文教授，沈阳建筑大学李宇鹏教授，中国科学院沈阳分院于海斌研究员，中国科学院沈阳自动化研究所李智刚研究员的大力支持，以及李聪鑫、于亚倩、金行、李野、李智等研究生的大力协助，对他们为本书做出的贡献表示由衷的感谢。

本书从构思、资料搜集与整理到提交出版社，耗时 3 年。其间，流程工业生产管理优化理论在不断发展、更新。作者所在课题组也在不断完善炼钢-精炼-连铸生产调度方法。由于作者水平有限，书中难免会有疏漏之处，诚挚地希望得到多方面的批评与指正，衷心希望读者不吝赐教。

孙亮亮
2022 年 5 月于沈阳

目　　录

1 绪　　论

1.1 引　　言

钢铁生产是国民经济的基础，在很多领域如造船、汽车等都需要钢铁生产。炼钢-精炼-连铸生产调度又是钢铁生产的瓶颈环节，该过程上游连接从炼铁厂炼出的铁水；同时该过程下游连接轧制车间，将板坯或钢锭输送到下游机组再根据订单的需要进行深加工。故此，炼钢-精炼-连铸生产调度对整个钢铁生产起到决定性的作用。传统的钢铁生产依靠人工组织的生产模式，导致其生产效率低下[1]。同时在生产过程中，由于紧急订单的插入、计划突发情况的变更及相关工序不畅通导致生产效率低下，进而导致库存积压或对客户交货延迟。这样粗放式的生产管理，导致钢铁生产的产量低、质量差、人工成本高。随着自动化水平的提高以及钢铁生产规模的扩大，基于三层架构的生产理念应运而生[2-5]。钢铁生产炼钢-精炼-连铸生产调度的制造执行系统（manufacturing execution system，MES）作为企业资源计划（enterprise resource planning，ERP）层与过程控制系统（process control system，PCS）层连接的桥梁，起到至关重要的作用。MES 将 ERP 层和 PCS 层的信息孤岛有效地连接起来。当 ERP 层接到订单后，将订单信息有效、科学、合理地进行安排，下发给 PCS 层，形成 ERP+MES+PCS 三层架构的生产组织模式。生产组织部门接到订单后，首先将其分为必须自制的订单、可自制可外协的订单、必须外协的订单三类；然后进入优化自制与外协模块，根据自身产能及资源约束情况，将可自制可外协的订单合理外协（外协瓶颈工序的订单）；最后订单下到外协或者自制生产执行部门（车间），生产执行部门根据当前设备、工人、原料、交货期等情况进行最优排产[6]。该模式能够将订单等相关的信息进行有效分配，提高了 ERP 层的工作效率，同时能够提高 PCS 层的生产质量和生产能力，均衡设备的工作能力，降低生产成本。传统的手工排产方法，是通过调度人员的经验来对企业生产计划进行安排，但是往往受思维的局限，调度问题属于非确定性多项式时间复杂性类（NP）难问题，很难通过人脑得到一个全局的最优解决方案去适应实际的生产情况和应对突发的生产变化。于是，科学合理的调度方法应运而生。合理的调度优化方法能够保证大规模钢铁生产过程中产品的质量与生产的效率。针对该问题，本书进行了深入的研究，所有的工作均以国内某大型钢厂为研究背景，工业对象为该钢厂的某转炉式炼钢-精炼-连铸生产过程。所有数据均来自该转炉式炼钢厂，如图 1.1 所示。

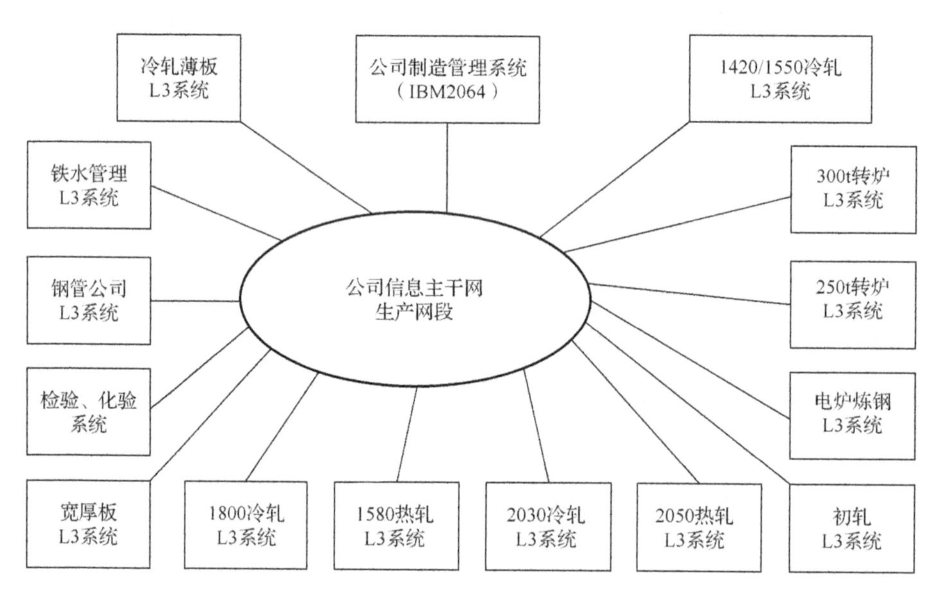

图 1.1 实际钢厂计算机集成制造系统的结构图

该大型钢铁联合企业从20世纪70年代建厂初期就大量使用数字化设备和计算机系统，20 世纪 80 年代中期开始二期工程建设，引进了基础自动化和过程控制系统（L1、L2）、生产控制计算机系统（L3）和热轧管理级计算机系统（L4）。该大型钢厂集成制造管理系统（L4 级机）的运行主机采用的是 IBM 的大型机——IBM2064。L4 级机的下位机是连接在公司主干网生产网段上的各生产单元的 L3 级机[7-11]。L3 级机一般采用小型机，通过其专用网络实时收集相应的过程控制计算机（L2 级机）的生产实绩数据和物流跟踪信息，上传 L4

级机；同时将L4级机发来的生产计划和作业指令（根据现场实际情况，有时进行适当调整）下传相应的L2级机执行。L2级机主要实现过程控制和生产实绩数据收集，并负责对相应的L1级机进行动作控制和状态监视[12]。四级计算机体系结构的实现消除了各类信息孤岛，从生产的作业层到管理层做到“数据不落地”，使该钢厂的生产自动化和管理信息化形成了规模效益，实现了信息处理自动化和设备控制自动化间的良好集成，也保证了该钢厂能坚持集中一贯的生产管理方式，实现信息资源的高度共享。公司级制造管理系统平台建成也为整合各业务管理功能提供了有力的支持和保障。该钢厂计算机集成制造系统覆盖了全钢厂所有的主生产线，包括炼铁、300t转炉炼钢、250t转炉炼钢、电炉炼钢、初轧、1580热轧、2050热轧、2030冷轧、1550冷轧、1420冷轧、1800冷轧等，其应用功能分成制造执行和制造管理两大部分。制造执行部分由每个生产单元L1、L2、L3三级计算机组成的制造执行系统构成。其中，L1级机主要完成设备的动作控制和数据采集，并进行设备状态的监视，它包括电气控制和仪表控制两部分；L2级机主要完成作业指示、模型计算、设定计数和生产实绩收集；L3级机主要有制造标准管理、作业计划调整、生产指令生成及下达、质量管理与跟踪、物料跟踪、生产实绩收集及统计、仓库管理和生产成本数据收集、生产过程控制和设备运行状况监视等功能。

随着钢铁企业向多品种、少批量、准时交货等多种需求方向发展，钢铁生产的瓶颈环节炼钢-精炼-连铸生产调度对各工序主体设备（多台转炉、多台多种精炼炉以及多台连铸机）钢水、铁水之间物流转换的要求，处理设备与运输设备等资源与设备处理时间和运输设备运输时间的平衡要求，以及辅助设备（多台天车、多台台车、多个倾转台以及扒渣机）合理配置生产资源、协同设备作业、匹配生产组织的功能要求不断提高。因此，科学合理地确定炼钢-精炼-连铸主辅设备协同调度优化可以充分提高钢厂大型设备的生产效率，调控钢厂生产的节奏、有效均衡辅助设备和主体设备在各个工序的负荷，缩短工序与工序之间的等待时间，降低因为钢水和铁水由于运输带来的物耗和能耗，从而降低成本、提高产品竞争力。同时，在钢铁生产过程中，炼钢-精炼-连铸生产调度是一个重要的生产阶段，而连铸机又是该生产阶段的一种关键设备，所以有效地利用连铸机就成了提高钢铁企业生产效率、降低生产成本的关键。该问题已受到国内外研究者的广泛关注。炼钢-精炼-连铸生产调度的生产工艺比较复杂，以某钢厂炼钢-精炼-连铸生产调度为例，如图 1.2 所示，其精炼环节包括一重精炼、二重精炼、三重精炼，最多到四重精炼，此外转炉还有脱碳钢种和脱磷脱碳钢种的区分，铸机有连铸和模铸的区分。冶炼设备有 3 台转炉，精炼设备有 4 类 7 台精炼装置（3 台 RH 精炼炉、2 台 CAS 精炼炉、1 台 KIP 精炼炉与 1 台钢包炉（ladle furnace，LF）），连铸设备有 3 台连铸机（1CC、2CC、3CC），并有 6 条模铸线，精炼工艺路径共计 26 条。同时每条模铸线还配有相应的运输设备：横向行走的天车和纵向行走的台车。可见其生产流程是相当复杂的。

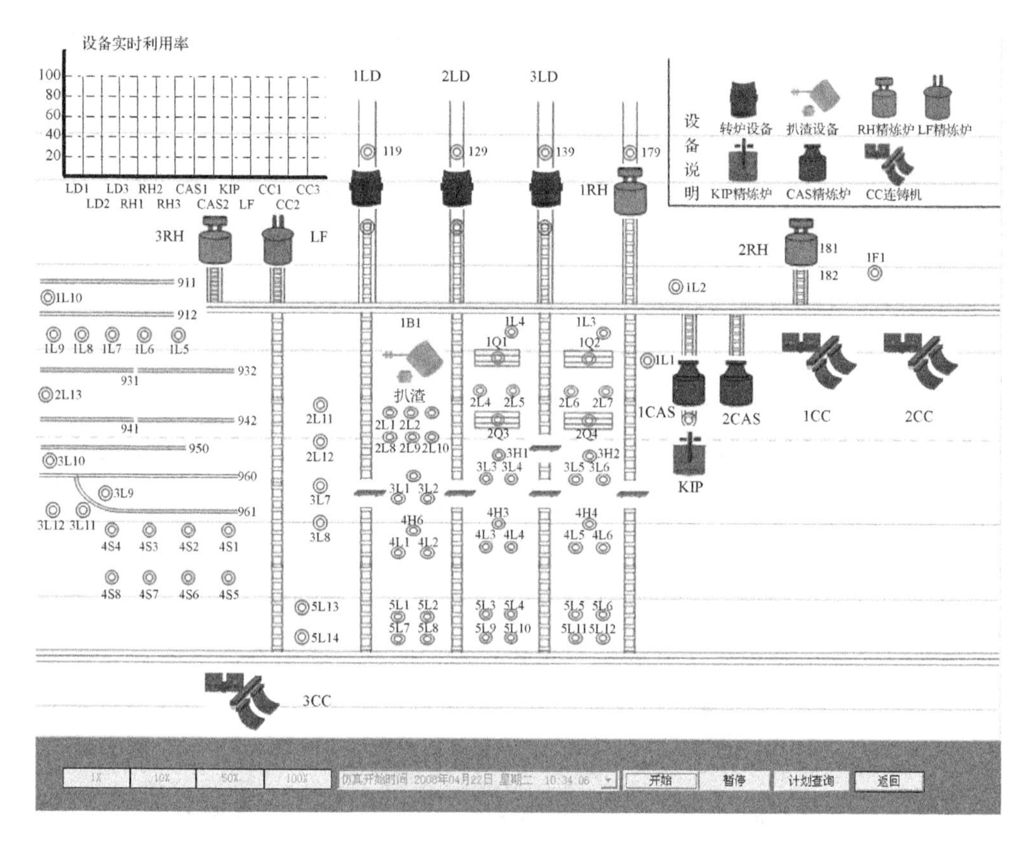

图 1.2　实际钢厂设备分布图

综上，炼钢-精炼-连铸生产调度的特点如下。首先，该生产流程包含着复杂的物理化学过程，具有高温、高压、高速的特点，存在各种突变和不确定性因素，要求对意外情况做出科学、准确和及时的动态响应。故此，该过程的调度需要具有时效性，能够应对突发状况。其次，生产制造决策不仅涉及连续过程变量，而且涉及离散过程变量。故此，该过程是一个复杂连续加离散的工业过程，需要考虑多个优化目标。同时，考虑该生产流程生产单元规模庞大，但生产单元本身可变因素多。如生产时间不确定性、温度波动、生产设备的状况、钢水原料成分、钢种变更，制造流程中各生产单元的输出质量随机改变。故此，该过程的调度需要具有鲁棒性，能够特殊地调整应对各种特殊的情况，满足实际的生产要求。

1.2 钢铁生产调度系统概述

1.2.1 钢铁生产调度系统设计难点

随着钢铁行业竞争日益激烈，企业的竞争主要集中在如何有效实现多品种小批量生产、产品质优价廉、准时交货、提供优质的售后服务以及如何使各工序负荷保持均衡、物流生产紧密衔接、工序间的等待时间缩短等方面[13]。同时，近几年来，由于国内外钢厂管理信息化建设的加快，炼钢-精炼-连铸生产调度的问题引起了国内学者和专家的注意。炼钢-精炼-连铸生产调度既要严格保证每个浇次内的炉次在连铸机连续浇铸，以及同一设备上两相邻炉次之间不产生作业冲突，即“不断浇、不冲突”为调度目标；以浇次在连铸机上开浇时间与该浇次的理想开浇时间差值大小以及相邻操作之间的炉次等待时间长短为节能降耗因素；在满足炉次在任意加工时间设备的唯一性和炉次在任意加工设备时间的连续性两个约束条件下，确定每个炉次在不同工序的加工设备以及在相应设备加工的开始时间，针对这类既特殊又复杂的多目标多约束的数学问题，很多学者总结了现有调度系统设计的难点。

（1）钢水温度和钢水成分是钢水质量的关键参数，在 PCS 层早已被深入研究，研究的方法主要包括人工神经网络、支持向量机和灰色系统等。而炼钢-精炼-连铸生产调度模型和算法大多针对的是生产时间调度，即“火车时刻表”，并没有将生产时间与影响铸坯质量至关重要的钢水温度和钢水成分综合考虑进行调度。虽然近年来研究者开始在生产调度过程中关注钢水温度和钢水成分，将这两个因素当作扰动事件来处理，但对这两个因素产生的扰动对调度性能的影响程度分析不够，使得调度方法的选择过于简单。

（2）已有炼钢-精炼-连铸生产调度方法研究大部分都是不考虑优化时间条件下的静态调度，并且对问题做了过多的假设条件，使得被研究的问题显得过于简单。而实际生产过程中受到原料成分、运行工况、设备状态等多种因素的干扰，整个过程往往呈现多扰动等复杂特点，使得静态调度难以对整个生产过程实现有效的优化控制。

（3）炼钢-精炼-连铸生产过程工艺复杂、设备繁多以及现场条件随时变化，使得实际过程的生产调度离不开经验丰富的调度专家的干预和决策。目前的钢铁实际生产过程中的调度系统并没有提供强大的人机交互功能，大部分实质上是信息管理系统，调度计划基本依靠调度人员的手工录入来进行。有些虽然提供了部分人机交互功能，在一定程度上提高了调度效率，但由于没有与调度模型和算法有效集成，因此难以快速形成优化的调度计划，不能适应我国炼钢-精炼-连铸生产过程的实际情况和需要，并且存在着二次开发和系统维护等诸多问题。

可见，现有的钢铁生产调度系统设计存在调度方法过于简单、静态调度难以对整个生产过程实现有效的优化控制以及调度模型和算法缺失有效的集成方法等问题，导致现有的钢铁生产调度系统难以适应实际的钢铁生产企业。

1.2.2 钢铁生产调度系统介绍

随着自动化水平的不断进步，国外许多钢铁企业，如日本制铁株式会社、韩国浦项钢铁公司（POSCO）等大型钢铁公司的钢铁厂，近年来在设备及过程自动化的基础上，致力于建设集成化的计算机生产管理系统[14-17]。这些系统多为钢铁公司的自动化部门与专业的 IT 公司合作开发的，价格昂贵且核心技术保密。然而由于我国资源条件与生产环境和国外差别甚大，这些系统不能直接应用到国内大型钢厂。表 1.1 为现有的国内外调度软件开发公司的主要业务以及对应的主要客户。

表 1.1 现有调度软件开发商介绍

公司名称	公司主要业务	公司主要客户
上海宝信软件股份有限公司	系统及资源外包服务、ERP 系统解决方案、生产控制与管理系统解决方案、自动化控制系统集成及智能控制技术应用	马钢、南钢、梅钢、宝钢、宁波建龙等
大连华铁海兴科技有限公司	天为 MES 制造执行管理系统；天为生产计划系统（production planning system，PPS）；天为协同生产管理系统（collaborative production management system，CPMS）等	机车车辆、航空航天、造船重工、汽车配套、冶金深精加工等行业客户
韩国浦项数据有限公司	钢铁集成解决方案 STEELPIA、钢铁行业 ERP 和 MES 解决方案等	40%的业务服务于浦项钢铁公司本部，60%业务对外，对外主要客户有南京钢铁、大连浦京钢厂、上海张家港不锈钢公司等
西门子（中国）有限公司自动化与驱动集团	在制造自动化、过程自动化、楼宇电气安装及电子装配系统领域都有自己的产品	客户群比较多，而且多为大客户
霍尼韦尔自动化控制系集团	该公司拥有一套集成的公司制造执行系统解决方案	主要客户是石化天然气行业单位

其中，韩国浦项数据有限公司的 MES 的调度模块是在内嵌 ILOG 产品基础上进行二次开发的。目前，在国外应用比较成功的案例有日本京滨钢铁厂的协同生产调度系统 Scheplan 和韩国光阳钢铁厂的综合调度系统 HIPASS，后者建立了由高炉到冷轧的综合生产时刻表，以保证全工序的每一处都保持在最优的生产状态。除此之外，还有一些国内的公司也涉足了炼钢-精炼-连铸生产调度 MES 设计研发。

综上可以看到，国外的钢铁调度软件主要是针对信息化水平高的大型标准钢铁企业研发的，不适合我国钢铁企业生产的基本情况，所以这些调度软件产品很少直接应用于中国的钢铁企业。我国在 20 世纪 80 年代末开始了对炼钢-

精炼-连铸生产调度系统的研究，这些系统中的模型和算法由于对实际问题的简化，使得整个生产调度主要还是由人工进行修改，导致整体调度的优化效果不理想。因此，急需开发出适合我国现代化钢铁企业的炼钢-精炼-连铸生产调度系统产品。

1.3 炼钢-精炼-连铸生产调度优化方法概述

1.3.1 工业生产调度优化方法发展历程

调度问题源于20世纪70年代后期并且取得了重要进展，同时作为应用数学的一个分支已经基本成熟，最主要的解决方式以传统的经典数学方法为代表。可是在实际的生产过程中解决的调度问题与在理论研究中的调度问题之间还是有一定的差距。由于实际工厂扰动因素的多样性以及性能指标的多样性，导致现有的调度理论与方法很难解决实际的调度问题。因此，为了解决实际的调度问题，需要对已有的理论与方法进行重新考虑和进一步扩展[18]。

从20世纪80年代初开始，随着人们对技术与科技结合的重视程度逐渐提高，同时也随着计算机的普及与应用，MES层能够快速地通过计算机获取ERP层和PCS层的数据，进而调度研究由理论研究转向应用研究阶段[19]。主要的解决方式由传统的数学方法改进为能够解决实际调度问题的智能调度方法并应用于实际生产现场。在试验结果上，已有调度算法的评价指标主要通过仿真结果进行比较，由于调度问题的复杂性和算法优化能力的局限性，导致难以在短时间内获得一个符合实际生产需要的近似优化方案。因此，亟须以提高算法求解质量和求解速度为目标，完善现有算法的理论及性能分析。许多智能算法理论基础比较薄弱，还是停留在仿真阶段，尚未提出完善的理论分析，对它们的有效性也没有给出严格的数学解释[20]。这也是未来在学术上和实际生产中亟待解决的问题。对于炼钢-精炼-连铸生产调度过程的优化设计，最初是在现场人工调度的基础上进行优化的。

1.3.2 炼钢-精炼-连铸生产调度优化方法研究现状

由于初期自动化水平、计算机普及程度以及数学理论水平的限制，计划调度的研究方法主要集中在传统的整数规划数学方法，以及基于规则简单的启发式算法。然而，由于钢厂实际情况的复杂性以及研究问题的多目标性，很难通过已有方法对实际的钢厂问题进行建模和数学优化[21]。随着科技的发展以及智能算法的推进和传统数学方法的理论提升，以神经网络、蚁群算法、粒子群算法、模拟退火法、遗传算法、禁忌搜索法等为代表的智能算法应运而生，可用来解决实际钢厂的炼钢-精炼-连铸生产调度问题[22]。综上，炼钢-精炼-连铸生产调度方法的理论研究主要包括传统方法（最优化方法、启发式方法、系统仿真方法）、智能方法（专家系统方法、神经网络方法、智能搜索方法）、人机交互方法和组合方法等。本节针对这些方法在炼钢-精炼-连铸生产调度优化的应用进行详细的分析。

1. 基于规则的启发式调度优化

最初的炼钢-精炼-连铸生产调度过程使用的方法就是根据现场遇到的问题以及调度员遇到问题，进行设备的选择和时间的调整来完成规则调度的总结。规则根据目标的不同可以分为以最短加工时间为目标的加工周期规则，以选择最少剩余加工时间为目标的规则[23]。在初期的调度研究，仅仅是保证钢厂能够顺利运行，保证不冲突，能够平衡生产的节奏[24,25]，所得的结果通过列车时刻表进行整理，以时间为横轴，设备种类为纵轴的甘特图进行显示，如图 1.3 炼钢-精炼-连铸生产调度优化甘特图和表 1.2 列车时刻表调度优化方案所示[26]。相对来说，根据目标定义的规则没有那么多，所以获取调度方案相对容易一些，但是随之而来的就是调度方案的可行性和优化程度稍微差一些。同时，由于规则的不同，制定的优化结果千差万别，规则的不规范往往导致所获得的调度结果落入一个局部最优解甚至是无解[27]。很难通过一套统一的规则来获取一个全局最优解[28]。特别是对炼钢-精炼-连铸生产调度过程这种离散加连续的混合作业过程，由于目标的多样性和约束条件的多样性，很

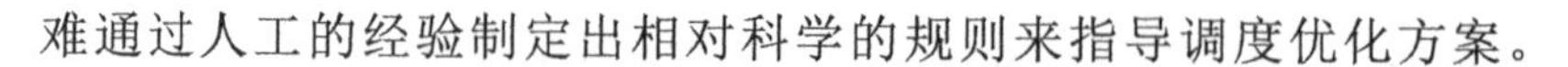
难通过人工的经验制定出相对科学的规则来指导调度优化方案。

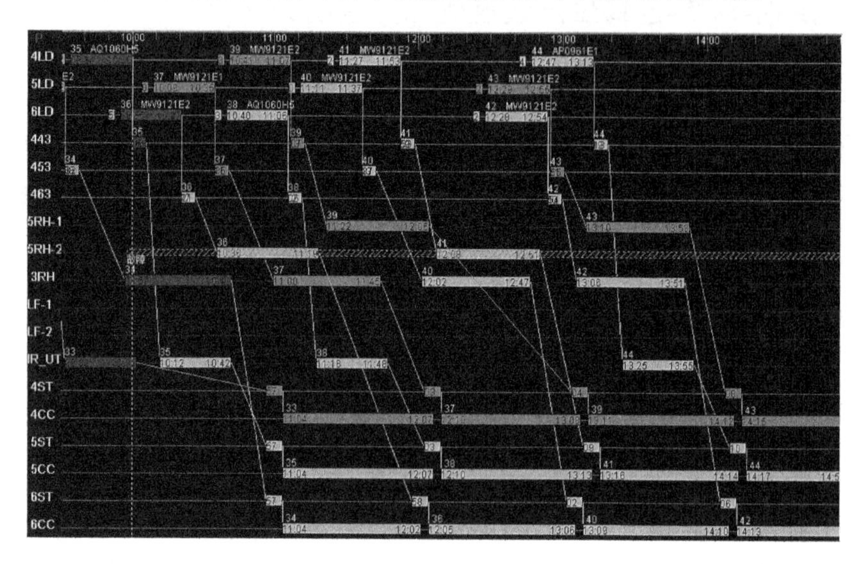

图 1.3　调度优化结果甘特图

表 1.2　列车时刻表形式的炼钢-精炼-连铸调度优化方案

序号	炼钢		精炼		连铸	
	B_{ij}	机器	B_{ij}	机器	B_{ij}	机器
1	08:49	6#LD	09:32	IR_UT	11:04	4#CC
2	10:04	5#LD	11:00	3#RH	12:10	4#CC
3	10:36	4#LD	11:22	5#RH-1	13:11	4#CC
4	12:24	5#LD	13:10	5#RH-1	14:15	4#CC
5	09:29	4#LD	10:12	IR_UT	11:04	5#CC
6	10:35	6#LD	11:18	IR_UT	12:10	5#CC
7	11:22	4#LD	12:08	5#RH-2	13:16	5#CC
8	12:42	4#LD	13:25	IR_UT	14:17	5#CC
9	09:01	5#LD	09:57	3#RH	11:04	6#CC
10	09:50	6#LD	10:36	5#RH-2	12:05	6#CC
11	11:06	5#LD	12:02	3#RH	13:09	6#CC
12	12:23	6#LD	13:06	3#RH	14:13	6#CC

注：B_{ij}表示机器开始的具体时间；“____”表示第一个被处理的单元；IR_UT 是炉外精炼法

2. 基于运筹学算法的调度优化

传统的运筹学算法在起初的炼钢-精炼-连铸生产调度优化中作用十分强大。运筹学的主要思路是将生产调度问题通过现场输入输出的数据、已有的调度规则加上现场实际生产过程中的约束条件和性能指标建立数学模型[29,30]，以枚举思想为基础的正向动态规划、反向动态规划等传统的数学方法进行精确求解的方法[31-34]。这些方法由于数学逻辑的严密性，从理论的角度可以获得一个全局优化的炼钢-精炼-连铸生产调度优化方案。但是，因为该过程是一个多阶段、多任务的复杂生产过程[35]，同时，该过程的复杂性导致在数学建模的过程中涉及很多的约束条件，致使该问题属于传统的 NP 难问题[36-38]。通过现有的传统数学方法很难在短时间内通过迭代方式得到一个全局最优解。现有的研究只是在假设运输设备给定的条件下，将工序缩短为三个工序，将加工时间设置为等长，将所有炉次的工艺路径假定为一致的情况下，进行调度优化试验仿真研究[39,40]。虽然从理论上来说结果是可行的，但是实际生产车间每次调度计划的编制都会达到数十甚至数百的炉次调度安排，传统的数学算法很难满足实际钢厂的生产要求[41]。同时，扰动情况下的生产过程对响应有十分高的要求，导致传统的运筹学方法很难满足实际钢厂的需求。

拉格朗日松弛框架下的调度优化问题也属于运筹学范畴的调度优化问题。一般来说，拉格朗日松弛框架对调度问题的设备处理能力和批次约束进行松弛。通过引入拉格朗日乘子将耦合约束条件进行解耦。在基于 Time-Index（时间索引）的算法中，时间 T 的设定对算法的求解速度影响十分大。已有的方法中提出了基于多代理的拉格朗日松弛框架调度优化问题，但是没有很好地将时间 T 控制在尽可能小的范围内。同时，在拉格朗日松弛框架下所获得的子问题，其求解速度一般都很慢。传统的次梯度迭代算法在获得拉格朗日松弛子问题以后的更新过程中需要对每一个子问题进行求解，由于子问题求解时间直接影响算法的求解效率，导致所提算法不能满足实际调度生产对实时响应的需求[42]。基于插入次梯度迭代算法（interleaved subgradient method）[43-45]，沿着次梯度迭代的方向更新，虽然能够相对快速地寻找到求优的方向，但是仍然不能保证所采用的方法能够收敛，导致所得的优化方案陷入局部最优解。基于捆绑方法的调度优化过程是收敛速度相对较快的方法，然而，该方法需要通过线性搜索方法获得对偶问题的近似优化值，从而需要大量计算时间[46]，同样不能满足实际生产中对调度快速响应的需要。针对此问题，在已经获得的调度子问题的条件下，如何化简子问题的求解，同时针对子问题的迭代过程快速地获得合适的步长和梯度是拉格朗日算法亟须解决的问题[47-49]。

3. 基于系统仿真建模的调度优化

针对传统数学方法求解炼钢-精炼-连铸调度优化的问题，很多学者提出了基于系统仿真建模的方法。该方法最早是为规则启发式设计的工具，后来逐步发展为一种针对柔性工业生产过程建模和优化的方法。这种方法的优点在于针对多阶段、多任务、多输入、多输出、多约束的炼钢-精炼-连铸生产调度难以通过合理的数学模型进行描述的问题，弱化了系统的数学建模，强化了对于炼钢-精炼-连铸生产调度中每个工序与每个工序之间的、每个状态与每个状态之间逻辑关系的描述，建立起较好的调度优化方案[50]。该方法能够根据仿真的状态对系统的动态性能进行评价，实时调整系统的动态结构参数来满足实际生产需求。文献[51]是以系统仿真方法为基础进行的开发，首先从 ERP 层获取计划信息和从 PCS 层中获取生产实际信息（设备状况和作业进度等），采用专家系统和优化模型两种方法，各自并行生成出钢顺计划，并通过方案评价模型，按照工位等待时间、设备负荷率、工位等待队列数指标进行模糊综合评价，结合人机交互的方式选择可执行的满意方案送至动态编辑器，由动态编辑器以指令的形式下发到 PCS 层的各执行系统[52]，如图 1.4 所示[53]。同时该系统能够根据生产的情况针对已经制订的调度方案设置调度系统方案评价体系，通过综合模糊评价方法的研究和实现，使调度人员可以快速和科学地综合评价调度计划的优劣并快速地从多方案中选择较好的可行方案下发并执行，如图 1.5 所示。针对实际钢厂的多扰动因素，该方法也能够通过实时参数的调整，对调度方案进行重调度或者实时的动态调度。由于该方法过多依赖于现场的规则和逻辑，虽然对于某一个钢厂实际生产来说效果十分好，但是很难将该方法提升到理论的高度来当作调度设计方法通用的解析规划。再者，炼钢-精炼-连铸生产调度优化过程是一个十分复杂的过程，因为该方法需要的试验和经验的搜集过程十分烦琐，一点点的逻辑疏忽会导致整个系统不能够正常运行。同时，跟启发式算法一样，基于规则的总结往往都是从人工经验获取，但人工经验的科学性往往不是十分准确，导致基于系统仿真方法获得的调度优化最优解很容易陷入局部最优解，从而导致方案设计的失败。

炉次条件 2008-3-1 21:38:17

连铸计划 | 模注计划

连铸炉次制造命令一览

连铸机号 1 | 查选择 | PONO SG查找 | L3下发计划 | L3下发计划 | L3当日计划 | L3现场计划 | 数据重置

选择	顺序	制造命令号	出钢记号	精炼区分	连连	CASTLOT	连连	铸号	LOT奇流 回	宽度		LOT偶流 回	宽度		厚度	去向	试验材号	热送时刻	搬送区分	备注	班	状态
	1	112865	JT6411A6	RL		4393	5	1	0	1600	1600	0	1600	1600	250	1			11111		2	命令接受
	2	112866	JT6411A6	RL		4393	5	2	0	1600	1600	0	1600	1600	250	1			1		2	命令接受
	3	112867	JT6411A6	RL		4393	5	3	0	1600	1600	0	1600	1600	250	1			1		2	命令接受
	4	112870	JT6411A6	RL		4393	5	4	0	1600	1600	0	1600	1600	250	1			1		2	命令接受
	5	112871	JT6411A6	RL		4393	5	5	0	1600	1600	0	1600	1600	250	1			1		3	命令接受
	6	115473	JU5810A6	RL		6199	5	1	0	1550	1550	0	1550	1550	250	1	1184		1		2	命令接受
	7	115474	JU5810A6	RL		6199	5	2	0	1550	1550	0	1550	1550	250	1	1184		1		2	命令接受
	8	115480	JU5810A6	RL		6199	5	3	0	1550	1550	0	1550	1550	250	1	1184		1		2	命令接受
	9	115481	JU5810A6	RL		6199	5	4	0	1550	1550	0	1550	1550	250	1	1184		1		2	命令接受
	10	115482	JU5810A6	RL		6199	5	5	0	1550	1550	0	1550	1550	250	1	1184		1		3	命令接受

连铸炉次制造命令一览

连铸计划预定

连铸机号 1 | 2008年 3月 1日 | 22:08:04 | 设定开浇时间 | 上移 | 下移 | 删除 | 设备预选 | 主画面

选择	顺序	钢号	制造命令号	出钢记号	精炼区分	连连	CASTLOT	连连	铸号	LOT奇流 宽度		LOT偶流 宽度		厚度	搬送区分	状态	开浇时刻预定	目标温度	备注
	1		112813	DT3481D1	R		4372	1	1	1550	1550	1550	1550	250	1	命令接受	0409		必热送

图 1.4 基于系统仿真方法的计划调度编制图

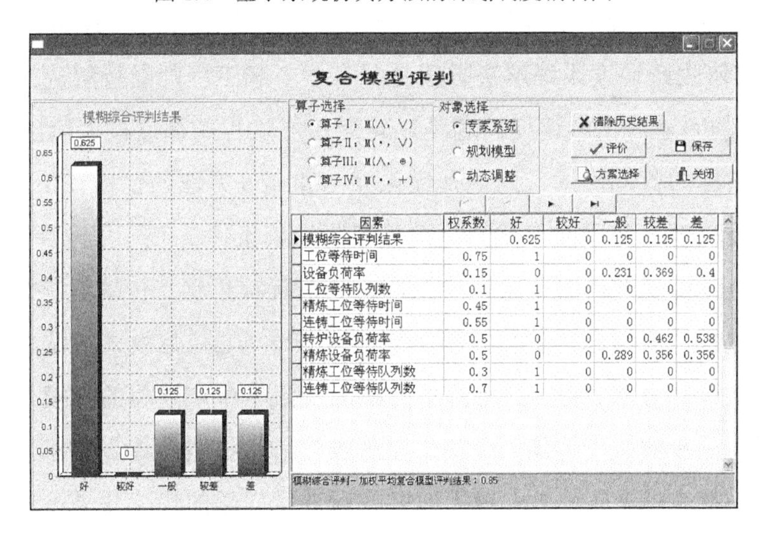

因素	权系数	好	较好	一般	较差	差
模糊综合评判结果		0.625	0	0.125	0.125	0.125
工位等待时间	0.75	1	0	0	0	0
设备负荷率	0.15	0	0	0.231	0.369	0.4
工位等待队列数	0.1	1	0	0	0	0
精炼工位等待时间	0.45	1	0	0	0	0
连铸工位等待时间	0.55	1	0	0	0	0
转炉设备负荷率	0.5	0	0	0	0.462	0.538
精炼设备负荷率	0.5	0	0	0.289	0.356	0.356
精炼工位等待队列数	0.3	1	0	0	0	0
连铸工位等待队列数	0.7	1	0	0	0	0

图 1.5 系统仿真下的模糊评价界面图

4. 基于智能方法的调度优化

智能方法作为一个有效解决炼钢-精炼-连铸生产调度优化的方法，早在20世纪60年代就被很多学者提出。但是因为初期钢厂规模小，没有把调度问题作为主要应用问题来进行研究[54-56]。随着三层优化ERP+MES+PCS架构的提出，以及人们对调度问题重视程度的增加，20世纪80年代智能调度方法研究达到一个顶峰。智能调度方法是利用传统数学方法的迭代思想，基于知识调度系统的结合而产生的一种调度优化算法[57]。

针对不同状态下炼钢-精炼-连铸生产调度系统动态调度方法的研究多是基于智能方法进行研发的[58-60]，主要是以蚁群算法、粒子群算法、遗传算法以及禁忌搜索等算法为代表的调度优化方法[61]。但是，因为该方法同样需要对规则进行提取，同时，对算法的规则进行一定的判断。即在某些优化条件的选择和决策时，方法的多样性往往会导致一个调度方法的运算速度变慢甚至运算结果变差，延长最终调度优化的运算速度无疑对一个钢厂来说没有任何意义[62-64]。一个优化质量差的调度方案对一个钢厂来说也没有任何的参考价值。

因此，在现有的传统算法、基于启发式规则推理算法以及人工智能算法的基础上，结合我国实际钢厂的生产特点设计一个能够描述实际钢厂生产过程的数学模型，并通过合理的算法迭代求解，获得一个可行的、有参考价值的炼钢-精炼-连铸生产调度系统解决方案是现有学者和工程师亟待解决的问题。可见，炼钢-精炼-连铸生产调度问题是以建立生产过程的调度模型给出生产过程调度性能指标的数学形式，为选择优化算法和调度方法的优劣评价奠定基础；在满足该过程调度问题的工艺和资源等相关约束条件下，采用合适的调度优化方法，使得该调度过程的多个性能指标达到最优或近优。传统解决炼钢-精炼-连铸生产过程调度问题的优化方法主要有运筹学方法、启发式方法、人工智能方法以及软计算方法。经典的运筹学方法因受限于生产过程的规模，难以在短时间得到高质量的调度方案。启发式算法虽然具有描述简单、适用于实际调度问题环境的特点，但是对于大规模的多目标调度问题的优化效果不理想。人工智能方法很难完全由计算机处理实际调度生产过程中的结构不良问题，主要表现在系统中的知识不完备或不一致，从而导致调度优化速度慢。软计算方法能够以寻求满意解为优化目标，易于融入问题知识和专家经验，但是单一的优化算法很难提高寻优效率和调度性能，难以适应扰动环境的调度问题。可见，将现有的方法直接应用于大规模炼钢-精炼-连铸生产调度问题存在着过程描述难、存储空间大和计算时间慢的问题。如何在以缩小调度规模和降低调度求解难度为算法的核心研究内容和已有研究的基础上，提出更加贴近实际的数学模型及求解方法是大规模炼钢-精炼-连铸生产调度主辅设备调度问题研究的热点。

1.4 本章小结

本章首先对国内外钢铁生产调度系统进行综述，介绍了现有钢铁生产调度系统难点以及现有钢铁生产调度系统的发展情况；其次，介绍了炼钢-精炼-连铸生产调度优化问题，从工业生产调度系统发展历程过渡到炼钢-精炼-连铸生产调度优化方法。这一章为本书研究内容的展开奠定了基础。

参考文献

[1] 徐俊刚，戴国忠，王宏安．生产调度理论和方法研究综述[J]．计算机研究与发展，2004，41(2)：257-267.

[2] 孙福权，郑秉霖，崔建江，等．炼钢-热轧一体化管理的生产计划编制问题研究[J]．自动化学报，2000(3)：409-413.

[3] 魏震．宝信制造业执行系统 BM2 中的高级计划排程[J]．自动化仪表，2008，29(2)：13-16.

[4] 徐伟宣，何建秋，邹庆云．目标函数带绝对值号的特殊非线性规划问题[J]．中国管理科学，1987(3)：9-13.

[5] 徐幸天，欧阳昭，张敏祥，等．全连铸生产计算机调度管理系统[J]．钢铁，1998，33(4)：16-19.

[6] 熊锐，吴澄．车间生产调度问题的技术现状与发展趋势[J]．清华大学学报，1998(10)：55-60.

[7] 郝世峰，杨诗芳，楼茂园．半拉格朗日模式风的半解析解及与差分解的比较试验[J]．地球物理学报，2014，57(7)：2190-2196.

[8] 王秀英，柴天佑，郑秉霖．炼钢-连铸智能调度软件的开发及应用[J]．计算机集成制造系统，2006，12(8)：120-126.

[9] 王秀英，刘炜，郑秉霖，等．钢包调度仿真软件包的设计与实现[J]．系统仿真学报，2007，19(13)：2913-2916.

[10] 王秀英．遗传算法在炼钢-连铸组炉计划中的应用[J]．辽宁工学院学报，1997，17(2)：25-26.

[11] 韩冰，曾可依．复格拉斯曼流形 $G(2,4)$中的一族拉格朗日 $S^3\times T^1$[J]．合肥工业大学学报，2014，37(7)：893-896.

[12] 陈成钢. “卓越计划”下大学数学教学方法的探索[J]. 天津城建大学学报, 2014, 21(2): 137-141.

[13] 吕瑞霞. 基于虚拟现实的炼钢连铸生产调度仿真系统的设计与开发[D]. 沈阳:东北大学, 2008.

[14] 孟志青, 胡奇英, 杨晓琪. 一种求解整数规划与混合整数规划非线性罚函数方法[J]. 控制与决策, 2002(3): 310-314.

[15] 牟文恒, 吕志民, 唐荻. 多代理机制在炼钢-连铸排程中的应用研究[J]. 钢铁, 2006,41(5): 29-44.

[16] Stinson J P, Davis E W, Khumawala B M, et al. Multiple resource-constrained scheduling using branch and bound[J]. AIIE Transactions, 1978,10(3):252-259.

[17] Zhang T, Ge S S, Hang C C. Neural-based direct adaptive control for a class of general nonlinear systems[J]. International Journal of Systems Science, 1997, 28(10): 1011-1020.

[18] 陈文明, 苏冬平, 周仁义, 等. 宝钢炼钢连铸调度计划系统[C]//2005年全国冶金企业 MES 和 ERP 专题技术研讨会论文集, 北京, 2005.

[19] 宁树实, 王伟, 潘学军. 一种炼钢-连铸生产计划一体化编制方法[J]. 控制理论与应用, 2007, 24(3): 374-379.

[20] 李霄峰, 徐立云, 邵惠鹤, 等. 炼钢-连铸系统的动态调度模型和启发式调度算法[J]. 上海交通大学学报, 2001, 35(11): 1658-1662.

[21] 孙福权, 崔建江, 汪定伟. 钢厂生产的模糊作业时间及其在管理中的应用[J]. 模糊系统与数学, 2001, 15(2): 107-110.

[22] 杨越. 钢铁厂综合化生产调度系统[J]. 冶金自动化, 1998(5): 22-25.

[23] 李鲲. 炼钢-连铸智能调度系统的设计与应用[C]. 全国炼钢学术会议, 杭州, 2008.

[24] Beck J C, Refalo P. A hybrid approach to scheduling with earliness and tardiness costs[J]. Annals of Operations Research, 2003, 118(1-4): 49-71.

[25] Acero-Dominguez M J, Paternina-Arboleda C D. Scheduling jobs on a k-stage flexible flow shop using a TOC-based (bottleneck) procedure[C]. Systems and Information Engineering Design Symposium, Charlottesville, 2004: 295-298.

[26] Atighehchian A, Bijari M, Tarkesh H. A novel hybrid algorithm for scheduling steel-making continuous casting production[J]. Computers and Operations Research, 2009, 36(8): 2450-2461.

[27] Bistline S, William G, Banerjee S. RTSS: an interactive decision support system for solving real time scheduling problems considering customer and job priorities with schedule interruptions[J]. Computers and Operations Research, 1998, 25(11): 981-995.

[28] Cook S A. The complexity of theore-proving procedures[C].The 3rd Annual ACM Symposium Theory of Computing, New York, 1971: 151-158.

[29] Guinet A G P, Solomon M M. Scheduling hybrid flowshops to minimize maximum tardiness or maximum completion time[J]. International Journal of Production Research, 1996, 34(6): 1643-1654.

[30] Bertsekas D P, Scientific A. Convex Optimization Algorithms Belmont[M].Belmont: Athena Scientific, 2015.

[31] Smith S F, Hynynen J E. Integrated decentralization of production management: an approach for factory scheduling[C]. Intelligent and Integrated Manufacturing Analysis and Synthesis, Boston, 1987: 427-439.

[32] Chen H X, Chu C B, Proth J M. A more efficient Lagrangian relaxation approach to job-shop scheduling problems[C]. IEEE International Conference on Robotics and Automation, Nagoya, 1995: 496-501.

[33] Hiriart-Urruty J B, Lemaréchal C. Convex Analysis and Minimization Algorithms I: Fundamentals[M]. Berlin:Springer Science and Business Media, 2013.

[34] Luh P B, Zhao X. Lagrangian relaxation neural networks for job shop scheduling[J]. IEEE Transactions on Robotics and Automation, 2000, 16(1): 78-88.

[35] Luh P B, Hoitomt D J. Scheduling of manufacturing systems using the Lagrangian relaxation technique[J]. IEEE Transactions on Automatic Control, 1993, 38(7): 1066-1079.

[36] Tang L, Liu J, Rong A, et al. Mathematical programming model for scheduling steelmaking-continuous casting production[J]. European Journal of Operational Research, 2000, 120(2): 423-435.

[37] 程晨. 基于智能机器人的自动剥离贴合设备的设计与研究[D].厦门:厦门大学, 2014.

[38] Munawar S A, Bhushan M, Gudi R D, et al. Cyclic scheduling of continuous multiproduct plants in a hybrid flowshop facility[J]. Industrial and Engineering Chemistry Research, 2003, 42(23): 5861-5882.

[39] Conway R W, Maxwell W L, Miller L M. Theory of Scheduling[M]. Massachusetts: Addison-Wesley, 1967.

[40] 尹增山, 高春华, 李平. 混杂系统优化控制的动态规划方法研究[J]. 控制理论与应用, 2002, 19(1): 29-33.

[41] 刘延柱. 水中竖蛋与拉格朗日定理[J]. 力学与实践, 2014, 36(4): 402, 420-421.

[42] 张惠珍, 马良. 求解无容量设施选址问题的改进半拉格朗日松弛方法[C]. 中国系统工程学会第十八届学术年会, 合肥, 2014.

[43] 张小丹. 拉格朗日函数法——证明条件不等式的好帮手[J]. 理科考试研究, 2014, 21(17): 6-7.

[44] 郑鹏杰, 牛惠民. 基于拉格朗日方法的城际铁路时段定价问题研究[C]. 中国系统工程学会第十八届学术年会, 合肥, 2014.

[45] 潘伟, 张宏伟, 达铭. 拉格朗日中值定理证明方法的研究与探索[J]. 牡丹江师范学院学报, 2014(3): 10-11.

[46] 吴攀. 感兴趣对象缩放方法研究与设计[D]. 北京: 北方工业大学, 2014.

[47] 杨志安. 基于变分原理机电耦合系统拉格朗日麦克斯韦方程的导出与应用[C]. 第23届全国结构工程学术会议, 兰州, 2014: 310-315.

[48] 李英锦, 唐立新, 王梦光. 基于可视化虚拟现实技术的炼钢-连铸生产调度系统[J]. 冶金自动化, 1999(4): 14-17.

[49] 王秀英. 炼钢-连铸混合优化调度方法及应用[D]. 沈阳:东北大学, 2012.

[50] 王笑蓉. 蚁群优化的理论模型及在生产调度中的应用研究[D]. 杭州: 浙江大学, 2003.

[51] Jorge L V, David W S, Storer R H. Robustness measures and robust scheduling for job shops[J]. IIE Transactions, 1994, 26(5): 32-43.

[52] Zhang Q, Wei X, Xu J.Global exponential stability of Hopfield neural networks with time-varying delays[J]. Physics Letters A, 2003, 315(6): 431-436.

[53] Sun L L, Chai T Y, Luh P B. Scheduling of steel-making and continuous casting system using the surrogate subgradient algorithm for Lagrangian relaxation[C]. IEEE International Conference on Automation Science and Engineering, Toronto, 2010: 885-890.

[54] 刘光航, 李铁克. 炼钢-连铸生产调度模型及启发式算法[J]. 系统工程理论与实践, 2002, 20(6): 44-48.

[55] 刘金琨, 尔联洁. 多智能体技术应用综述[J]. 控制与决策, 2001, 16(2): 133-140.

[56] 刘民. 基于数据的生产过程调度方法研究综述[J]. 自动化学报, 2009, 35(6): 785-806.

[57] Luh P B, Wang J H, Wang J L, et al. Near-Optimal scheduling of manufacturing systems with presence of batch machines and setup requirements[J]. CIRP Annals - Manufacturing Technology, 1997, 46(1): 397-402.

[58] 李伯虎. 系统仿真技术新动向[J]. 计算机仿真, 1996, 13(3): 3-5.

[59] Hoitomt D J, Luh P B. A practical approach to job-shop scheduling problems[J]. IEEE Transactions on Robotics and Automation, 1993, 9(1):1-13.

[60] 刘振学. 实验设计与数据处理[M]. 北京:化学工业出版社, 2005.

[61] Chen H, Ihlow J, Lehmann C. A genetic algorithm for flexible job-shop scheduling[C]. IEEE International Conference on Robotics and Automation, Detroin, 1999.

[62] 孙福权, 唐立新, 郑秉霖. 炼钢-连铸生产调度专家系统[J]. 冶金自动化, 1998,6(1): 31-33.

[63] Henning G P, Jaime C. Knowledge-based predictive and reactive scheduling in industrial environments[J]. Computers and Chemical Engineering, 2000, 24(9-10): 2315-2338.

[64] Stohl K, Spopek W. VAI-Schedex: a hybrid expert system for co-operative production scheduling in steel plant[C]. International Conference on Computerized Production Control in Steel Plant, Quebec, 1993: 207-217.

2　炼钢-精炼-连铸生产工艺过程及运行控制

2.1　引　　言

由于国内的大型钢铁厂需求和设计不同，加上历史的原因，导致钢厂的结构十分不规范。总结起来可以将主要生产工序分为三大部分：炼铁区域、炼钢区域及轧制区域。炼铁区域是将铁矿石通过高温处理变成铁水，铁水经过脱磷、脱碳等环节的处理并通过鱼雷罐车（torpedo car，TPC）将其由高炉运送到转炉。炼钢-精炼-连铸区域就是将冶炼好的铁水根据订单的需要通过脱磷、脱碳、扒渣等工序炼制成符合要求的钢水。轧制区域就是根据订单的需求将钢水轧制成板坯。其中炼钢-精炼-连铸区域是整个环节的瓶颈，对整个钢厂的生产起到承上启下的作用。对上游环节，该过程需要保证能够将高炉的铁水顺利运送到转炉；对下游环节，该过程需要保证连铸出来的钢板能够满足下游的生产需要。如图 2.1 和图 2.2 所示为钢铁生产工艺过程。

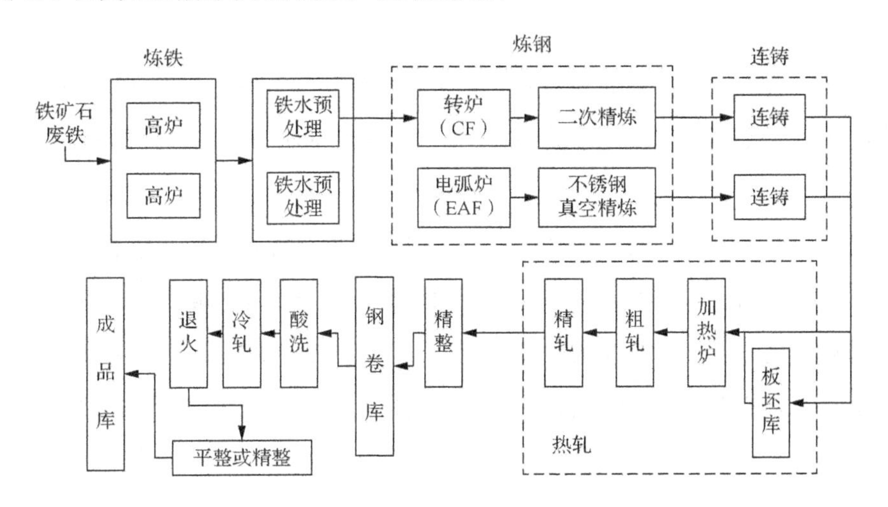

图 2.1　钢铁生产工艺过程示意图

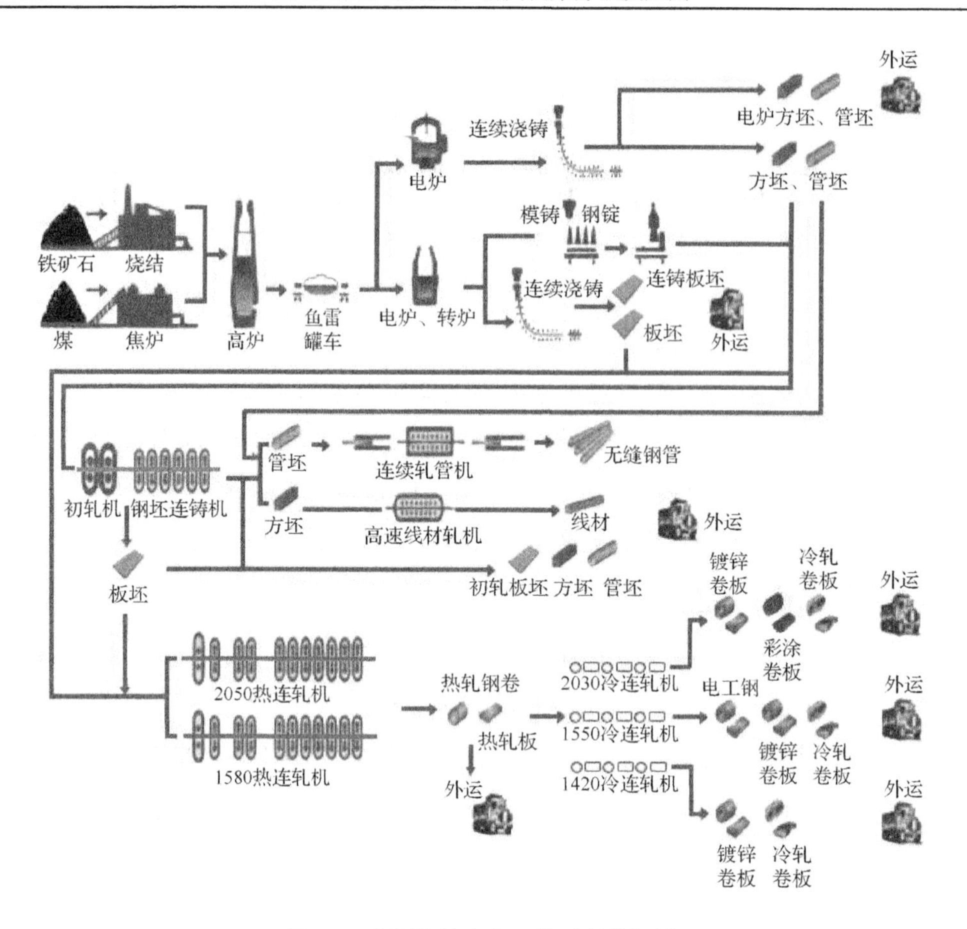

图 2.2　实际钢铁生产工艺过程模拟图

铁矿石通过炼铁厂的高炉将固态的铁矿石转化为液态。由于高炉冶炼出来的铁水在质量、成分以及温度上都不能够满足下游炼钢-精炼-连铸生产的需求，需要通过预处理工序调整铁水的成分，之后通过鱼雷罐车运送到转炉或者电弧炉冶炼成钢水。根据订单的需求，通过一重精炼或者多重精炼将从转炉或者电弧炉出来的钢水进行再加工，根据实际最终产品的需要，进行脱磷、脱碳等工序环节的处理来获得满足下游生产的钢水，以满足下一工序连铸的需求。在连铸阶段，通过连铸机将液态的钢水转化为固态的钢板。同样，进入连轧阶段，根据订单不同的需求对钢板进行再加热，进入粗轧到精轧的工序。最后对所生产出来的钢卷进行酸洗、冷轧、退火、平整或者精整等工艺的处理，生产出达到生产订单需求的钢板。

2.2　钢铁生产工艺过程介绍

2.2.1　炼铁区域工艺过程描述

自然界中的铁大多以氧化物形式存在，当含铁氧化物中的铁含量达到一定量具有冶炼价值时即称为铁矿石。炼铁的主要任务就是要把铁矿石中的铁从氧化物中还原出来，即为生铁，是钢铁生产流程中的第一个环节，如图 2.3 所示。现代钢铁生产中炼铁法主要包括高炉炼铁法和非高炉炼铁法[1-4]。高炉炼铁法即传统的以焦炭为能源的炼铁法，这种方法技术经济指标好，工艺简单、可靠，产量大，效率高，能耗低，生产的铁占世界生铁总产量的 90%以上。不是以焦炭为能源，而是以煤、石油、天然气、电作为能源的炼铁法，统称为非高炉炼铁法。

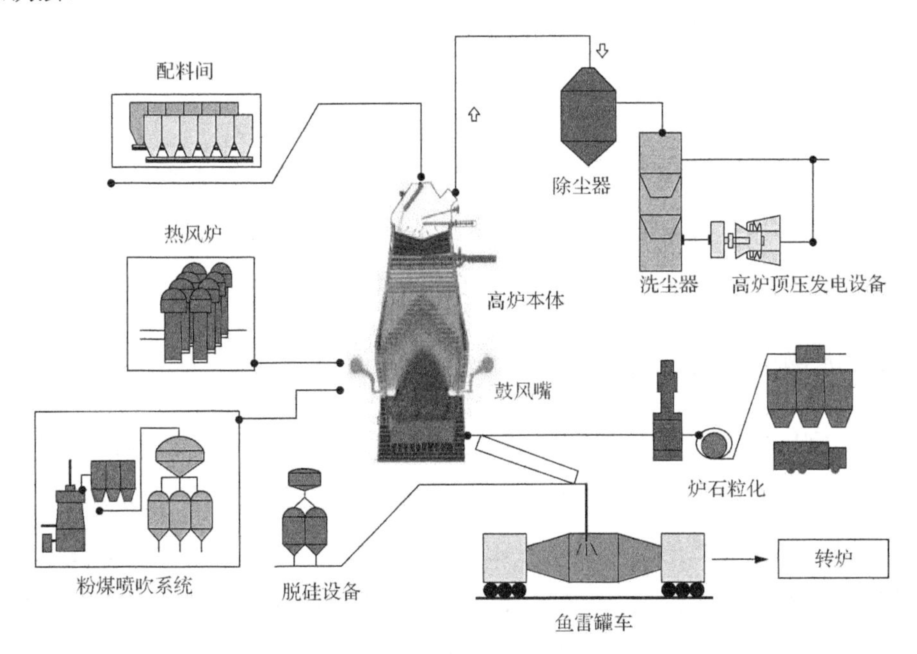

图 2.3　实际钢铁生产工艺过程第一个环节模拟示意图

炼铁的入炉原料是铁矿石、燃料和熔剂。大型高炉除加工一定块度的天然铁矿石外，还使用铁矿石加工而得的烧结矿。燃料使用焦炭，焦炭具有高发热值，为高炉炼铁提供热源并用作铁矿石的还原剂。高炉是所有高温冶炼中寿命最长的炉子。现在世界上最长寿的高炉已经连续生产 20 年以上，一般高炉的使用寿命也在 10～15 年。我国大多数高炉还达不到这么长的寿命，但是寿命较长的也有 10 年以上[5,6]。所以在进行主炼钢区域生产调度时，通常将高炉视为一个稳定的铁水供应源[7,8]。该环节主要工序的功能如下。

（1）烧结。在烧结车间中，制备铁矿石。铁矿石被压碎碾成标准化的颗粒，被烧结或黏合在一起[9]。烧结的铁矿石随后被压碎，并按一层焦炭、一层矿石的交替方式，被加入高炉中。焦炭是从富碳煤干馏出的固体残渣，极易燃烧[10]。

（2）高炉。在高炉中，从铁矿石中提取铁。固态的矿石和焦炭由顶部加入高炉，而高炉底部送来的一股热气（1200℃）致使含碳量几乎是 100%的焦炭开始燃烧。这便产生了碳的氧化物，它通过除氧过程来减少氧化铁，从而分离出铁。由燃烧产生的热量将铁和脉石（矿石中矿物的集合）熔化成液体。脉石比较轻，会漂浮至铁水表面，就是所谓的“生铁”。炉渣是熔融脉石产生的残渣，可用于其他工业用途，比如铺设道路或生产水泥[11]。

（3）炼焦炉。焦炭是煤在炼焦炉中通过干馏（即将不需要的成分气化掉）得到的可燃物质。焦炭几乎是纯碳，其结构呈多孔状，且抗碾性能很强。焦炭在高炉中燃烧，提供了熔化铁矿石所需的热量和气体[12]。

2.2.2　炼钢区域工艺过程描述

主炼钢区域包括炼钢、连铸和热轧。炼钢-精炼-连铸生产过程由主体设备在辅助设备协同配合下通过多种精炼方式组成。铁水通过转炉冶炼成钢水，然后根据每炉钢水等级的不同倒入与之对应的钢包(一台转炉或精炼炉内冶炼的一炉钢水，称为一个炉次)。数量有限的钢包通过横向行走的天车和纵向行走的台车的合理调配以及协同运输,根据钢水需求的不同载运钢包或到扒渣位进行扒渣，然后运载到精炼设备，进行一重或多重精炼（一个炉次在一台或多台精炼炉上加工，分别称为一重或多重精炼）得到含有特定金属成分、洁净度较高、具有一定温度的钢水。精炼后的钢水由钢包装载，通过天车和台车运送到连铸机，由连铸机铸成板坯（在同一台连铸机上连续浇铸的炉次集合，称为一个浇次）。空余的钢包通过天车和台车运送到倾转台进行清洗后再次通过天车和台车进行钢水的运送。

炼钢-精炼-连铸生产过程区域内共有六类设备。在炼钢过程中有转炉设备。在精炼过程中有 KIP、LF、RH、CAS 设备，根据已经给出的每个炉次的工艺路径，在精炼过程中，同一个炉次进行精炼设备处理时，由于设备的多样性以及处理工序的多样性，导致同一炉次在精炼过程会有很多种精炼方法。在连铸过程中有连铸机。一般来说，转炉的作业时间均相等且约为 35min。精炼设备 RH 类有三个并行机，分别记为 1RH、2RH、3RH，其作业时间均相等且约为 36min。CAS 设备有两个并行机，分别记为 1CAS、2CAS，其作业时间均为 30min，一个 LF 精炼炉，作业时间为 50min，一个 KIP 精炼设备，作业时间为 25min。连铸类设备有 3 个连铸机，分别记为 1CC、2CC、3CC，炉次在各连铸机上的作业时间由该炉次的钢种属性（宽度、厚度、拉速等）来决定[13]。

铁水经过高炉脱磷、脱碳等相关工序的处理，通过鱼雷罐车将铁水运送到转炉也就是炼钢-精炼-连铸的第一道工序——炼钢。如图 2.4 所示，某国内大型钢铁厂的设备区域布局图中一共有三个转炉，转炉的钢水分别经过各自对应的纵向行走的台车将钢水放到承载钢水的容器钢包里面，并运送到天车轨道 1，一般来说，一炉钢水对应一个钢包。在天车轨道，根据钢级的不同，一部分钢水会经过扒渣位进行扒渣，一部分钢水会直接运送到下一工序——精炼。精炼的过程对于每个炉次来说都是不同的[14-16]。根据计划层下发的每个炉次对应的在炼钢-精炼-连铸生产调度过程的工艺路径，选择合适的精炼位置进行脱磷、脱碳及加温处理。精炼后的钢水再次通过天车运送到最后一道工序——连铸。在实际的钢厂中，因为历史原因和现有需求的设计，连铸机部署在钢厂的不同位置。天车和台车需要根据设备的可利用率来合理调配，使其将处理好的钢水运送到连铸机进行连铸处理，以便将最后获得的符合要求的板坯送到下一工位轧制。下面对每个工序做详细的解释[17]。

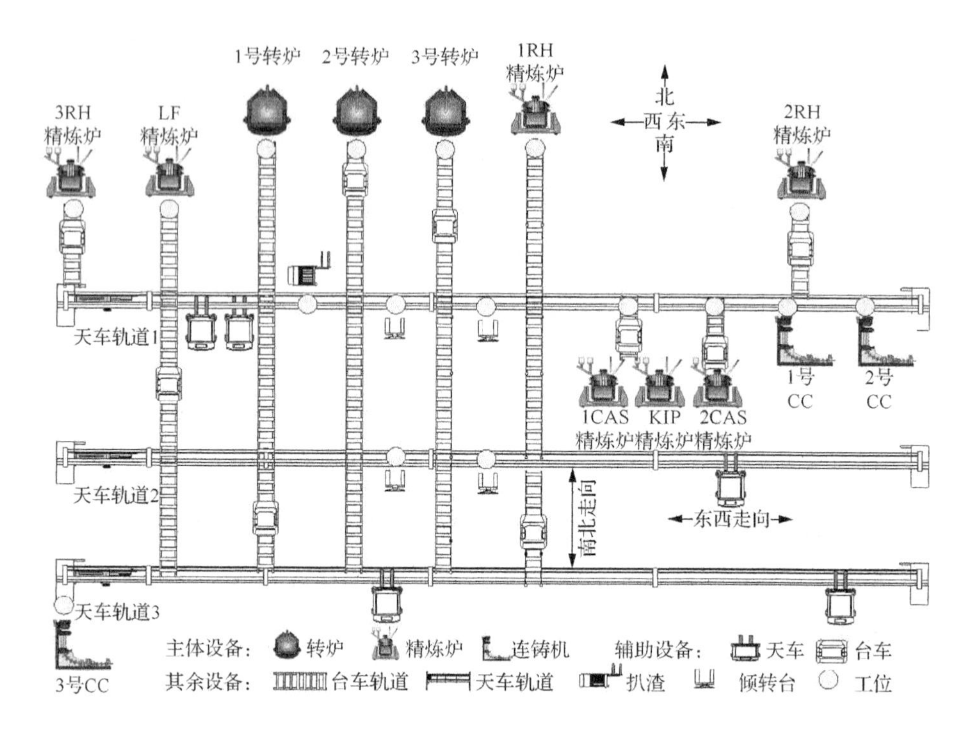

图 2.4　某国内大型钢铁厂的设备区域布局图

1. 炼钢（转炉或电弧炉）

炼钢的最主要任务是把液态的铁水转化为液态的钢水。一般来说，铁水和钢水的区别在于其含碳量的不同[18]。铁水纯度高几乎不含碳，钢水含碳量高。变为钢水后，由于成分的不稳定会产生一些杂质，需要通过扒渣过程进行处理，去除钢水表面的杂质，为后续生产做准备。

2. 精炼

作为炼钢-精炼-连铸生产过程的第二道工序，精炼的目的是将转炉里面炼出的钢水按照实际生产的需求进行处理，改变钢水的成分、温度和质量。每个炉次都有一个给定的精炼工艺路径[19,20]。因为精炼过程涉及的设备种类繁多，需要在运输过程保证工序之间能够准确衔接，确保在工序之间的等待时间尽可能短，由于运输和等待时间会造成温度的损耗，所以在调度过程中，重点是合理安排每个炉次在精炼过程中对应工艺路径的每个操作、对应机组的具体设备及其启停时间[21]。图 2.5 为某钢厂炼钢区域精炼示意图。

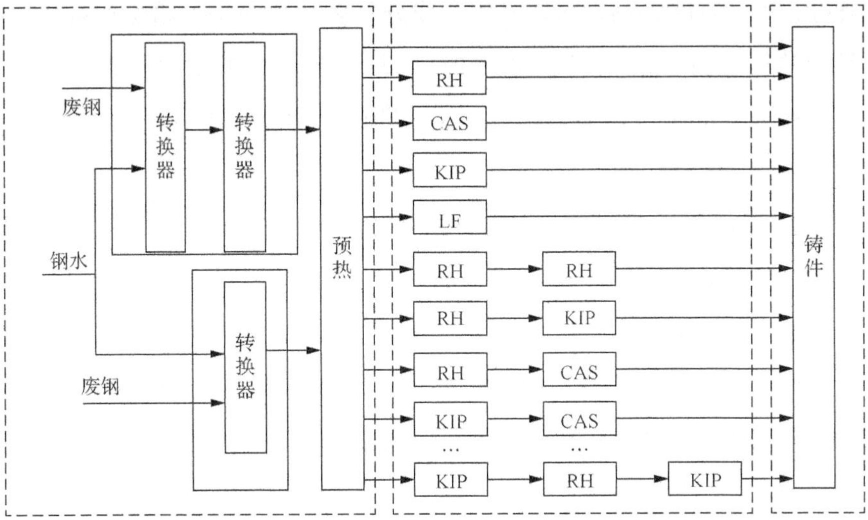

图 2.5　某钢厂炼钢区域精炼示意图

（1）RH 精炼设备。

RH 法是由鲁尔钢铁公司（Ruhrstahl）和海拉斯公司（Heraeus）于 1959 年联合研制的，故称 RH 法。其精炼过程是先将浸渍管浸入待处理钢水的预定深度，与真空槽连通的两个浸渍管，一个为上升管，一个为下降管[22,23]。在大气压力的作用下，钢水随着抽真空从浸渍管进入真空槽内，上升管不断向钢液吹入氩气，相对没有吹氩气的下降管产生了一个较高的静压差，使钢水经上升管进入真空槽内并通过下降管流入钢包溶池，形成钢水循环，从而实现在真空条件下对钢水的脱碳、脱氢、合金化、净化和减少钢中夹杂等精炼效果。

最初开发应用 RH 技术的主要目的是对钢水进行脱气，防止钢中白点的产生，仅限于大型锻件用钢、厚板钢、硅钢、轴承钢等钢种，应用范围有限。随着汽车工业对钢产品质量的要求日益严格，使得 RH 法得到迅速发展[24,25]。1972 年，日本制铁株式会社（Nippon Steel Corporation，NSC）室兰厂根据生产不锈钢的原理，开发了 RH-OB（oxygen blowing，氧气吹炼）技术。使用真空吹氧技术可进行强制脱碳、加铝吹氧升高钢水温度。到目前为止，RH 精炼设备已经由原来仅具有单一的脱气功能的精炼设备发展为真空脱碳、吹氧脱碳、喷粉脱硫、温度补偿、均匀温度和成分等多功能的炉外精炼设备，是精炼功能较全的精炼设备之一[26]。由于 RH 精炼设备具有加工时间短、效率高、控制温度和成分准确、能够与转炉和连铸匹配的优点而被各大钢厂所采用。

（2）CAS 精炼设备。

CAS 精炼设备是由 NSC 八幡厂技术研究所于 1975 年设计的。CAS 精炼法先用氩气喷吹，使钢水表面形成一个无渣的区域后，将浸渍罩插入钢水中，罩住该无渣区，使无渣区的钢水与大气及炉渣隔离，这样在加入合金调整成分时，能减少合金损失，稳定合金收得率[27]。1982 年，NSC 以 CAS 法为基础，在浸渍罩中增设氧枪吹氧，发展出钢包调温 CAS 操作（composition adjustment by sealed argon bubbling-oxygen blowing，CAS-OB）法，目的是增加 CAS 精炼设备的升温功能[28,29]。所以，CAS-OB 具有升温、合金化、均匀化、脱氧、除杂质等功能。由于 CAS 精炼设备具有精炼周期短、能满足连铸长时间多炉连浇的要求、成本低、操作方便、处理速度快、有利于在线调整成分、减少吹氩过程钢水二次污染等优点，所以被各钢厂广泛采用[30,31]。

（3）LF 精炼设备。

LF 精炼设备是日本大同制钢公司在 1971 年 4 月研制的一种粗真空钢包精炼设备。LF 精炼法是将钢包冶金技术与炉渣精炼技术、氩气搅拌与还原气氛下埋弧加热相结合的综合性技术[32-34]。这种工艺具有脱氧、脱硫、去除夹杂物、调整钢水成分和温度、还原渣中金属氧化物、加入大量合金及排渣等功能。其具有升温幅度大、温度控制精度高的优点，对转炉冶炼的钢水有进一步调整温度及钢水成分的作用。从这个意义上讲，它可以降低转炉作业负荷，为转炉与连铸的匹配提供弹性时间。LF 精炼设备开发初期，只用来生产高级钢，随着它精炼功能的增强，目前可以生产超低硫、超低氧钢种。LF 精炼设备操作简单，精炼成本较低，尤其在有连铸设备的炼钢车间，采用 LF 精炼设备可以严格控制钢水质量和钢水温度，对实现多炉连浇起到很大作用。目前，LF 精炼设备已在世界钢铁厂普遍使用并受到钢铁界的一致好评。

（4）KIP 精炼设备。

KIP 是通过喷射冶金技术实现对钢水净化作用的方法。喷射的各种添加剂均需用双锥式搅拌机预先混合，并放置一段时间后（最长不超过 24h）再与粉料混合使用。在整个炼钢-精炼-连铸生产过程中钢水的温度都应该保持在 1620～1700℃[35,36]。同时，在精炼过程中，每一个精炼工序都是通过天车将一炉钢水放到一个对应的精炼位置，通过喷枪对钢水进行成分、温度的再加工[37]。KIP 精炼设备的主要功能体现在脱硫和脱钙处理，也具有合金化和净化钢水功能。对于国内某大型钢厂的 KIP 精炼设备来说，最初 KIP 精炼设备主要用处是和 RH 精炼设备组合使用，满足脱硫和脱钙处理的要求，后来由于 RH 精炼设备增加了喂丝设备，RH 精炼设备也能进行脱钙处理，加之 KIP 精炼设备不能对钢水升温，并对 CAS 精炼设备干扰的处理（KIP 精炼设备与 CAS 精炼设备共用一个工位），使得 KIP 精炼设备的使用逐渐减少，目前 KIP 精炼设备仅用于钢水的临时脱硫和 CAS 精炼设备故障时的备用设备。一般钢厂由于需求的原因 KIP 精炼设备都很少，仅为一台。

3. 连铸

在上游机组精炼工序结束后由天车和台车运送到连铸工序的钢水首先要装入连铸机工序的中间包内。如图 2.4 所示，通过运输设备天车和台车将中间包输送到连铸位。由于中间包的规格和特性，一个浇次一般是在一个中间包内进行装载，但是也有少数情况是两个浇次或者三个浇次装在同一个中间包内。同样，中间包也是有寿命的。一个浇次的钢水在注入中间包以后，通过回转台将钢水倒入连铸机前面的结晶器，回转台类似于一个转盘，由两个容器组成。首先中间包将钢水注入一个容器内，当该容器注满后，回转台旋转 180°，该容器与结晶器相连注入连铸设备，以便将钢水变成具有一定钢级和规格的板坯，为下游机组提供质量、温度以及成分均合格的产品。在连铸机生产阶段，值得说明的是在连铸过程中，任意一个连铸机要保证在其上生产的任意一个浇次里面的相邻炉次之间不能够断浇，即前面所说的“不断浇”。同时，由于在同一个连铸机上连续浇铸的两个浇次需要有一个更换结晶器的时间，这个时间大概在 3min，如图 2.6 所示。

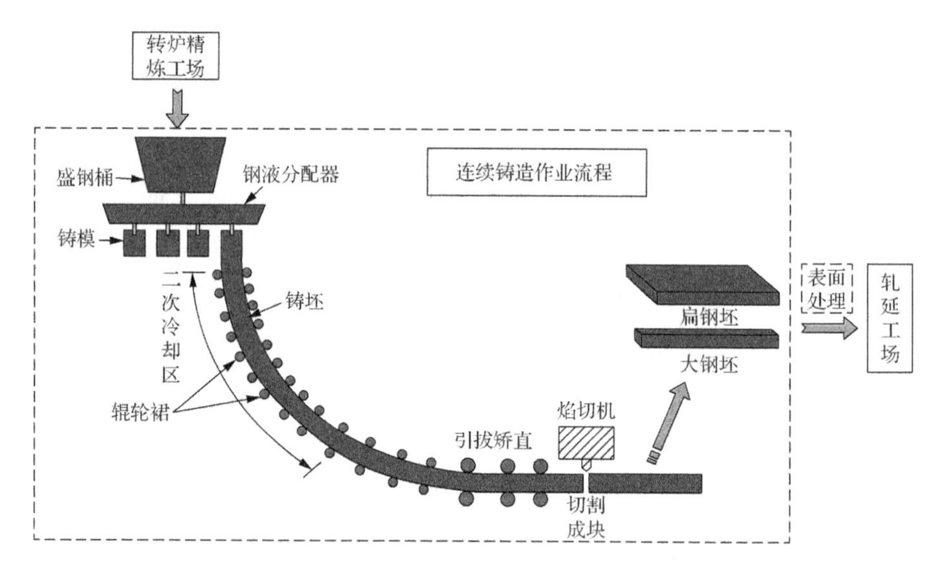

图 2.6　连铸生产示意图

2.2.3　轧制区域工艺过程描述

从连铸机拉出的板坯，经过不同的加工路线送往热轧机组，由轧机轧制成合同要求的各种规格的钢卷或其他轧材，直接供应市场或供给冷轧工序做进一步深加工。在热轧阶段，由于高温、高速轧制，轧机的工作辊磨损很大，在工作辊工作一定周期后需要进行更换。在这种因素的影响下，为了让工作辊尽可能地延长其工作时间从而降低成本，调度人员在制订轧制计划时需要根据形状、宽度以及其他工艺特性等来进行工作辊轧制单元的顺序安排。通常，将轧机内一个工作辊使用寿命之间所轧制的一个完整的板坯序列称作一个“轧制单元”。所以，在轧制阶段，基本的加工单位是“轧制单元”，一个“轧制单元”内板坯的轧制顺序受板坯宽度、厚度、硬度等工艺参数的限制和影响，如图 2.7 所示。

冷轧是指金属在再结晶温度以下进行轧制变形的工艺操作，通常是在室温下进行轧制。冷轧生产的加工工艺包括：结构变化过程，表面处理过程和精整过程。结构变化过程有冷轧、退火、电工钢等，表面处理过程有镀锡、镀锌、彩色涂层等，精整过程是进行形状尺寸和外观处理的过程。冷轧生产以提供高精确度和性能优良的钢板和带材为目的[38]。

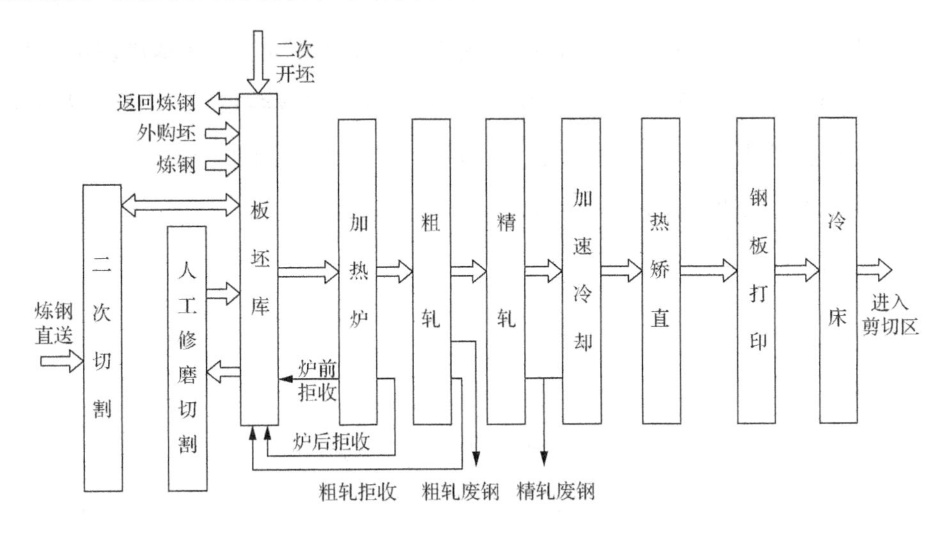

图 2.7　轧钢厂加热轧制的工艺物流程示意图

根据订单的需求和实际生产设备的限制，由上游机组连铸机供给热轧机组的方式和温度是不同的。根据方式与温度的不同，一般可将连铸与热轧工序之间的连接分成以下四种形式：

（1）连铸-冷坯装炉轧制（CC-cold charge rolling，CC-CCR）。

（2）连铸-热坯装炉轧制（CC-hot charge rolling，CC-HCR）。

（3）连铸-直接热坯装炉轧制（CC-direct hot charge rolling，CC-DHCR）。

（4）连铸-直接热轧（CC-hot direct rolling，CC-HDR），如图 2.8 所示。

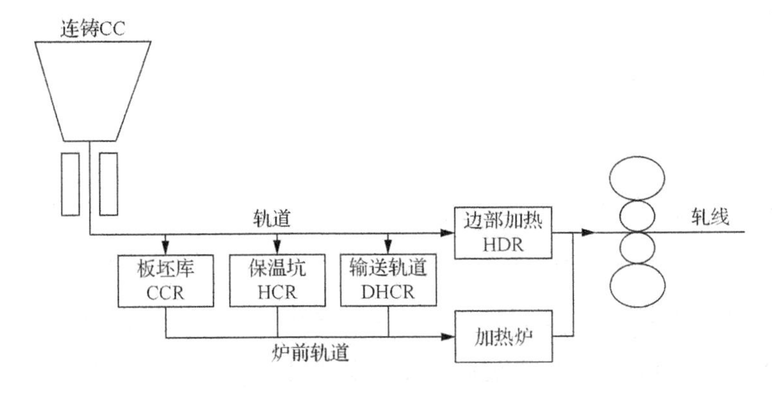

图 2.8　连铸与热轧工序之间的衔接方式示意图

1. CC-CCR

在生产订单中，一种所谓的特殊钢板坯，因为钢种和下游精整机组的需要，需要对上游机组连铸机生产出来的板坯进行缓冷。缓冷结束后，因为轧机对板坯有一定的温度要求，需要通过运输设备将板坯再次送到加热炉前进行加热处理，达到轧制温度的需求后进行轧制。

2. CC-HCR

装炉温度一般为 400～700℃，可称为温装。但是在实际钢厂的生产中，调度的不合理或者运输设备能力的限制导致在进行炼钢-精炼-连铸生产过程中，板坯的温度有所下降，这样的板坯根据工艺的要求是不能够进入轧制工序进行处理的。降温后的板坯会降低设备的使用寿命，生产出来的产品也不能符合实际生产的需求。为了防止由温度降低带来的一系列严重后果，需要将温度降低的板坯输送到保温坑进行再加热，以便能够达到下游机组对温度的需求。同样，温度再提高的过程对于处理时间也是一个缓冲，能够平衡整个生产的节奏。

3. CC-DHCR

装炉温度在 700～1000℃，简称热装。在实际的钢厂生产中，一些钢厂由于设备单一或者产品单一，能够保证生产节奏的连续性，保证板坯在各个工序之间的衔接顺畅，温度下降不大，能够满足下游机组的需要。但是为了保证生产不出现间断，将板坯送入加热炉。通过在加热炉进行加热的时间来平衡整个生产节奏的连贯性，这种情况称为 CC-DHCR。但是该种方式对调度能力要求很高，所以很难做到。

4. CC-HDR

在上游机组连铸机生产出来的板坯处于高温状态时，为了能够保证板坯的温度没有损耗，在板坯运输过程中采取了一系列的保温措施，这种方式为 CC-HDR。保证轧制温度在 1100～1200℃，直接将板坯输送到下游机组轧制单元，称为直接轧制。但是直接轧制对工艺的要求十分高，故此对设备的连贯性以及设备的完备性的要求也十分高。

2.3 炼钢-精炼-连铸生产过程特征

2.3.1 相关定义

在实际的工业生产中，炼钢-精炼-连铸生产调度所做的事情是在炉次的工艺路径（即在每个炉次加工工序总数以及每道工序的所选设备种类）已知的条件下，严格保证每个浇次内的炉次在连铸机连续浇铸以及同一设备上两相邻炉次之间不产生作业冲突即“不断浇、不冲突”的前提下，以浇次在连铸机上开浇时间与该浇次的理想开浇时间差值大小以及相邻操作之间的炉次等待时间长短为节能降耗因素，在满足炉次在任意加工时间设备的唯一性和炉次在任意加工设备时间的连续性两个约束条件下，确定每个炉次在已知的工艺路径下的每个工序的加工处理设备以及这个设备所对应的开始时间，形成生产作业时间表。这里需要提到的几个概念。

（1）炉次（charge）。指在同一个转炉或精炼炉内冶炼的一炉钢水。冶炼后将钢水倒入钢包中，由钢包载运这炉钢水到精炼设备进行精炼，直到将钢水倒入连铸工序前的中间包中。由于一个炉次的钢水恰好装入一个钢包中，炉次被视为从炼钢到连铸工序前被调度工件。

（2）浇次（cast）。指在同一台连铸机上连续浇铸的炉次集合。它是连铸机的生产单元，是连铸工序被调度的工件。做调度前，上级部门下发的计划中给定了各连铸机上所加工的浇次、各浇次中炉次的加工顺序。

（3）生产工艺路径。指炉次的生产加工顺序及加工的设备类型。做调度计划前，上级部门下发的计划中已经指定炉次的工艺路径。

2.3.2 生产过程特征描述

炼钢-精炼-连铸生产过程有如下特征。

（1）每个炉次的生产工艺路径预先给定，但没有指定具体的生产设备。

（2）每个浇次所包含的炉次及其对应的连铸设备已知，每台连铸机上的浇次顺序已知。

（3）每个浇次内的所有炉次必须按照给定顺序连续浇注；每个连铸机上的相邻浇次需要一定的时间间隔，以便更换结晶器和调整设备等。

（4）每个炉次的两个相邻操作的等待时间不能超过允许等待时间最大值。

（5）每个炉次在同类设备上的加工时间均相同，且只能选择其中一台机器。

（6）在某一时刻，一台设备最多只能加工一个炉次，一个炉次最多只能在一台机器上加工。

（7）炉次加工时不允许中断。

2.4 炼钢-精炼-连铸生产调度人工编制概述

2.4.1 企业实际生产现状

炼钢-精炼-连铸生产调度（文献中指该生产过程的转炉、精炼炉、连铸机3种主体设备的调度，本书也采用该命名方法）任务是从转炉到精炼炉再到连铸机的生产过程中，在工艺标准（钢水温度、质量、成分、工艺路径）、性能指标（每个浇次内的炉次在连铸机连续浇铸即不断浇；同一设备上两相邻炉次之间不产生作业冲突即不冲突；所有浇次在连铸机上理想开浇时间和实际开浇时间差值之和；炉次在各工序处理的等待时间之和）和其余离散、连续工业过程（轧制过程）的约束下，以炉次为最小计划单位，每个炉次在已有工艺路径下每个工序所选择的具体的生产设备以及每个设备处理该炉次的起始时间，以获得某一目标（连续浇铸、总完成时间最短、钢水冗余等待时间最短）最优化。在炼钢-精炼-连铸生产调度过程中，产品是从高温的铁水转换成具有宽度和厚度要求的板坯，其间伴随着铁水通过脱磷、脱碳等过程的化学变化和钢水通过连铸机的连铸处理由液态过程变为固态板坯的物理变化，对材料供应的连续性和生产时间都有严格要求。图2.9为实际大型钢厂生产人工调度过程示意图。该调度过程包括主体设备和辅助设备协同调度，一共分为5个步骤。

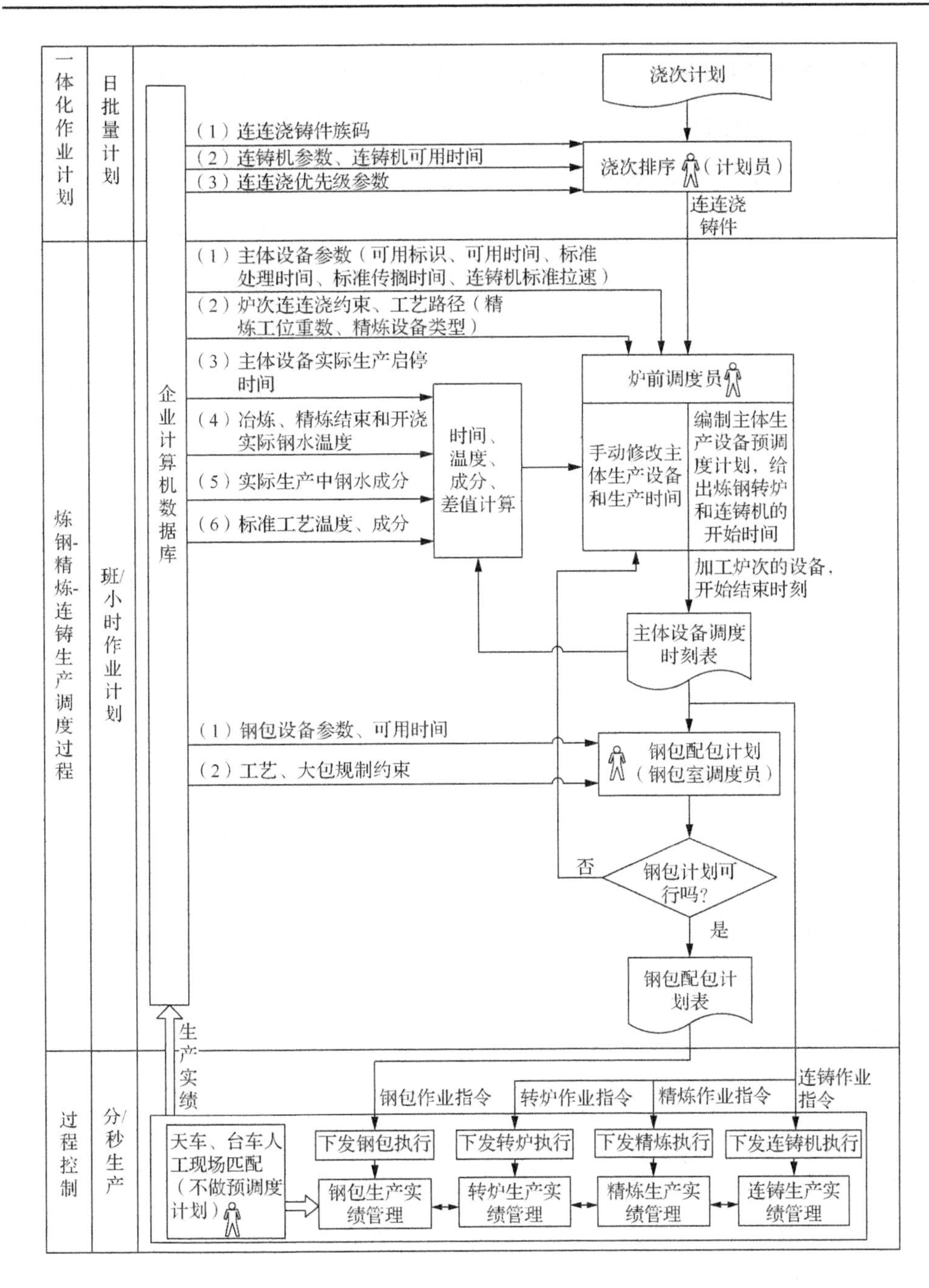

图 2.9 实际大型钢厂生产人工调度过程示意图

步骤 1：连浇铸件调度（浇次排序）。

计划员将连浇铸件按人工经验分配到连铸机上，并对同一台连铸机上分配的所有连浇铸件加以排序；由实际的生产情况估算该批计划中的每个浇次在连铸机上可能开浇时间。

步骤 2：炼钢-精炼-连铸生产预调度。

炉前调度员按上级下发的浇次计划（连铸机上的连浇铸件顺序已排定），包括钢号、制造命令号、出钢记号、连铸机号、精炼区分、浇次号、总炉数、第几炉，采用人工输入的方式安排少量的炉次，确定生产每炉钢的主体设备（转炉、精炼炉、连铸机），并给出每个炉次的炼钢转炉开始时间和连铸机开始时间，并向过程控制层下发调度指令。

步骤 3：钢包计划。

钢包室调度人员根据炼钢-精炼-连铸生产预调度计划，制订钢包配包计划，用以承载钢水。如果钢包配包计划不可行，通过电话联系炉前调度人员协商修改炼钢-精炼-连铸生产预调度计划，如果可行，则下发钢包调度指令。

步骤 4：天车调度。

现场完全依靠人工方式进行天车调度。调度人员与现场操作人员通过打电话的方式来确定每个设备的状态信息（每个设备的状态是空闲或者工作；每个天车和台车是在运输状态或者闲置状态等）。调度人员根据所获得的信息，依据自己的生产经验进行实时的调度决策。然后将决策结果下发给生产车间。通过生产车间的操作员来对每台运输设备进行恰当的调整。可见，该过程是一个十分复杂的过程，同时由于该过程是一个高温、高能耗的操作过程，对实时响应速度的要求非常高。

步骤 5：炼钢-精炼-连铸生产动态调度。

炼钢-精炼-连铸生产调度中，由于工艺过程的多样性，生产节奏会随着不确定因素大幅度波动，如设备的损坏和定期维修、主设备处理时间的延迟或提前、钢水温度不达标、成分不达标等。在扰动事件发生后，炉前调度员根据生产实绩（时间、温度、质量、成分）进行手动调整调度计划，如果时间扰动较大或温度、质量、成分不符合工艺标准范围，调度人员将手动进行修改时间、加工设备及钢种等操作。

在炼钢-精炼-连铸生产调度过程中，步骤 1、步骤 2 和步骤 5 属于主体设备调度问题，步骤 3 和步骤 4 是辅助设备调度问题，本书主要研究步骤 1 和步骤 2 部分。炼钢-精炼-连铸生产调度流程具有以下特征。

（1）炉次精炼次数不同及精炼设备的特殊要求。

（2）同一台连铸机必须在一定炉次范围内连续浇铸。

（3）在钢水对温度、成分、质量的严格要求下，需要保证每个炉次的工序与工序之间运输时间外的等待时间尽可能短。

（4）在连铸机的浇铸过程中，一个铸件之中相邻炉次需要连续浇铸，一个连铸机上相邻铸件之间需要一定的间隔时间。这个时间用于更换结晶器、调整设备等。

一般在制订炼钢-精炼-连铸生产预调度时，需要同时考虑以上全部特征。在本书所涉及的研究内容中，假设天车与台车的运输时间是给定的，而且是不存在扰动的。同样，每个过程所涉及设备的处理时间是固定的，是不存在扰动的。因为本书主要是针对静态问题做的实际钢厂调度算法的研究，所以辅助设备的调度问题，如天车与台车的调度问题，以及其他相关辅助设备的调度问题在本书中不做具体的描述。

2.4.2　生产调度人工编制方法

为了能够更加直观地描述现场人员编制调度计划的过程，假设给定了一个准备编排的计划。该计划只有 1 个浇次，其中有 4 个炉次，该浇次在 3 号连铸机上面进行浇注。其余信息如下：

1 号炉次所经过的路径为 LD—RH—3CC；

2 号炉次所经过的路径为 LD—RH—RH—3CC；

3 号炉次所经过的路径为 LD—RH—3CC；

4 号炉次所经过的路径为 LD—RH—3CC。

下面对该计划人工编制调度计划的过程进行描述。一共分为五个步骤，每个步骤是对不同的工序进行调度的安排（该过程描述同样适合多浇次、多连铸机调度计划编排描述）。

步骤 1：根据给定的每个浇次在对应的连铸机生产的开始时间，推算出该浇次其余炉次在对应的连铸机计划生产的开始时间。建立如图 2.10 所示的调度优化甘特图，在该图中，横坐标表示的是时间，纵坐标表示的是在炼钢-精炼-连铸生产过程中每种设备的名称。每个长方形的小方块表示的是具体的炉次。如图所示的 1、2、3、4 四个炉次构成了一个浇次，一般来说，在实际生产中，要保证每个浇次中的炉次是连续生产的即不断浇。在这步能够确定每个浇次中的第一个炉次的信息，同时能够从炼钢-精炼-连铸生产调度信息输入表中获取每一个浇次的第一个炉次在连铸机的开始处理时间。根据相关公式以及每个炉次处理的开始时间和结束时间的逻辑关系，即每个炉次的结束时间等于该炉次的开始时间与该炉次在同一设备的处理时间的和，在这里必须严格保证同一个浇次里面的炉次不发生断浇的情况。调度过程中，在第一个浇次处理的开始时间被确定后，可以通过所在浇次的处理时间推算，获得第二个浇次处理的开始时间，以此类推。然后安排下一个连铸机上的浇次，同样利用第一台连铸机安排浇次的方法。

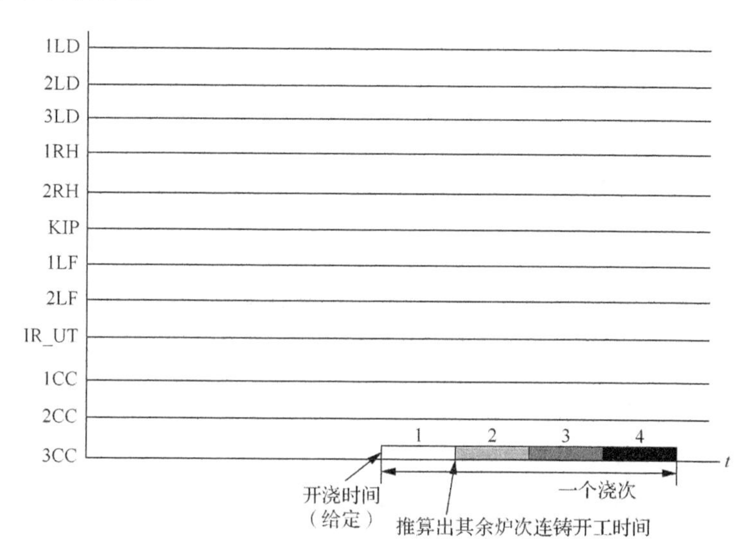

图 2.10　确定即将编排调度计划的所有炉次在对应连铸机上的起始加工时间示意图

步骤 2：根据人工经验，现场人员通过估算、反推的方法，考虑转炉生产平衡因素（即同类设备尽可能地让设备之间的处理时间能够平衡），确定出炉次 1、2 对应的转炉设备，从图 2.10 中可以看出，炉次 1 与炉次 2 同属于同一浇次（根据在设备 3CC 处理的横轴可以看出），根据已给出的这两个炉次对应的工艺路径，即 1 号炉次所经过的路径为 LD—RH—3CC 与 2 号炉次所经过的路径为 LD—RH—RH—3CC，可以发现两个炉次都需要经过转炉，因为在转炉处理过程中，并没有要求某一具体的炉次需要在固定的转炉进行处理，根据每个炉次在对应浇次的开始时间（第一步中已经求得），以及已知的工艺路径，可以得到每个炉次在精炼过程的时间，加上运输时间与等待时间，可以估算出炼钢-精炼-连铸生产过程每个炉次在转炉的最晚开始时间，一般要求编排的炉次开始时间不能够高于这个值，然后按照炉次的序号首先进行安排。

见图 2.11，1LD 与 2LD 转炉都是闲置的，就可以对第一个炉次进行任意设备指派，假设将第一个炉次放到了 2LD，从时间轴可以看出，2LD 已经有炉次占用，1LD 在时刻 0 并没有被占用，根据设备处理能力平衡的思想，将炉次 2 放到转炉 1 进行处理。这样，算出炉次 1、2 在转炉的起始加工时间。

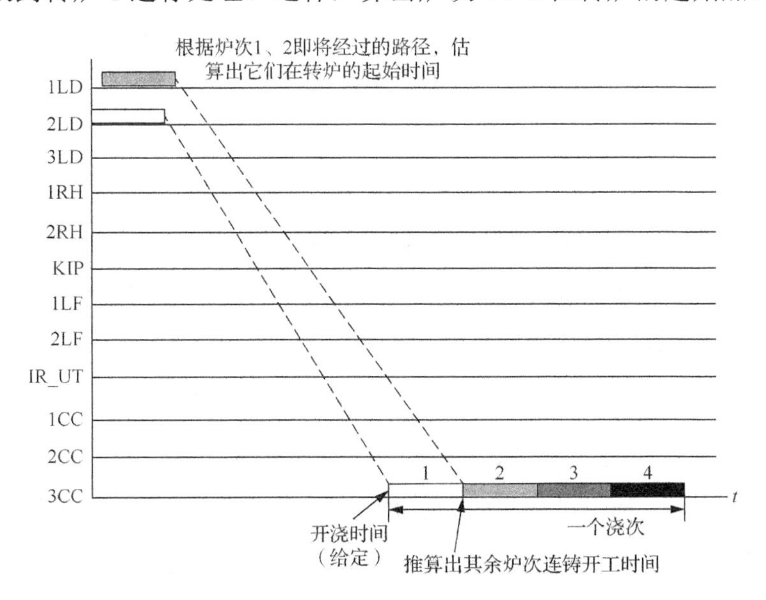

图 2.11　确定炉次 1、2 在转炉过程的设备选择和起始加工时间示意图

步骤 3：考虑炉次 1、2 的运输时间和等待时间。同样根据人工经验，现场人员通过估算、反推的方法，考虑到转炉生产平衡因素，同时要考虑设备是否在正常的工作状态，这里假设 3LD 不在正常工作状态下，不予考虑。考虑

每个炉次通过高炉运送到转炉的运输时间，将同一设备相邻炉次的等待时间尽量缩短，根据步骤 2 的方法，依次确定炉次 3、4 在转炉过程的设备选择以及起始加工时间。如图 2.12 所示为确定炉次 3、4 的调度过程。

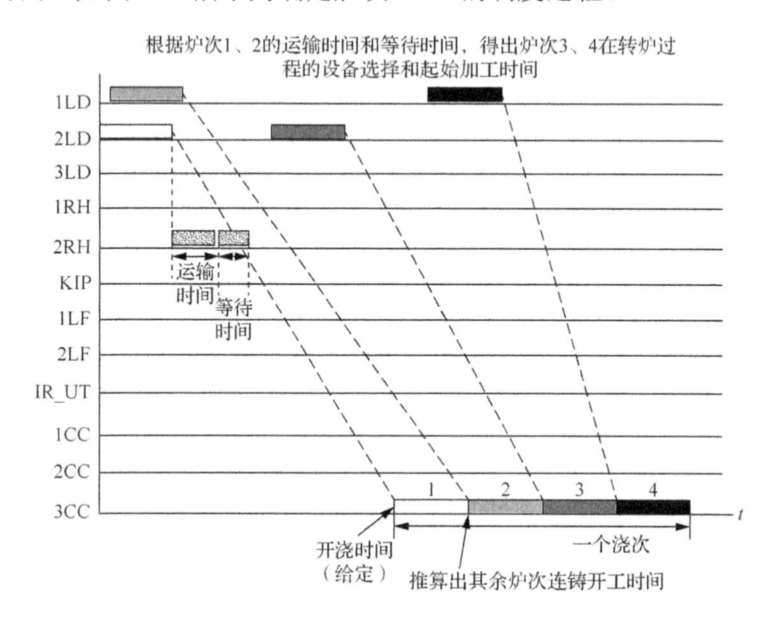

图 2.12　确定炉次 3、4 在转炉过程的设备选择和起始加工时间示意图

步骤 4：根据给定的炉次加工路径，同样根据人工经验，现场人员通过估算和反推的方法，考虑到精炼设备（RH）生产平衡因素，依次确定炉次 1、2 在精炼过程的设备选择以及起始加工时间，如图 2.13 所示。

步骤 5：考虑运输时间和等待时间，同样根据人工经验，现场人员通过估算和反推的方法，考虑到精炼设备（RH）生产平衡因素，依次确定炉次 3、4 在精炼过程的设备选择以及起始加工时间。最终获得一个人工调度计划编制结果。在现场，根据实际的生产状况，调度人员还会进行相应的微调。如图 2.14 所示，得到了每个炉次按照其对应的工艺路径选择的设备及其起始时间，即为最后的炼钢-精炼-连铸人工调度结果。下面，针对该生产调度人工编制的不足做一下分析。

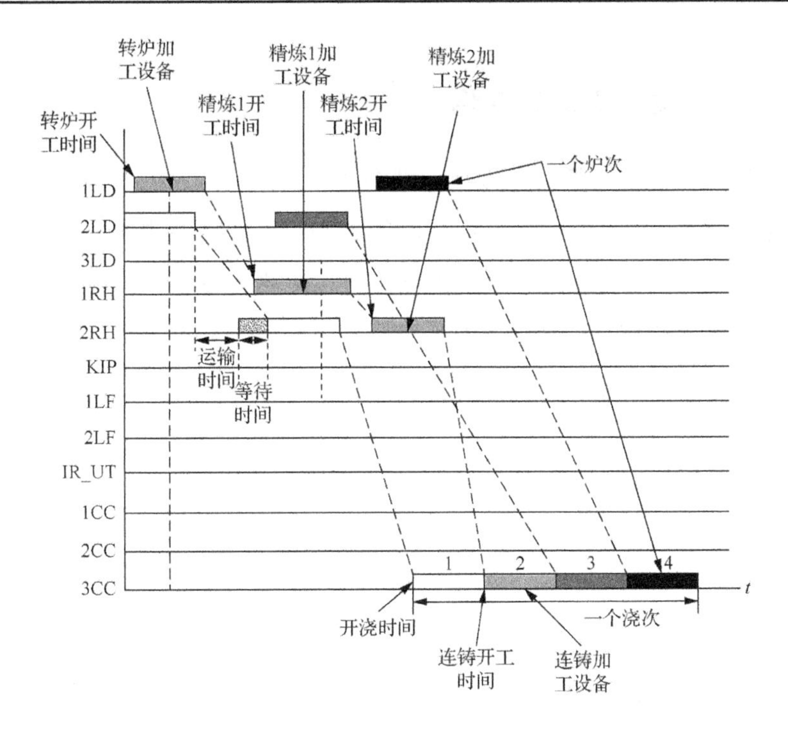

图 2.13 确定炉次 1、2 在精炼过程的设备选择和起始加工时间示意图

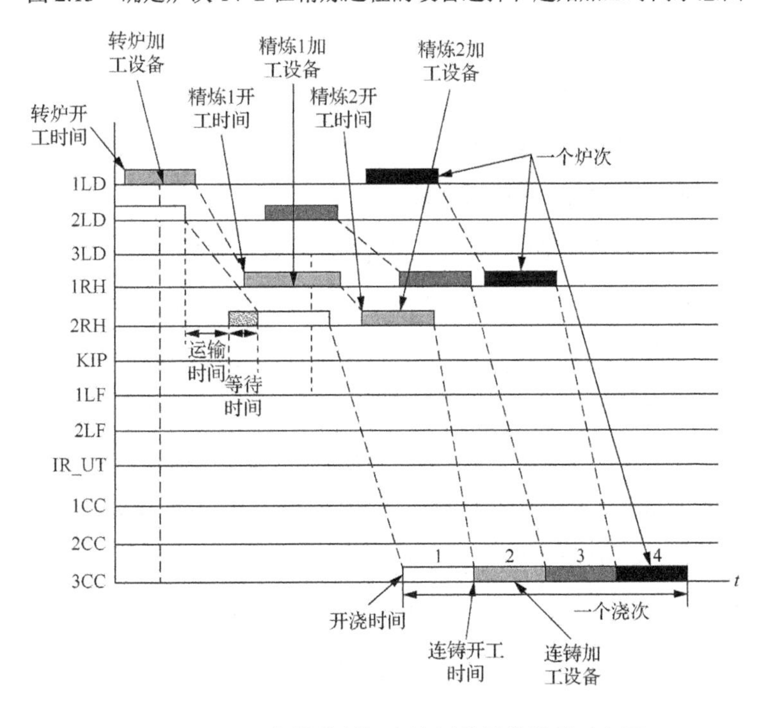

图 2.14 现场人员编制调度计划的最终结果示意图

2.4.3 生产调度人工编制缺陷

（1）编制过程效率低、速度慢、质量差。

随着炼钢-精炼-连铸生产过程产能的提高，设备能力的加大以及厂区的扩建，在同一批次的调度中，该生产调度过程需要考虑的炉次数量逐渐增多，同时因为厂区设备的增加，需要考虑问题的组合难度呈指数增长，调度员的经验虽然很丰富，但是人脑毕竟受生物基本条件的限制，制订调度计划的人员不仅要考虑浇次准时开浇、浇次中的炉次连续浇铸、炉次不能在连铸前等待过长，而且在转炉、精炼炉上不能产生作业冲突，让调度人员同时考虑这些性能指标来制订一个合理的调度方案几乎是不可能的。

（2）编制结果很难获得全局最优解。

现场编制炼钢-精炼-连铸生产调度方案的过程是根据计划层已经给出的数据作为参考进行计划调度的安排。由计划层给出的数据中炉次会很多，但是调度员往往会根据经验，将某一因素的优先级作为考虑的首要条件进行炉次的筛选，然后对一部分炉次首先进行炼钢-精炼-连铸生产调度编制。但是这样往往忽略了其余优先级条件比较靠前因素的炉次调度安排。这类多目标、多约束的问题很难通过调度员人工经验来解决。现场调度人员很难做到考虑每个炉次不同的权重系数，进行合理的调度安排。

（3）人工调度编制方法难以克服多扰动因素的影响。

紧急订单的插入、时间、钢水成分、设备故障以及温度等变化是现场经常发生的事情，根据现场不同的扰动情况，调度人员进行判断与实时处理，对已经编排好的计划调度结果进行科学合理的调整修改。对一些没有进行生产的炉次根据实际情况进行重新安排。在重调度的过程中，生产是不间断的，需要调度员在有限的时间内进行科学合理的重调度安排。这个过程同样需要考虑浇次准时开浇，浇次中的炉次连续浇铸，炉次不能在连铸前等待过长，而且在转炉、精炼炉上不能产生作业冲突等作业因素。然而，即便是有经验的调度员，也很难全局考虑这些因素来编制一个合理的调度结果。

2.5 炼钢-精炼-连铸生产调度难点分析

针对国内实际炼钢-精炼-连铸生产过程大规模、多工序、间歇与连续作业方式相混杂的多阶段流程式生产特点，现有的优化方法很难应用到实际生产调度过程中，主要原因总结如下。

（1）难以建立对炼钢-精炼-连铸生产调度过程进行精确描述的数学模型。

炼钢-精炼-连铸生产调度过程主辅设备调度过程中因多炉次在精炼阶段多设备、多阶段并行处理产生的指数级路径组合带来的多种“作业冲突”可能性，每种路径组合中同一设备上两个相邻炉次产生“作业冲突”的不确定性，任意浇次中不同炉次在连铸阶段生产过程中的连续浇铸以及多天车和多台车在运输过程空间上的相互制约组成的复杂生产过程特性导致该过程难以采用精确的数学模型描述。

（2）难以保证炼钢-精炼-连铸生产静态调度的求解效率。

炼钢-精炼-连铸生产静态调度过程是在满足生产性能指标的前提下，兼顾间歇式工序的生产节奏，使工序间物流传递满足成分、温度和时间的要求，保证生产的连续性，进而完成静态调度的编制。由于该过程的多目标、多约束的复杂特性，已有算法难以保证大规模炼钢-精炼-连铸生产静态过程在允许的时间内获得满足实际生产要求的近似优化可行调度解；并且很难对该生产过程静态调度方案的准确性与可靠性进行评价。

（3）难以保证炼钢-精炼-连铸生产动态调度的响应速度。

炼钢-精炼-连铸生产动态调度过程中设备状况，工艺条件，以及钢水在复杂的物理变化和化学过程中温度、化学成分以及物理形态在各个工序截然不同，导致该生产过程中存在很多随机和不确定的因素，往往会导致计划、调度与控制优化脱节，不能有效协调和均衡生产，造成企业成本增加和效益下降。炼钢-精炼-连铸生产动态调度过程需要对生产调度过程中变化的环境做出快速的响应，对生产异常进行及时处理同时对后续生产作业计划进行调整，来满足实际钢厂以节能降耗为目标的协调生产。已有方法的响应速度慢，满足不了实际生产需求的问题，限制了其应用范围。

2.6 本章小结

本章首先介绍了钢铁生产的工艺过程，对炼钢-精炼-连铸生产调度过程的特征进行了总结。通过对该生产编制过程的详细介绍，提出了该生产过程调度问题的难点以及现有方法的缺陷。本章内容是炼钢-精炼-连铸生产调度优化数学模型的搭建和算法的设计的工程背景，为后面章节提供了翔实的科学根据。

参考文献

[1] 唐洪华, 田乃媛. 广钢第一电炉炼钢分厂计算机调度软件[J]. 钢铁研究, 1999, 106(1): 48-52.

[2] 陶子玉，姜茂发，刘俊芳,等. 基于粒子群优化算法的钢铁企业铁路车辆调度[J]. 中国冶金，2007, 17(9):23-38.

[3] 汪定伟. 智能优化方法[M]. 北京:高等教育出版社, 2007.

[4] 王万良, 吴启迪. 生产调度智能算法及其应用[M]. 北京:科学出版社, 2007.

[5] 刘志勇，吕文阁，谢庆华，等. 应用改进蚁群算法求解柔性作业车间调度问题[J]. 工业工程及管理, 2010,15(3):115-119.

[6] 庞哈利, 王庆, 郑秉霖. 分布式炼钢-连铸在线生产调度系统[J]. 东北大学学报,1999, 20(6):580-582.

[7] 彭胜堂, 徐静波. 武钢第二炼钢厂近几年钢水成分控制的进展[J]. 炼钢, 2002, 18(4): 9-11.

[8] 宋继伟, 唐家福. 基于离散粒子群优化的轧辊热处理调度方法[J]. 管理科学学报, 2010, 13(6): 44-53.

[9] 宋军, 孙峰. 钢包周转的动态管理模式研究[J]. 莱钢科技, 2008, 137(5): 56-59.

[10] Dauzère-Pérès S, Paulli J. An integrated approach for modeling and solving the general multiprocessor job-shop scheduling problem using tabu search[J]. Annals of Operations Research, 1997,70(1): 281-306.

[11] Engin O D, Yen A. A new approach to solve hybrid flow shop scheduling problems by artificial immune system[J]. Future Generation Computer Systems, 2004, 20(6):1083-1095.

[12] Fox M S, Smith S F. ISIS—a knowledge-based system for factory scheduling[J]. Expert Systems, 1984, 1:25-49.

[13] Cowling P I, Ouelhadj D, Petrovic S. Dynamic scheduling of steel casting and milling using multi-agents[J]. Production Planning and Control, 2004, 15(2): 178-188.

[14] Jonghan K, Deokhyun S, Sungwon J, et al. Integrated CBR framework for quality designing and scheduling in steel industry[C]. European Conference on Case-Based Reasoning, Berlin, 2004: 645-658.

[15] Hansen P, Mladenovic N. Variable neighborhood search: principles and applications[J]. European Journal of Operational Research, 2001, 130(3): 449-467.

[16] Jones A, Rabelo L, Yih Y. A hybrid approach for real-time sequencing and scheduling[J]. International Journal of Computer Integrated Manufacturing,1995,8(2): 145-154.

[17] Dewa P, Joshi S. Dynamic single-machine scheduling under distributed decision-making[J]. International Journal of Production Research, 2000, 38(16): 3759-3777.

[18] Kumar V, Kumar S, Tiwari M K. Auction-based approach to resolve the scheduling problem in the steel making process[J]. International Journal of Production Research, 2006, 44(8): 1503-1522.

[19] Gou L, Luh P B, Kyoya Y. Holonic manufacturing scheduling: architecture, cooperation mechanism and implementation[J]. Computers in Industry, 1998, 37(3): 213-231.

[20] Massu L N. Articulation and codification of collective know-how in the steel industry: evidence from blast furnace control in France[J]. Research Policy, 2003, 32(10): 1829-1847.

[21] Liu Q L, Wang W, Zhan H R. Optimal scheduling method for a bell-type batch annealing shop and its application[J]. Control Engineering Practice, 2005, 13(10): 1315-1325.

[22] Liu Z, Xie J, Li J. Heuristic for two-stage no-wait hybrid flowshop scheduling with a single machine in either stage[J]. Tsinghua Science and Technology, 2003(1): 43-48.

[23] Tang L X, Luh P B, Liu J Y,et al. Steel-making process scheduling using Lagrangian relaxation[J]. Taylor & Franciss, 2002, 40(1): 55-70.

[24] Lopez L, Carter M W, Gendreau M. The hot strip mill production scheduling problem: a tabu search approach[J]. European Journal of Operational Research, 1998, 106(2-3): 317-335.

[25] Matsuura H, Tsubone H, Kanezashi M. Sequencing, dispatching and switching in a dynamic manufacturing environment[J]. International Journal of Production Research, 1993, 31(7): 1671-1688.

[26] Mckay K N, Wiers V C S. Unifying the theory and practice of production scheduling[J]. Journal of Manufacturing Systems, 1999, 18(4): 241-255.

[27] Suh M S, Lee Y J, Ko Y K. A two-level hierarchical approach for raw material scheduling in steelworks[J]. Engineering Applications of Artificial Intelligence, 1997, 10(5):503-515.

[28] Moon S, Hrymak A N. Scheduling of the batch annealing process-deterministic case[J]. Computers and Chemical Engineering, 1999, 23(9): 1193-1208.

[29] Gupta J N D. Two-stage, hybrid flowshop scheduling problem[J]. Operations Research, 1988, 39(4): 359-364.

[30] Nowicki E, Smutnicki C. A fast taboo search algorithm for the job shop problem[J]. Management Science, 1996, 42(6): 797-813.

[31] Brandimarte P. Routing and scheduling in a flexible job shop by tabu search[J]. Annals of Operations Research, 1993, 41(1-4): 157-183.

[32] Jackson J R. Simulation research on job shop production[J].Naval Research Logistics Quarterly, 2010, 4(4): 287-295.

[33] Macchiaroli R, Riemma S. A negotiation scheme for autonomous agents in job shop scheduling[J]. International Journal of Computer Integrated Manufacturing, 2002, 15(3): 222-232.

[34] Redwine C N, Wismer D A. A mixed integer programming model for scheduling orders in a steel mill[J]. Journal of Optimization Theory and Applications, 1974, 14(3):305-318.

[35] Sato S, Yamaoka T, Aoki Y, et al. Development of integrated production scheduling system for iron and steel

works[J]. International Journal of Production Research, 1977, 15(6):539-552.

[36] Shaw M J. A distributed scheduling method for computer integrated manufacturing: the use of local area networks in cellular systems[J]. International Journal of Production Research, 1986, 25(9): 1285-1303.

[37] Chen Q S. A new hybrid optimization algorithm[J]. Computers and Industrial Engineering, 1999, 36(2): 409-426.

[38] Singh K A, Tiwari M K. Modelling the slab stack shuffling problem in developing steel rolling schedules and its solution using improved parallel genetic algorithms[J]. International Journal of Production Economics, 2004, 91(2): 135-147.

3 炼钢-精炼-连铸生产静态调度数学模型

3.1 引　　言

基于第 2 章提到的现场炼钢-精炼-连铸生产调度过程人工调度编制的过程，本章首先将对人工调度编制的输入表进行详细的分析，在分析的过程提取相应的已知条件，即数学参数。其次通过对人工编制的输入表进行分析，在分析过程中提取相应的未知条件、约束条件以及决策变量，从而通过数学变量的形式对炼钢-精炼-连铸生产调度过程进行数学方式的描述。最后通过对性能指标的建立以及数学模型对约束条件的表示，建立了炼钢-精炼-连铸生产静态调度数学模型。

3.2 基于输入输出表描述炼钢-精炼-连铸生产静态调度过程

3.2.1 调度信息输入表分析

炼钢-精炼-连铸生产静态调度过程编排是根据炼钢-精炼-连铸计划层下发的排产计划优化结果进行编制的，如表 3.1 所示为国内某大型钢厂的钢铁生产调度过程原始信息输入表。因为钢厂的调度除炼钢-精炼-连铸生产静态调度过程之外，还有轧制计划调度以及后续的精整加工调度等。所有的生产调度均是以表 3.1 为基础信息进行更新和修改。故此，在表 3.1 中，有一部分项目单元的信息在炼钢-精炼-连铸生产静态调度过程中是使用不到的。经过整理得到表 3.2，为基于实际钢厂的炼钢-精炼-连铸生产静态调度信息输入表，本小节将对该生产调度信息输入表的每一项进行分析与阐述。由于炼钢-精炼-连铸生

表 3.1　钢厂生产调度原始信息输入表

连铸机号	顺序	制造命令号	出钢记号	连连	精炼	连铸批次	连浇	铸号	每批次奇流宽度/mm	每批次偶流宽度/mm	厚度/mm	搬送区分	状态	开浇预定时间
1	1	112855	DQ198D1		R	4382	1	1	1200	1550	250	1	命令接受	16:25
1	2	112684	AP1056E1		C	4343	1	1	1300	1300	250	1	命令接受	
1	3	112685	AP1056E1		C	4344	1	1	1150	1300	250	1	命令接受	
1	4	112686	AP1056E1		C	4344	4	2	1100	1100	250	1	命令接受	
1	1	112687	AP1056E1	T	C	4345	4	2	1100	1100	250	1	命令接受	20:15
1	2	112689	AP1056E1		C	4345	4	3	1100	1100	250	1	命令接受	
1	3	112695	AP1056E1		C	4345	4	4	1100	1100	250	1	命令接受	
1	4	112813	DT3481D1		R	4372	1	1	1550	1550	250	1	命令接受	
1	5	112489	DT3481D1		R	4306	1	1	1350	1500	250	1	命令接受	
2	1	112637	DQ3440E1		C	4335	1	1	1350	1350	250	1	命令接受	23:45
2	2	112638	DQ3440E1		C	4336	1	1	1150	1250	250	1	命令接受	
2	3	112639	DQ3440E1		C	4337	1	1	1250	1250	250	1	命令接受	
2	1	112640	DQ3440E1	T	C	4338	1	1	1150	1150	250	1	命令接受	02:27

表 3.2　炼钢-精炼-连铸生产调度可用信息输入表

连铸机号	顺序	制造命令号	连连	精炼	每批次奇流宽度/mm	每批次偶流宽度/mm	厚度/mm	开浇预定时间
1	1	112855		R	1200	1550	250	16:25
1	2	112684		C	1300	1300	250	
1	3	112685		C	1150	1300	250	
1	4	112686		C	1100	1100	250	
1	1	112687	T	C	1100	1100	250	20:15
1	2	112689		C	1100	1100	250	
1	3	112695		C	1100	1100	250	
1	4	112813		R	1550	1550	250	
1	5	112489		R	1350	1500	250	
2	1	112637		C	1350	1350	250	23:45
2	2	112638		C	1150	1250	250	
2	3	112639		C	1250	1250	250	
2	1	112640	T	C	1150	1150	250	02:27

产调度信息输入表的项目单元的每一项都是给定的，后文对每一项单元进行了参数设定并且进行了详细的解释；同时在每项参数设定的基础上，对有关系的参数进行了关联以及详细的解释。

在表 3.2 的项目单元中，为了清楚阐述每个项目生产单元，在表 3.2 的基础上对表 3.2 的横向信息和纵向信息编排了信息序号，如表 3.3 所示，阴影部分是针对横向信息和纵向信息所编排的序号，每个单元信息能够通过纵向和横向序号组成的二维坐标 $P_{(p_1,p_2)}$ 定位，其中 p_1 为表 3.3 中纵向单元序号，p_2 为表 3.3 中横向单元序号。如项目单元“连铸机号”定义为 $P_{(0,1)}$。其余的以此类推。

同样，在对表 3.3 介绍之前引入阶段 g 的概念，所谓阶段的概念是本书将现场炼钢-精炼-连铸生产调度过程按照设备种类的不同划分成不同的阶段，按照顺序依次分为六个阶段。在炼钢过程中，只有一类设备转炉，故此只有一个阶段，即当 $g=1$ 时代表转炉处理阶段；在精炼过程中，按照设备种类的不同，依次划分了四个阶段，即当 $g=2$ 时代表精炼 RH 处理阶段，当 $g=3$ 时代表精炼 CAS 处理阶段，当 $g=4$ 时代表精炼 KIP 处理阶段，当 $g=5$ 时代表精炼 LF 处理阶段。这里需要说明的是在实际的炼钢-精炼-连铸生产调度过程中，每个炉次在精炼过程的处理由于一些扰动因素影响，例如温度不合格或者成分不达标，炉次在精炼阶段加工的顺序不一定是按照本书所涉及的 RH—CAS—KIP—LF，会出现例如 RH—RH—CAS—CAS 或者 CAS—RH 等打乱的加工顺序，用以进行钢水温度提升或者改钢等操作。

表 3.3　加入序号的炼钢-精炼-连铸生产调度可用信息输入表

序号	1	2	3	4	5	6	7	8	9
0	连铸机号	顺序	制造命令号	连连	精炼	每批次奇流宽度/mm	每批次偶流宽度/mm	厚度/mm	开浇预定时间
1	1	1	112855		R	1200	1550	250	16:25
2	1	2	112684		C	1300	1300	250	
3	1	3	112685		C	1150	1300	250	
4	1	4	112686		C	1100	1100	250	
5	1	1	112687	T	C	1100	1100	250	20:15
6	1	2	112689		C	1100	1100	250	
7	1	3	112695		C	1100	1100	250	
8	1	4	112813		R	1550	1550	250	
9	1	5	112489		R	1350	1500	250	
10	2	1	112637		C	1350	1350	250	23:45
11	2	2	112638		C	1150	1250	250	
12	2	3	112639		C	1250	1250	250	
13	2	1	112640	T	C	1150	1150	250	02:27

本书以炼钢-精炼-连铸静态调度研究为主，所涉及的精炼过程处理顺序严格按照 RH—CAS—KIP—LF 顺序处理，处理阶段的顺序不可调换；但是考虑

到每个炉次的精炼过程根据订单需求的不同，需要进行差异化处理，故此，可以在 RH—CAS—KIP—LF 处理顺序中，省略一个到三个步骤，但是需要严格保证处理的顺序不可更改。在连铸过程中，只有一类设备连铸机，故此只有一个阶段，即当 $g=6$ 时代表连铸机处理阶段，如图 3.1 所示。在对炼钢-精炼-连铸生产调度过程定义结束后，以及对该生产调度过程可用信息表获取和整理后，分别从每一个项目单元进行分析和阐述，从而引出在炼钢-精炼-连铸生产调度数学表述过程中需要使用的主要参数、决策变量以及约束条件。

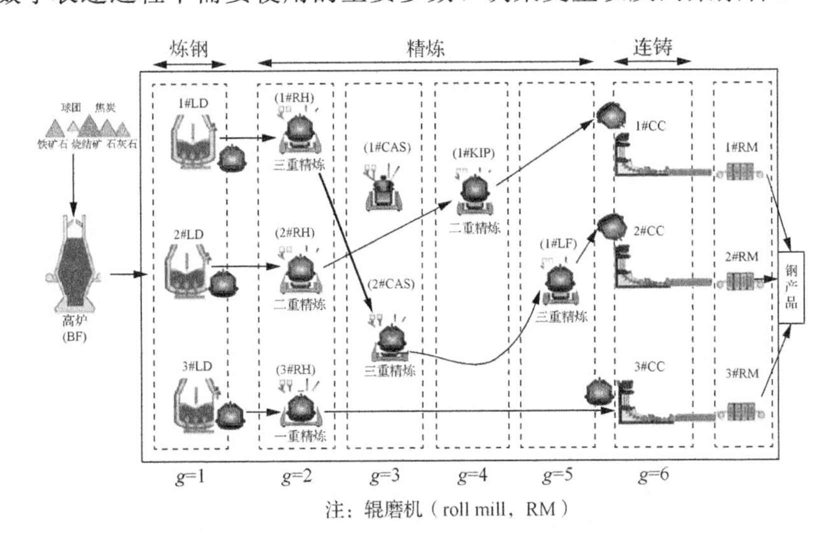

图 3.1　炼钢-精炼-连铸 6 个阶段的划分

1. 连铸机信息的获取

从表 3.3 的第一个项目单元“连铸机号” $P_{(0,1)}$ 中得知：本次调度计划中可用连铸机的数量，在项目单元“连铸机号”下面对应的信息中（从 $P_{(1,1)}$ 到 $P_{(13,1)}$），一共有 13 个项目值，其中包含两个数值“1”与“2”，数值种类即是编排调度计划可用连铸机的数量。本书设置 k_g 表示在第 g 个阶段设备的序号，$k_6=1,2$ 表示可用连铸机数量是 2 台。在实际的炼钢-精炼-连铸生产过程中，如果设备不发生故障等情况，连铸过程连铸机的可用数量为 $k_6=1,2,3$。当然，根据实际钢厂的情况不同，连铸机的数量也会随之变化。

2. 炉次、浇次信息的获取

在表 3.3 的第二个项目单元“顺序” $P_{(0,2)}$ 中，可以看到该项目单元的数值都是以差值为 1 的多组等差数列组进行排列；结合表 3.3 的第三个项目单元“制造命令号” $P_{(0,3)}$ 和第四个项目单元“连连” $P_{(0,4)}$，同时参考第一个项目单元“连铸机号” $P_{(0,1)}$，获取了如下的信息。

首先，是本次调度计划中每个连铸机处理的炉次 j 的个数以及每个炉次 j 对应的唯一识别码——制造命令号（出钢记号） $P_{(0,3)}$，通过出钢记号能够识别出唯一的炉次。对照项目单元“顺序”的项目值与“连铸机号”，相同连铸机号对应项目单元“顺序”的个数即是该调度需要处理的炉次数目的集合 Ω_{jk_g}。如表 3.3 所示，$\left|\Omega_{jk_g=1}\right|=9$，表示一共有 9 个炉次编入该调度表第 1 台连铸机中。

其次，从项目单元“顺序” $P_{(0,2)}$ 中获取的信息是浇次 i 的个数，即对应于每个固定的“连铸机号”的项目单元“顺序”的项目值中，每组等差数列的第一个数值“1”的总数即是该连铸机应该浇铸的浇次数目。这里设连铸机 $k_g=1$ 对应的浇次的集合为 $\Omega_{k_g=1}$，如表 3.3 所示 $\left|\Omega_{k_g=1}\right|=2$。然后，根据表 3.3 的第四个项目单元“连连” $P_{(0,4)}$ 提供的信息，即每个连铸机不同浇次之间通过字符“T”来标识。以此标识可以将连铸机上浇次由上到下的顺序将浇次编号排开。例如表 3.3 中，1 号连铸机里面有一个标识“T”，将位置 $P_{(1,2)}$ 到 $P_{(4,2)}$ 所对应的炉次构成的浇次称为浇次 1，即 $i=1$，将位置 $P_{(5,2)}$ 到 $P_{(9,2)}$ 所对应的炉次构成的浇次称为浇次 2，即 $i=2$，依次类推。

最后，在第二个项目单元“顺序” $P_{(0,2)}$ 中能够得到在每台连铸机生产每个浇次中炉次的顺序。按照每个浇次由上到下的顺序将炉次编号排开。在这里设置 L_{ij}，表示浇次 i 内的炉次 j 的序号，同时引入 N_i 表示第 i 个浇次内最大的炉次数。例如表 3.3 中，L_{11} 表示的是位置 $P_{(1,2)}$ 对应 1 号连铸机的第 1 个浇次的第 1 个炉次，L_{12} 表示的是位置 $P_{(2,2)}$ 对应 1 号连铸机的第 1 个浇次的第 2 个炉次，L_{13} 表示的是位置 $P_{(3,2)}$ 对应 1 号连铸机的第 1 个浇次的第 3 个炉次，L_{14} 表示的是位置 $P_{(4,2)}$ 对应 1 号连铸机的第 1 个浇次的第 4 个炉次，其中炉次总数为 4，即$N_1 = 4$。L_{21}表示的是位置$P_{(5,2)}$对应1号连铸机的第2个浇次的第1个炉次，剩下的炉次依次类推。这样就可以将炉次与浇次一一对应起来。例如研究的问题输入有8个炉次，8个炉次构成3个浇次，如图3.2所示。

第1个浇次有2个炉次，表示为$2 = L_{11}$和$3 = L_{12}$。

第2个浇次有4个炉次，表示为$1 = L_{21}$，$5 = L_{22}$，$7 = L_{23}$和$8 = L_{24}$。

第3个浇次有2个炉次，表示为$4 = L_{31}$和$6 = L_{32}$。

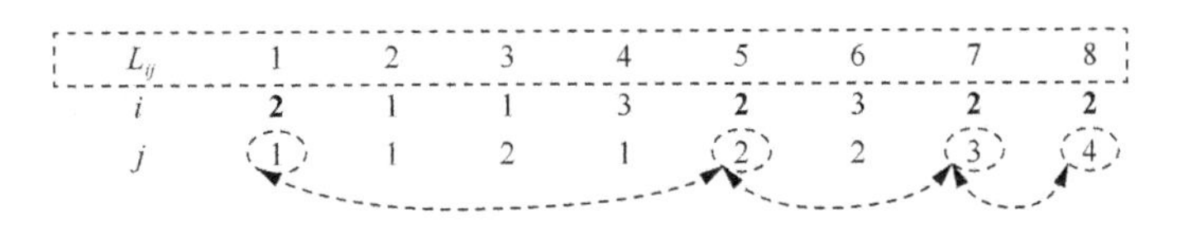

图3.2　浇次与炉次一一对应的关系示例图

3．精炼路径信息的获取

在表3.3的第五个项目单元“精炼”$P_{(0,5)}$中，该项目单元由R、C、K、L四个字母组成，其含义是代表不同精炼过程的设备。其中，R代表RH，C代表CAS，K代表KIP，L代表LF。如果用Ω_{k_g}代表可用设备k_g在t时刻第g阶段的设备处理集合，依据某大型钢厂的设备使用情况，在不考虑设备检修和设备故障的情况下，参考图3.1所示的描述过程，按照设备种类的不同，依次划分了四个阶段：当$g = 2$时代表精炼RH处理阶段，$\left|\Omega_{k_g}\right| = 3$，在此阶段有3台可用设备；当$g = 3$时代表精炼CAS处理阶段，$\left|\Omega_{k_g}\right| = 2$，在此阶段有2台可用设备；当$g = 4$时代表精炼KIP处理阶段，$\left|\Omega_{k_g}\right| = 1$，在此阶段有1台可用设备；当$g = 5$时代表精炼LF处理阶段，$\left|\Omega_{k_g}\right| = 1$，在此阶段有1台可用设备。设备的加工顺序严格按照RH—CAS—KIP—LF进行处理，缩写为RCKL。

不同订单对终端产品需求质量的差异，导致以订单组成的炉次单元生产工艺路径不尽相同，有的阶段会不进行处理，于是得到第五个项目单元“精炼”$P_{(0,5)}$在不同炉次下对应的不同精炼路径。在表3.3的第五个项目单元“精炼”$P_{(0,5)}$中，1个字母代表一重精炼，2个字母代表二重精炼。本章所考虑的是静态调度问题，所以认为在精炼过程中设备的加工顺序严格按照RH—CAS—

KIP—LF 进行处理，不会发生位置的转换。为了能够说明问题，在后续的描述和阐述中利用表 3.3 中位置 $P_{(1,1)}$ 提供的炉次信息进行分析。该炉次对应的第五个项目单元“精炼” $P_{(0,5)}$ 信息为“R”即表示该炉次进行了一次精炼。因为 RH 对应的第 2 阶段的设备，所以该炉次经过的精炼路径为 $g = 2$。

4. 每个炉次在连铸机处理时间信息的获取

在表 3.3 的第六个、第七个、第八个项目单元对应的信息“每批次奇流宽度”“每批次偶流宽度”“厚度”中，可以看到该项目单元的数值是具体的数值。通过这些给定的数值，能够通过现场给定的计算方法求得每个炉次在其对应的连铸机处理过程的加工时间。这里需要说明的是，因为每个浇次在连铸机开浇的时候，该浇次的第一个炉次作为被处理对象，相对于该浇次的其他炉次来说，需要进行更复杂的加工工序。因此，对于任何一个浇次的不同炉次来说，第一个炉次在连铸机的处理时间和其余炉次在连铸机的处理时间计算方法不同。因此，本书认为每个炉次在连铸机浇铸的时间是给定的。设置每个浇次的第一个炉次对应连铸机的处理时间为 P'_{ijk_6}，其余炉次在对应连铸机的处理时间为 P_{ijk_6}。

5. 每个浇次理想开浇时间信息的获取

在表 3.3 的第九个项目单元“开浇预定时间” $P_{(0,9)}$ 没有信息时，代表没有“开浇预定时间”。因为该信息是对应于每个浇次而存在的，其代表的是每个浇次在计划优化层面理想的开始浇铸时间，将其设置为 T_i，这个时间是给定的。在后面的优化过程需要考虑每个浇次的理想开浇时间与这个浇次在实际调度过程当中所安排的实际开始浇铸时间的差值，这个差值越小越好。

6. 其余已知条件的获取

除了在表 3.3 提到的信息中提炼出来的炼钢-精炼-连铸生产调度过程的已知条件，过程中还有两个已知条件是给定的。本书主要研究主设备的调度问题，同时因为在编制炼钢-精炼-连铸生产调度过程时认为运输时间是相同的，故此，本书假设运输时间为零不予考虑。同样，根据表 3.4 可以得到浇次 i 中的炉次 j 在每个阶段 g 的不同设备 k_g 的处理时间，设置为 $T_{ij}\left(k_g\right)$。

表 3.4　炼钢-精炼-连铸过程设备编码和加工时间表

设备	时间/min	设备	时间/min	设备	时间/min	设备	时间/min	设备	时间/min
1#LD	35	3#RH	36	3#LD	35	1#CAS	30	2#RH	36
2#LD	35	1#KIP	25	1#RH	36	2#CAS	30	1#LF	50

图 3.3～图 3.5 总结了第 3 章获取的所有参数。图 3.3 为针对人工调度编制中未使用的信息做了简要说明，图 3.4 为在调度过程中使用的信息做的简要说明。这里分别提到了连铸机号，浇次中炉次的顺序，以及精炼重数还有连铸机处理时间以及理想开浇时间。

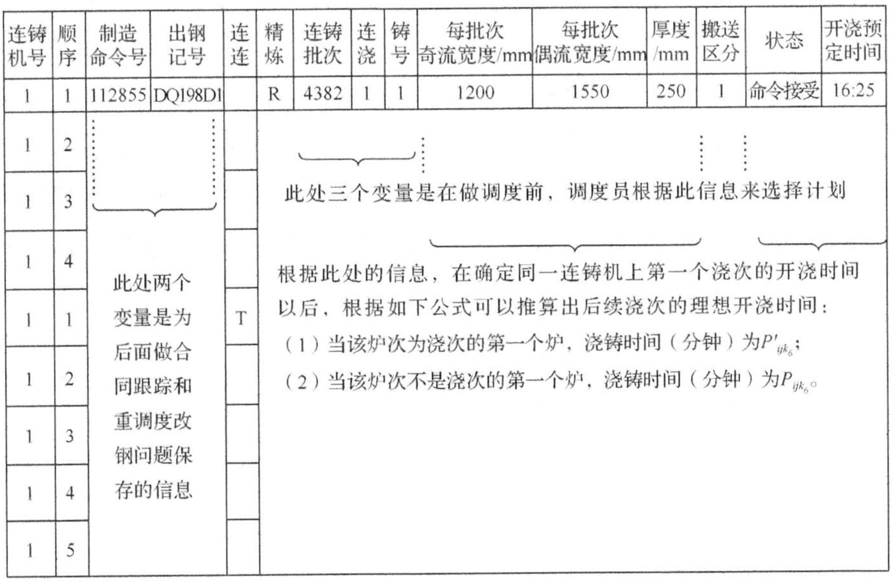

连铸机号	顺序	制造命令号	出钢记号	连连	精炼	连铸批次	连浇	铸号	每批次奇流宽度/mm	每批次偶流宽度/mm	厚度/mm	搬送区分	状态	开浇预定时间
1	1	112855	DQ198D1		R	4382	1	1	1200	1550	250	1	命令接受	16:25
1	2													
1	3													
1	4													
1	1			T										
1	2													
1	3													
1	4													
1	5													

此处三个变量是在做调度前，调度员根据此信息来选择计划

此处两个变量是为后面做合同跟踪和重调度改钢问题保存的信息

根据此处的信息，在确定同一连铸机上第一个浇次的开浇时间以后，根据如下公式可以推算出后续浇次的理想开浇时间：

（1）当该炉次为浇次的第一个炉，浇铸时间（分钟）为 P'_{ijk_6}；

（2）当该炉次不是浇次的第一个炉，浇铸时间（分钟）为 P_{ijk_6}。

图 3.3　调度过程中未使用信息说明图

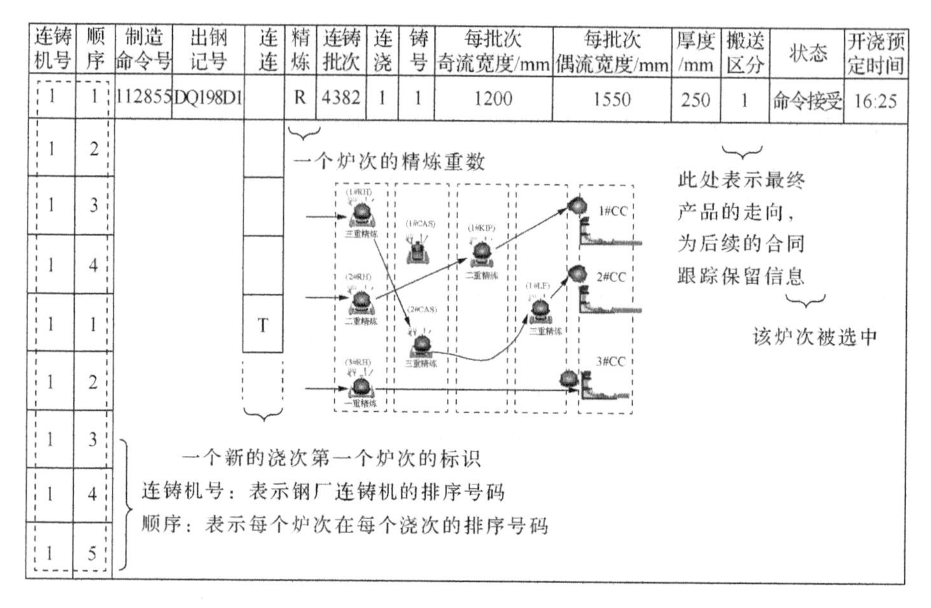

图 3.4　调度过程中使用信息说明图

在图 3.5 中，建立了炼钢-精炼-连铸生产调度信息输入表相关信息与数学符号的一一对应关系。这里包括连铸机的数量以及序号；在每台连铸机上面，对应的每个浇次的顺序以及每个浇次中炉次的顺序；每个炉次所走的工艺路径，包括每个炉次处理的阶段以及每个阶段所使用的设备种类；根据炉次的奇流、偶流的宽度以及厚度得到每个炉次在对应的连铸机的处理时间；通过开浇预定时间能够得到每个浇次在对应的连铸机的理想开浇时间。这样为后面数学建模的参数设定打下了基础。

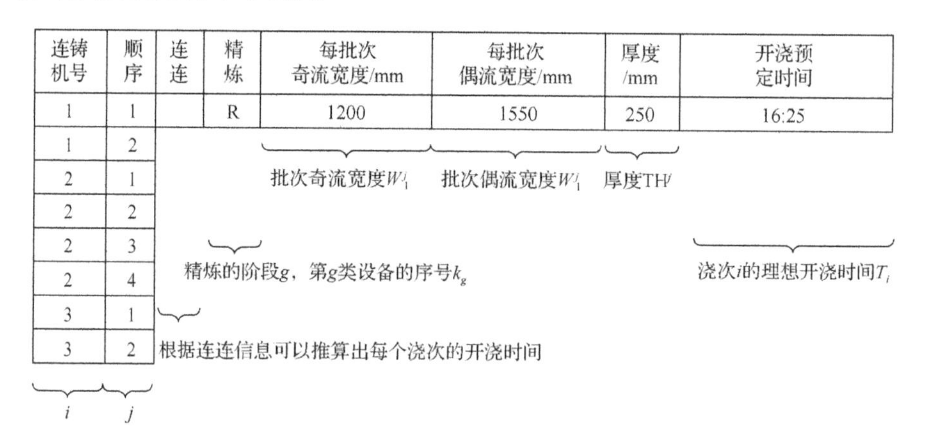

连铸机号
顺序
连连
精炼
每批次奇流宽度/mm
每批次偶流宽度/mm
厚度/mm
开浇预定时间
1　1　R　1200　1550　250　16:25
1　2
2　1
2　2
2　3
2　4
3　1
3　2
批次奇流宽度W_i^j
批次偶流宽度W_i^j
厚度TH_i^j
精炼的阶段g，第g类设备的序号k_g
浇次i的理想开浇时间T_i
根据连连信息可以推算出每个浇次的开浇时间
i
j

图 3.5　浇次与炉次一一对应的关系说明图

3.2.2 调度信息输出表分析

实际钢厂调度员通过炼钢-精炼-连铸生产调度信息输入表，根据人工经验编排该生产过程的调度优化方案。炼钢-精炼-连铸生产调度过程编排结果通过调度信息输出表下发给过程控制层进行调度指挥。如表 3.5 所示为国内某大型钢厂的钢铁生产调度过程，根据表 3.3 炼钢-精炼-连铸生产调度信息输入表得到的信息输出表。同样，表 3.5 炼钢-精炼-连铸生产调度信息输出表内第一行列出的信息为项目单元，从第二行到第十五行列出的信息为每个炉次所对应的信息值。同样，为了能够对每个项目单元阐述清楚，对表 3.5 的横向信息和纵向信息编排了信息序号，如表 3.6 所示，阴影部分就是针对横向信息和纵向信息所编排的序号，根据序号能够确定每个信息单元的具体位置 $P_{(p_1,p_2)}$，其中，p_1 为表 3.6 中纵向单元序号，p_2 为表 3.6 中横向单元序号。

表 3.5 炼钢-精炼-连铸生产调度信息输出表

炉号	制造命令号	出钢终	机号	精炼分区				精炼				浇铸终
				1	2	3	4	一终	二终	三终	四终	
1LD	112855	16:53	1	1RH				00:56				01:43
1LD	112684	17:41	1	2CAS				01:25				02:24
3LD	112685	18:22	1	2CAS				01:32				02:24
3LD	112686	19:06	1	2CAS				02:12				03:08
3LD	112687	19:53	1	2CAS				02:12				03:19
3LD	112689	20:43	1	2CAS				02:57				03:55
3LD	112695	21:33	1	2CAS				03:07				04:16
3LD	112813	22:15	1	1RH				03:44				04:45
3LD	112489	23:13	1	1RH				04:04				05:14
3LD	112637	00:13	2	2CAS				04:34				05:35
3LD	112638	01:03	2	2CAS				05:02				06:03
3LD	112639	01:58	2	2CAS				05:24				06:25
3LD	112640	02:55	2	2CAS				05:51				06:53
3LD	112742	03:53	2	2CAS				06:11				07:23

表 3.6 加入序号的炼钢-精炼-连铸生产调度信息输出表

序号	1	2	3	4	5				6				7
0	炉号	制造命令号	出钢终	机号	精炼分区				精炼				浇铸终
					1	2	3	4	一终	二终	三终	四终	
1	1LD	112855	16:53	1	1RH				00:56				01:43
2	1LD	112684	17:41	1	2CAS				01:25				02:24
3	3LD	112685	18:22	1	2CAS				01:32				02:24
4	3LD	112686	19:06	1	2CAS				02:12				03:08
5	3LD	112687	19:53	1	2CAS				02:12				03:19
6	3LD	112689	20:43	1	2CAS				02:57				03:55
7	3LD	112695	21:33	1	2CAS				03:07				04:16
8	3LD	112813	22:15	1	1RH				03:44				04:45
9	3LD	112489	23:13	1	1RH				04:04				05:14
10	3LD	112637	00:13	2	2CAS				04:34				05:35
11	3LD	112638	01:03	2	2CAS				05:02				06:03
12	3LD	112639	01:58	2	2CAS				05:24				06:25
13	3LD	112640	02:55	2	2CAS				05:51				06:53
14	3LD	112742	03:53	2	2CAS				06:11				07:23

1. 炉次在炼钢过程启停时间变量的获取

根据表 3.6 中的第一个项目单元“炉号”$P_{(0,1)}$、第二个项目单元“制造命令号”$P_{(0,2)}$和第三个项目单元“出钢终”$P_{(0,3)}$可以得到炼钢-精炼-连铸调度方案的炉次j在炼钢阶段$g=1$转炉的结束时间为$z_{ij}\left(k_1\right)$。第三个项目单元“出钢终”表示的含义是对应的某一炉次在炼钢阶段的结束时间。此时虽然不能够确定炉次j对应的浇次i的信息，但是由于每个炉次所对应的“制造命令号”唯一且不可更改，可以通过表 3.6 中第二个项目单元“制造命令号”$P_{(0,2)}$，查找到表 3.3 中“制造命令号”对应的炉次j和浇次i的信息。同时通过对调度计划编排中的浇次与炉次序号的定义，可以获得该炉次具体对应浇次的信息。例如在表 3.6 中$P_{(6,2)}$对应的炉号，可以看到该炉次应该在 3LD 上面生产，其对应的制造命令号是 112689，从表 3.3 反推得知该炉次是整个调度计划安排中第 2 个浇次中的第 2 个炉次。再通过“出钢终”信息单元，能够得到该炉次在第 3 台转炉处理的结束时间是 20:43，故此，得到该调度计划中的第 2 个浇次的第 2 个炉次在第 3 台转炉处理的结束时间是 20:43。

2. 炉次在精炼过程启停时间变量的获取

同样，在表 3.6 的第一个项目单元“炉号” $P_{(0,1)}$，第二个项目单元“制造命令号” $P_{(0,2)}$，第五个项目单元“精炼分区” $P_{(0,5)}$ 和第六个项目单元“精炼一终、精炼二终、精炼三终及精炼四终”，可以得到炼钢-精炼-连铸生产调度方案中的每个炉次 j 精炼阶段 $g=2,3,4,5$ 分别在精炼设备 RH、CAS、KIP、LF 上的结束时间 $z_{ij}(k_2)$、$z_{ij}(k_3)$、$z_{ij}(k_4)$、$z_{ij}(k_5)$，以及每个精炼过程在对应时间 t 所选择的设备 $y_{ijt}(k_g)$，这里 $y_{ijt}(k_g)$ 为 0-1 决策变量。其中第五个项目单元“精炼分区” $P_{(0,5)}$ 的精炼分区 1、精炼分区 2、精炼分区 3 以及精炼分区 4 分别代表所对应炉次的精炼路径的情况以及所选择的对应精炼阶段处理的设备序号。在第六个项目单元“精炼一终、精炼二终、精炼三终以及精炼四终”中所提供的信息能够得到在每个精炼阶段所对应的炉次结束时间。例如 $P_{(6,2)}$ 对应的第 2 个浇次中的第 2 个炉次，其精炼路径从表 3.3 中可得为 CAS 一重精炼。$P_{(6,2)}$ 对应炉次的精炼分区为 2CAS，表示其在 CAS 类设备的第二个设备进行处理，即 $y_{ijt}(k_3)=1$，$k_3=2$。同时，$P_{(6,2)}$ 对应炉次的精炼结束时间为 02:57，即 $g=3$ 阶段的结束时间 $z_{22}(k_3)$ 为 02:57。

3. 炉次在连铸过程启停时间变量的获取

根据表 3.6 的第一个项目单元“炉号” $P_{(0,1)}$、第二个项目单元“制造命令号” $P_{(0,2)}$、第四个项目单元“机号” $P_{(0,4)}$ 和第七个项目单元“浇铸终” $P_{(0,7)}$ 我们可以得到炼钢-精炼-连铸调度方案的每个炉次 j 在第 6 阶段连铸机工序 $(g=6)$ 的结束时间 $z_{ij}(k_6)$。第四个项目单元“机号”表示的含义是在该炉次对应的连铸机的序号；七个项目单元“浇铸终”表示的含义是对应的某一炉次在连铸阶段的结束时间。同样，在此时虽然不能够确定该炉次 j 对应的浇次 i 的信息，但是由于每个炉次所对应的制造命令号是唯一且不可更改的，可以通过表 3.6 第二个项目单元“制造命令号” $P_{(0,2)}$ 的信息，查找到表 3.3 中该“制造命令号”对应的炉次 j 以及浇次 i 的信息。同样，通过前面对一个调度计划编排中浇次与炉次序号的定义，可以获得该炉次对应的浇次信息。例如在表 3.6 中的 $P_{(6,2)}$ 对应炉次，可以看到该炉次应该在 1 号连铸机上面生产，其对应的“制造命令号”是 112689，从表 3.3 反推得知该炉次是整个调度计划安排中第 2 个浇次中的第 2 个炉次。再通过“浇铸终”信息单元，能够得到该炉次在第 1 台连铸机处理的结束时间是 03:55，故此，得到该调度计划中第 2 个浇次的第 2 个炉次在第 1 台连铸机处理的结束时间是 03:55。

4. 炼钢-精炼-连铸生产调度过程约束条件的获取

在表 3.6 中除了对决策变量的获取，还可以得到在炼钢-精炼-连铸生产调度过程的约束条件。因为在现场调度的过程中，需要确定每个设备在每个阶段的设备选择以及启停时间。因为对于任意一个炉次来说，其在设备处理过程时间的连续性是不变的，即不会出现加工到中途停止然后再加工的情况。通过在某个阶段的某个炉次对应的具体设备的结束时间，能够得到在现场调度过程中该阶段的某个炉次对应具体设备的开始时间 $x_{ij}\left(k_g\right)$。同样，根据已有信息表 3.6 中的信息可知，通过每个阶段的结束时间可以推得每个阶段的开始时间。每一个炉次的所有阶段都是由钢铁计划优化层下发固定不变的工艺路径，即每个炉次应该经过几个阶段处理以及对应的阶段名称。对于每个炉次来说，处理阶段是不能够改变的，保证 $x_{ij}\left(k_{g+1}\right) > x_{ij}\left(k_g\right)$。

3.2.3　主要参数、决策变量及约束条件

1. 主要参数的设定

在上节当中，通过对炼钢-精炼-连铸生产调度过程的调度信息输入表的详细介绍，按照已给出每个项目的介绍，总结出来炼钢-精炼-连铸生产调度的已知条件包括以下几点。

（1）浇次所包含的炉次数量以及同一浇次内炉次的浇铸顺序。

（2）浇次所指派的连铸机以及在该台连铸机上浇次的浇铸顺序。

（3）浇次的理想开浇时间。

（4）炉次各操作的加工时间。

（5）任意一个浇次的第一个炉次在其对应连铸机的处理时间。

（6）任意一个浇次的非第一个炉次在其对应连铸机的处理时间。

（7）炉次的生产工艺路径（设备类型及其顺序）。

（8）在 t 时刻的 g 阶段可用设备的数量。

根据已经给出的条件，结合国内某大型钢厂的调度具体问题，可以获得如下的模型主要参数。

i 为浇次序号，$i=1,2,3$。

N_i 为第 i 个浇次的炉次总数。

j 为第 i 个浇次内的炉次序号，$j=1,2,3,\cdots,N_i$。

L_{ij} 为第 i 个浇次的第 j 个炉次，$i=1,2,3$，$j=1,2,3,\cdots,N_i$，来自浇次计划表。

g 表示设备类型，$g=1,2,3,4,5,6$。$g=1$ 表示转炉设备类，$g=2$ 表示精炼设备 RH 类，$g=3$ 表示精炼设备 CAS 类，$g=4$ 表示精炼设备 KIP 类，$g=5$ 表示精炼设备 LF 类，$g=6$ 表示连铸设备类。

U_g 为第 g 个阶段的设备总数。

k 为第 g 个阶段的设备序号，$k=1,2,\cdots,U_g$。

k_g 为设备变量，表示 g 类设备（阶段）的第 k_g 个设备序号，这里 $k_g=k$。当 $g=1$ 时，$k_1=1,2,3$；当 $g=2$ 时，$k_2=1,2,3$；当 $g=3$ 时，$k_3=1,2$；当 $g=4$ 时，$k_4=1$；当 $g=5$ 时，$k_5=1$；当 $g=6$ 时，$k_6=1,2,3$。

$M_{k_g t}$ 为在 t 时刻的 g 阶段设备 k_g 的处理能力。

P'_{ijk_6} 为每个浇次 i 的第一个炉次 j 在对应连铸机的处理时间。

P_{ijk_6} 为每个浇次 i 的非第一个炉次 j 在对应连铸机的处理时间。

T_i 为浇次 i 在连铸机上的理想开浇时间，$i=1,2,3$ 由现场给定。

$T_{ij}\left(k_g\right)$ 为炉次 L_{ij} 在第 g 类设备（阶段）的第 k_g 个设备上的加工时间。对于非连铸设备，由于同类设备的处理功能相同，所以假设处理时间相同。但对于连铸设备，不同炉次、不同连铸机的处理时间是不尽相同的。所以处理时间 $T_{ij}\left(k_g\right)$ 是设备变量 k_g 的函数，当设备 k_g 被确定后，$T_{ij}\left(k_g\right)$ 值就能唯一确定出来。

2. 决策变量以及约束条件的设定

在上节当中，通过对炼钢-精炼-连铸生产调度信息输出表的详细介绍，按照已给出的每个项目的介绍，总结出来炼钢-精炼-连铸生产调度的未知条件包括以下几个。

（1）每个炉次在炼钢阶段所选择的转炉序号以及对应的启停时间。

（2）每个炉次在精炼的每个阶段所选择的精炼炉序号以及对应的启停时间。

（3）每个炉次在连铸阶段所选择的连铸机序号以及对应的启停时间。

同时，根据炼钢-精炼-连铸生产调度过程的输出表总结的已知条件，可以获得如下的模型决策变量。

$y_{ijt}\left(k_g\right)$表示炉次L_{ij}在t时刻是否在第k_g个设备上加工，如果在第k_g设备上加工，则$y_{ijt}\left(k_g\right)=1$，此时$x_{ij}\left(k_g\right)\leqslant t\leqslant z_{ij}\left(k_g\right)$；否则$y_{ijt}\left(k_g\right)=0$。

$x_{ij}\left(k_g\right)$称为时间变量，表示炉次L_{ij}在第k_g设备上加工的开始时间。

$z_{ij}\left(k_g\right)$称为时间变量，表示炉次L_{ij}在第k_g设备上加工的结束时间。

根据已经给出的条件，可以得到两个约束条件，即现场调度过程中该阶段的某个炉次对应具体设备的开始时间与结束时间的差值等于在该设备的处理时间，以及每个炉次对应的工艺路径不可变。同时考虑到实际的生产情况，调度计划的编制都是以天为周期进行编排的，故此，可以看到决策变量中时间t的最大值为24h，转化为分钟即1440min，后面章节还会对t的设置做具体的分析和说明。

3.3　炼钢-精炼-连铸生产静态调度过程性能指标方程

3.3.1　连铸过程“不断浇”

1. 连铸机工作机理介绍以及“不断浇”的描述

在连铸生产阶段，高温钢水在连铸阶段$g=6$时经由连铸机固化、冷却、拉流、切割转变成各种尺寸表面无缺陷的内在组织和温度受控的板坯，并为热轧阶段或其他阶段提供原料。连铸机的功能是将精炼后的钢水连续铸造成钢坯，如图 3.6 所示为立弯式的连铸机，主要由回转台（回转塔）、回转台上的钢水包、方形的中间包（中间罐）、通过两个钢管连接的结晶器以及在结晶器下方的拉矫机组成。

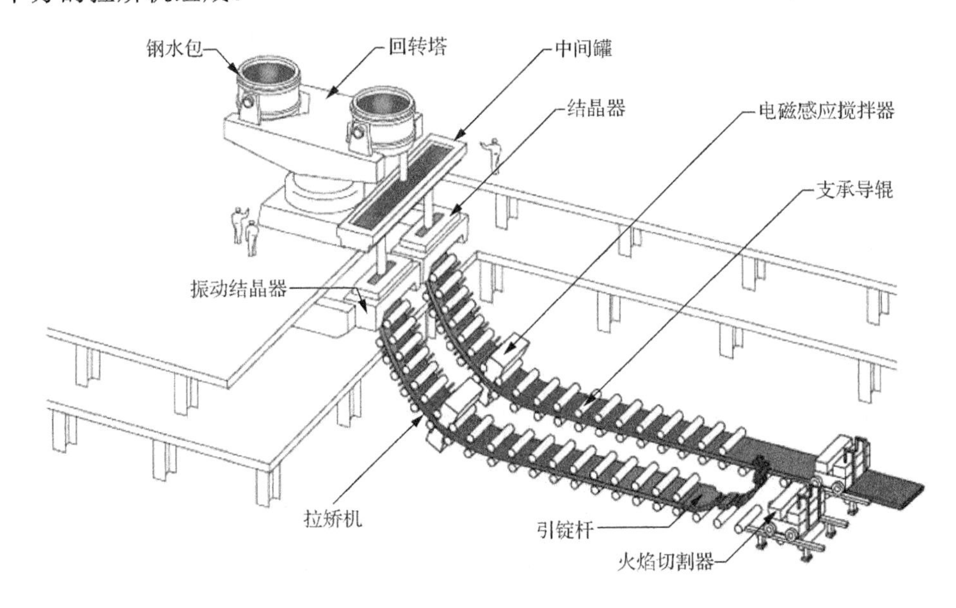

图 3.6　连铸机浇铸示意图

精炼后的钢水通过钢包在运输设备天车和台车的协调运输下送至回转台，在回转台位置，钢包下方的出水口打开，钢水流入回转台的钢水包，一般情况下一个钢水包能够装载一炉钢水。装载钢水结束后，回转台转 180°，其对称位置的另一个空钢水包继续接收由钢包输送的钢水。回转台转动到浇注位置后，钢水包将钢水不断倒入中间包内，因为每一包钢水的成分根据订单的需求而不同，所以在注入中间包时，每一炉钢水都会通过钢水包插板将不同炉次的钢水分开。然后钢水经由中间包依次流入下面的结晶器。对多流连铸机来说，中间包可以将钢水平衡地分配到各个结晶器中，促使钢水中的夹杂物进一步上浮，以净化钢液，并起到贮存钢水的作用，使得在多炉连浇更换钢包时不减拉速，为多炉连浇创造条件。钢水沿结晶器周边冷凝结壳（坯壳），当坯壳有一定厚度时，开动拉锭装置，使铸坯随引锭下降，把这个时间记为每个炉次在连铸机开始浇铸的时间。这也是为什么任意一个浇次的第一个炉次在连铸机浇铸的时间与非第一个炉次在连铸机浇铸时间的计算方法不同。

因为第一炉钢水从结晶器出来时，需要调节连铸机的温度和连铸机的拉速等诸多操作以便匹配新出钢水的温度，而在同一个浇次的其余炉次浇铸的过程中，则不需要考虑这么多问题。与此同时，铸坯被二次冷却装置进一步冷却凝固，随后被切割成一定规格的板坯。在第二个浇次进行处理时，考虑到结晶器的寿命以及钢厂生产的安全，需要清空结晶器里面的钢水以便更换结晶器。从另一个角度来看，一个浇次处理结束后，必须更换一次结晶器。为了简化数学模型，更换结晶器的时间可忽略不计。在该过程中，为了能够保证生产的顺利进行，需要保证钢水在连铸机上浇铸过程的连续性，即在拉锭装置处，保证同一浇次内的钢水能够连续处理。因为一旦在此处发生一个浇次内的炉次断浇，会导致连铸机出来的钢板为不合格的板坯；同时断浇会造成结晶器设备故障。因此，在同一浇次的相邻炉次在进行连铸处理时不能断浇，如果断浇则需要更换中间包和结晶器，这将增加设备成本和调整时间，造成生产节奏的混乱。在实际的钢厂，调度员把一个浇次中相邻炉次是否连续浇铸作为性能指标来衡量调度方案的优劣，该性能指标是保证连铸生产的基础，从工程意义上来说是不能违背的。

2. 建立连铸过程“不断浇”的数学方程

基于对连铸机处理过程机理模型的介绍，引出了该性能指标的数学模型，具体可以描述为：在连铸阶段即 $g=6$ 时，同一个浇次 i 内的相邻炉次 L_{ij} 和 $L_{i(j+1)}$ 之间必须保证连续浇铸，即在该浇次 i 内的相邻炉次 L_{ij} 和 $L_{i(j+1)}$ 中，炉次 $L_{i(j+1)}$ 的开始时间 $x_{i(j+1)}(k_6)$ 必须等于炉次 L_{ij} 的结束时间 $z_{ij}(k_6)$，即

$$z_{ij}(k_6)=x_{i(j+1)}(k_6), i=1,2,3; j=1,2,3,\cdots,N_i; k=1,2,\cdots,U_g \tag{3.1}$$

同时因为炉次 L_{ij} 的结束时间 $z_{ij}(k_6)$ 与开始时间的关系为

$$z_{ij}(k_6)=x_{ij}(k_6)+T_{ij}(k_6), i=1,2,3; j=1,2,3,\cdots,N_i; k=1,2,\cdots,U_g \tag{3.2}$$

引出了不断浇的性能指标数学表达式为

$$x_{i(j+1)}\left(k_6\right)=x_{ij}\left(k_6\right)+T_{ij}\left(k_6\right),i=1,2,3;j=1,2,3,\cdots,N_i;k=1,2,\cdots,U_g \quad (3.3)$$

3.3.2 相邻炉次处理设备“不冲突”

1. 性能指标“不冲突”的描述

在炼钢-精炼-连铸生产调度过程中，需要保证在同一时间内不会出现两个生产单元（炉次 L_{ij} 和炉次 $L_{i'j'}$）在同一个设备上生产。在调度指令中如果发生两个炉次在同一设备上同时生产，在现场操作过程则是重大事故。因为两炉钢水通过不同的钢包进行运输，两个钢包的钢水根据不同的订单需求，其属性和温度都是不同的，不会放在一起进行处理。故此在实际生产中，将保证在同一个时间内不会出现两个生产单元在同一个设备上生产作为炼钢-精炼-连铸生产调度的另一个生产指标。传统的方法对该性能指标的描述按照阶段从两个炉次之间的关系入手，对不冲突进行了描述，如下所示为文献[1]所引用的方法。

当 $g=6$ 时，即在连铸阶段生产时：

$$x_{i(j+1)}\left(k_6\right)\geqslant x_{ij}\left(k_6\right)+T_{ij}\left(k_6\right),i=1,2,3;j=1,2,3,\cdots,N_i;\ k=1,2,\cdots,U_g \quad (3.4)$$

当 $g=4,5$ 时，即在精炼阶段只有一种设备存在时，设置两个不同的炉次为炉次 L_{ij} 和炉次 $L_{i'j'}$，其中式（3.5）和式（3.6）的含义在文献[1]中表示为炉次 L_{ij} 和炉次 $L_{i'j'}$ 在对应操作设备 $k^*_{g(\theta)}$ 与 $k^*_{g(\theta')}$ 需要按照先后顺序进行处理，即满足

$$x_{ij}\left(k^*_{g(\theta)}\right)\geqslant x_{i'j'}\left(k^*_{g(\theta')}\right)+T_{i'j'}\left(k^*_{g(\theta')}\right),$$
$$i,i'\in\{1,2,3\};j,j'\in\{1,2,3,\cdots,N_i-1\};\theta\in\{1,2,\cdots,\varphi_{ij}\};\theta'\in\{1,2,\cdots,\varphi_{i'j'}\} \quad (3.5)$$

或者满足

$$x_{ij}\left(k^*_{g(\theta')}\right)\geqslant x_{i'j'}\left(k^*_{g(\theta)}\right)+T_{i'j'}\left(k^*_{g(\theta)}\right),$$
$$i,i'\in\{1,2,3\};j,j'\in\{1,2,3,\cdots,N_i-1\};\theta\in\{1,2,\cdots,\varphi_{ij}\};\theta'\in\{1,2,\cdots,\varphi_{i'j'}\} \quad (3.6)$$

式中，φ_{ij}为炉次L_{ij}从转炉到连铸工序的操作总数；θ为L_{ij}从转炉到连铸的加工（操作）顺序号，$\theta=1,2,\cdots,\varphi_{ij}$。

在炼钢阶段和精炼阶段生产过程中，文献[1]中对不冲突约束所进行的描述："当$g=1,2,3$时，在同一个设备上，两个相邻炉次不发生作业冲突的约束无法精确表达。"文献[1]通过汉字的形式将不冲突约束条件进行描述，进而作为数学建模的约束条件是不合适的。

显然，已有的根据实际炼钢-精炼-连铸生产调度过程的不冲突建模表述烦琐，而且不能将所有冲突情况都进行表述。例如在$g=6$时，即在连铸阶段生产不冲突时的表述明显和设备不断浇时的描述公式（式（3.3））重复，其中式（3.3）是式（3.4）选取等式的情况，同时针对同一个浇次内的不同炉次来说，式（3.4）的表述显然不符合实际的工艺要求；在$g=4,5$时，其数学表达式引入了$L_{i'j'}$，增加了求解的难度，同时因为引入了逻辑关系表达式，导致模型是非线性的，以至于在求解过程中难以通过线性规划的方法求解；在$g=1,2,3$阶段，生产过程是多阶段的，同时每个阶段又是多设备的，导致两个相邻炉次不发生作业冲突的约束及约束的个数无法精确表达。

2. 建立性能指标"不冲突"的数学方程

针对前面对不冲突的描述以及现有描述存在的困难，本书从设备能力的角度出发，引入时间变量t。在炼钢-精炼-连铸生产调度过程中，根据设备属性得知，在同一个时刻t，任何一个设备（转炉、精炼炉以及连铸机）最多只能够处理一个浇次中的一个炉次，这样设备的处理能力（简称设备能力）为1，即在某一时刻，同一个设备最多能够处理的单元数量为1。在炼钢-精炼-连铸生产调度过程中，设备的处理能力可以具体表述为，在每个阶段g所涉及的转炉、各种精炼设备以及连铸设备k_g在同一时刻t最多只能够处理一个浇次中的一个炉次L_{ij}，即$M_{k_g t}=1$，设置该状态为1；或者是在同一时刻t处于不工作状态即闲置状态，设置该状态为0。上节已经具体对该表述引入了决策变量$y_{ijt}(k_g)$，即表示炉次L_{ij}在t时刻是否在第k_g个设备上加工，如果在第k_g个设备上加工，则$y_{ijt}(k_g)=1$，否则$y_{ijt}(k_g)=0$。根据对$y_{ijt}(k_g)$的定义以及在炼钢-

精炼-连铸生产调度过程每个设备的属性即 $M_{k_g t}=1$，得到了如下的数学表达式：

$$\sum_{i=1}^{3}\sum_{j=1}^{N_i} y_{ijt}\left(k_g\right) \leqslant 1,\ y_{ijt}\left(k_g\right)=\begin{cases}1, & \text{当} x_{i,j}\left(k_g\right) \leqslant t \leqslant z_{i,j}\left(k_g\right) \\ 0, & \text{其他}\end{cases},$$

$$i=1,2,3; j=1,2,3,\cdots,N_i; t=1,2,3,\cdots,T; k=1,2,\cdots,U_g; g=1,2,3,4,5,6 \tag{3.7}$$

即在炼钢-精炼-连铸生产调度过程中，任何一个处理设备在同一个时间最多只能够处理一个浇次中的一个炉次。也就是说，在同一设备上处理的相邻炉次在同一个时间内不会发生冲突。

例如，在 $g=2$，$k_g=3$ 时，$y_{ijt}\left(k_g\right)=1$ 表示炉次 L_{ij} t 时刻在精炼阶段 RH 的第二个设备上处理。假设这时有另外一个炉次 $L_{i'j'}$，对应的 $y_{i'j't}\left(k_g\right)=1$ 表示炉次 $L_{i'j'}$ 在 t 时刻在精炼阶段 RH 的第二个设备上处理。这时：

$$\sum_{i=1}^{3}\sum_{j=1}^{N_i} y_{ijt}\left(k_g\right)=2,$$

$$i=1,2,3; j=1,2,3,\cdots,N_i; t=1,2,3,\cdots,T; k=1,2,\cdots,U_g; g=1,2,3,4,5,6 \tag{3.8}$$

违背了约束条件式（3.7），即炉次 L_{ij} 和炉次 $L_{i'j'}$ 在 t 时刻精炼阶段 RH 的第二个设备上发生冲突。

3.3.3 炉次等待时间

在炼钢-精炼-连铸生产调度过程中，每个炉次在每个阶段通过运输设备将钢水放在钢包中进行运输。在每一个阶段前即在设备转炉、精炼炉以及连铸机前，需要判断该设备是否正在处理其他炉次。因为由前面提到的设备处理能力性能指标得知，任意一个炉次在某个设备生产处理的前提是该设备处于空闲状态。如果该设备正在生产其他炉次单元，则下一个处理的炉次需要在该设备正在处理的炉次结束生产以后方能进行生产，这样就产生了等待时间。在实际的炼钢-精炼-连铸生产调度过程中，每个炉次在任意两个阶段的等待时间 $T_{w(i)}$ 表示为

$$T_{w(i)}=x_{ij}\left(k_{g+1}\right)-z_{ij}\left(k_g\right),$$

$$i=1,2,3; j=1,2,3,\cdots,N_i; k=1,2,\cdots,U_g; g=1,2,3,4,5,6 \tag{3.9}$$

即在炼钢-精炼-连铸生产调度过程中，每一个炉次 j 在阶段 $g+1$ 对应的设备 k_{g+1} 的开始时间与炉次 j 在阶段 g 对应的设备 k_g 的结束时间的差值为每个炉次 j 的等待时间 $T_{w(i)}$。通过式（3.2）可知：

$$T_{w(i)} = x_{ij}\left(k_{g+1}\right) - x_{ij}\left(k_g\right) - T_{ij}\left(k_g\right),$$
$$i=1,2,3; j=1,2,3,\cdots,N_i; k=1,2,\cdots,U_g; g=1,2,3,4,5,6 \qquad (3.10)$$

在此基础上，得到在实际的炼钢-精炼-连铸生产调度过程中另外一个性能指标即每个炉次在各个工序间的等待时间 T_w，即

$$T_w = \sum_{i=1}^{3}\sum_{j=1}^{N_i}\sum_{g=1}^{6}\left(x_{ij}\left(k_{g+1}\right) - x_{ij}\left(k_g\right) - T_{ij}\left(k_g\right)\right),$$
$$i=1,2,3; j=1,2,3,\cdots,N_i; k=1,2,\cdots,U_g; g=1,2,3,4,5,6 \qquad (3.11)$$

3.3.4 理想与实际开浇时间差

由计划优化层下发的炼钢-精炼-连铸生产调度信息输入表中，对编排计划的每个浇次的预定开浇时间已经给出，是已知条件。但是在实际的生产中，因每个浇次中的炉次在炼钢和精炼阶段的调度编制不合理造成的调度全过程时间的差异，每个炉次的钢水通过天车和台车运输造成的到达时间的差异，以及众多扰动因素所引起的炉次处理时间、启停时间等各种时间的差异，导致了每个浇次在实际生产中并不能严格按照其在对应的连铸机上的理想开浇时间进行生产。原则上，所有浇次在其对应的连铸机浇铸的开始时间与理想开浇时间的偏差越小越好，这样能够尽可能地与计划优化层派发的计划所匹配，有助于保证实际生产的节奏性，提高生产效率，提高产品的命中率。时间偏差有两种情况，第一种情况是浇次 i 在对应连铸机的实际开浇时间 T_i 提前于在该台连铸机的理想开浇时间 $x_{i1}\left(k_6\right)$，同时考虑到差值不能为负值，所以它们的差值 Y_i 记为

$$Y_i = \max\left(0, x_{i1}\left(k_6\right) - T_i\right), i=1,2,3; k=1,2,\cdots,U_g \qquad (3.12)$$

同理，第二种情况就是浇次 i 在对应连铸机的实际开浇时间 T_i 滞后于在该

台连铸机的理想开浇时间 $x_{i1}(k_6)$，同时考虑到差值不能为负值，所以它们的差值 Z_i 记为

$$Z_i = \max\left(0, T_i - x_{i1}\left(k_6\right)\right), i=1,2,3; k=1,2,\cdots,U_g \tag{3.13}$$

结合钢厂的实际情况，通过式（3.12）与式（3.13）可以得到，所有浇次的理想开浇时间和实际开浇时间偏差之和 Q_i 的表达式为

$$Q = \sum_{i=1}^{3}\left|x_{i1}\left(k_6\right) - T_i\right|, i=1,2,3; k=1,2,\cdots,U_g \tag{3.14}$$

这里将 Q 作为炼钢-精炼-连铸生产调度过程的第四个性能指标，即所有浇次在其对应连铸机的实际开浇时间与理想开浇时间的偏差值之和。

3.4　炼钢-精炼-连铸生产静态调度过程约束方程

3.4.1　设备处理时间连续性约束

通过炼钢-精炼-连铸生产调度信息输出表，设每个阶段的某个浇次中的炉次对应的具体处理设备的开始时间为 $x_{ij}\left(k_g\right)$，其与每个阶段的某个浇次中炉次对应的具体处理设备的结束时间 $z_{ij}\left(k_g\right)$ 之间存在着如下关系：

$$z_{ij}\left(k_g\right) = x_{ij}\left(k_g\right) + T_{ij}\left(k_g\right),$$
$$i=1,2,3; j=1,2,3,\cdots,N_i; k=1,2,\cdots,U_g; g=1,2,3,4,5,6 \tag{3.15}$$

即时间连续性的关系，表示每个炉次在任意一个阶段任意设备进行处理时不会中断，都会保持开始时间与处理时间的和等于结束时间，而不会发生一个炉次在两个设备同时进行处理或者一个炉次在一个设备处理时间中断的情况。在此，定义为设备处理时间连续性约束。

3.4.2　工艺路径不可变约束

基于前面对实际炼钢-精炼-连铸生产调度过程阶段的定义，可以看到在实

际的炼钢-精炼-连铸生产调度过程中，通过炼钢-精炼-连铸生产调度信息输入表能够得到每个炉次所走的工艺路径在阶段 $g=1$（炼钢阶段）与阶段 $g=6$（连铸阶段）是固定的，如图 3.1 所示，每个炉次在进行处理时必须经过处理的工艺路径是第一阶段和第六阶段。在精炼阶段，参考图 3.1，可以看到一共有四个阶段，即在 $g=2,3,4,5$ 时，每个阶段对应着不同的精炼设备，依次为 RH—CAS—KIP—LF。其中，每个炉次最多在每个精炼阶段的一个设备上处理一次。不会出现因为温度变化或者钢种命中率不高而造成在某一个精炼阶段重新处理的情况，即

$$k_g \neq k_{g+1}, g=1,2,3,4,5,6 \tag{3.16}$$

例如类似于 RH—RH—KIP—KIP 这种情况不在本书的研究范围。同样，每个炉次的工艺路径需要严格按照 RH—CAS—KIP—LF 加工顺序进行处理，即每个炉次不可打乱精炼过程的顺序，即必须严格遵守 k_2 为 RH，k_3 为 CAS，k_4 为 KIP，k_5 为 LF。例如 CAS—RH—KIP—LF 这种精炼路径，CAS—RH 违背了原始的工艺路径要求。

同样，在该过程允许每个炉次因为订单的需要对部分精炼阶段省略处理的情况，即

$$x_{ij}\left(k_{g+1}\right) \geqslant x_{ij}\left(k_g\right) + T_{ij}\left(k_g\right),$$
$$i=1,2,3; j=1,2,3,\cdots,N_i; k=1,2,\cdots,U_g; g=1,2,3,4,5,6 \tag{3.17}$$

例如，RH—KIP—LF 表示在 $g=2,4,5$ 阶段炉次会被进行处理，处理时间根据表 3.4 提供的信息可以获得；同样对于 $g=3$ 阶段，炉次因为订单不需要进行 CAS 过程处理，可以看作该阶段的处理时间为 0。

3.5　炼钢-精炼-连铸生产静态调度数学模型建立

本书考虑实际生产过程因为多炉次、多阶段、多设备造成的不冲突约束的不确定性和多种可能性，基于文献[1]提出的建模方法，引入整数时间变量

0,1,2,⋯，建立了基于 Time-Index 的炼钢-精炼-连铸生产调度优化数学模型。相较于文献[1]的模型，其约束条件因为引入时间变量而导致约束条件随着时间 T 的增加而增加，规模也较文献[1]大很多。但正是由于这种表达方法才能够将该过程的不冲突约束的每一种可能性都描述出来，进而进行后续的优化求解。

3.5.1 调度目标及约束条件

炼钢-精炼-连铸计划调度是在炉次的工艺路径（每个炉次加工工序总数以及每道工序的所选设备种类）已知的条件下，以严格保证每个浇次内的炉次在连铸机连续浇铸以及同一设备上两相邻炉次之间不产生作业冲突即“不断浇，不冲突”为调度目标；以浇次在连铸机上开浇时间与该浇次的理想开浇时间差值大小以及相邻操作之间的炉次等待时间长短为节能降耗因素；在满足炉次在任意加工时间设备的唯一性和炉次在任意加工设备时间的连续性两个约束条件下，确定每个炉次在不同工序的加工设备以及在相应设备加工的开始时间；形成炼钢-精炼-连铸生产调度作业时间表，即炼钢-精炼-连铸计划调度。由调度优化的含义可知：调度优化所涉及的关键要素有四个，一是性能指标，二是生产工艺约束条件，三是决策变量，四是调度目标。

1. 性能指标

调度的性能指标与钢厂的效益、产量和质量密切相关。时间、温度、成分是决定钢厂生产效益、产品质量的主要性能指标。一般来说，钢厂的调度性能指标是保证钢厂正常运行的基础也是必备条件。因此，钢厂调度的性能指标是对炼钢-精炼-连铸生产调度过程的刚性约束，即不能够违背，否则会对实际生产造成重大事故。下面来分析一下实际钢厂的性能指标。

（1）在同一个连铸机上的相邻炉次要连续浇铸[2,3]。

连铸是炼钢-精炼-连铸生产调度过程中的瓶颈工序，对于炼钢-精炼-连铸生产调度过程起到承上启下的作用。合理的连铸机设备均衡调度能够有效保证物流顺畅和节省能源。对于连铸机来说，开启连铸机所产生的电费、设备维护及设备故障产生的处理时间、中间包结晶器和其余辅助材料的消耗造成的成本十分高[4,5]。为了提高产能、降低生产成本，在满足连浇工艺规程的基础上，需要保证在同一个连铸机上炉次连续浇铸，以此来保证钢厂车间的正常运营，达到降低总调整费用、提高铸坯产量、降低能耗的目的。

（2）同一设备上两相邻炉次之间不产生作业冲突。

保证同一设备上两相邻炉次之间不产生作业冲突也是实际炼钢-精炼-连铸生产调度过程必须的条件。在炼钢-精炼-连铸生产调度过程中，由于生产工艺及设备能力的限制，每个设备每次只能够处理一个炉次单元[6]。在任意一个阶段，两个相邻处理的炉次之间不会发生冲突，即在同一设备相邻处理的炉次之间，只有当前一炉次在该设备处理结束以后，下一个相邻的炉次才可能会处理。该条件如果违背，在实际钢厂生产中属于重大事故，故此是实际钢厂的重要性能指标。

2. 生产工艺约束条件

在实际的炼钢-精炼-连铸生产过程中，性能指标是保证生产的必要条件。同样，该过程需要遵守一定的生产约束条件。这些约束条件同样是保证炼钢-精炼-连铸生产调度过程的必要条件。钢厂“和谐”的生产节奏完全是建立在这些约束条件以及钢厂性能指标的基础上的。

（1）炉次操作顺序约束，即炉次必须按其生产工艺路径进行加工。炉次的生产工艺路径（每个炉次加工工序总数以及每道工序的所选设备种类）已知，路径（LD—RH—LF—KIP—CC）标识出一个炉次规定的加工（操作）顺序，这个操作顺序是调度必须遵循的工艺约束。加工一个炉次一定要在前一个操作结束后才能进行下一个操作。在编制调度前，通过炼钢-精炼-连铸生产调度的计划下发，可以获得每个炉次的已知工艺路径。在每条工艺路径下的任意一个操作，对应于实际生产会有一个或者多个同功能设备可选择。调度计划的编制就是如何合理选择每条工艺路径下的任意一个操作的同类设备以及在该设备的启停时间，来保证更加合理的生产节奏。

（2）炉次在设备上处理过程约束，一个炉次在任意一个设备处理应该是连续的，不会发生中途的停止。即炉次在任意设备处理的起始时间和结束时间之差应该等于该炉次在该设备的生产过程时间。

3. 决策变量

目前国内大型钢厂成分合格率都很高，控制范围越来越窄。实际钢厂中低碳品种的钢成分可控范围为±1.5%，也就是说成分的命中率达到了98.5%。而时间和温度的命中率相对较低，上海宝钢的时间命中率基本控制在75%。调度主要解决的是生产任务的设备安排、生产顺序和生产时间。在深入现场调研和分析炼钢-精炼-连铸生产调度过程的基础上，确定出该过程的决策变量。由调度优化的含义可知，在满足生产工艺约束的条件下，需要决策炉次的具体加工设备及加工的开始时间，各炉次在连铸机上的开浇时间，使得炉次在设备之间冗余等待时间最短，浇次准时开浇，浇次内的炉次连续浇铸的性能指标最优，形成一个类似于火车时刻表的生产调度表。根据炉次的生产工艺路径可知道它的加工（或操作）顺序和加工的设备类型。但是因为同类设备有多个，炉次究竟在哪个设备上加工需要进行决策。所以，加工设备是一个决策变量，称它为设备变量。炼钢-精炼-连铸生产调度不仅要确定炉次在转炉和精炼工序的加工设备，还要确定在该设备上开始加工时间和结束时间，形成调度表。在无干扰的情况下，同类设备上的处理时间可视为一个常量。又由于一个炉次加工的结束时间等于开始时间加上处理时间，也就是说，只要确定出炉次的开始加工时间便可以得到结束加工时间。所以，本书选取炉次在设备上开始加工时间作为另一个决策变量，称它为时间变量。

4. 调度目标

调度优化计划的编制就是在原有钢厂炼钢-精炼-连铸生产调度过程正常运转的基础上，通过合理地安排炉次的设备选择与响应设备的启停时间来提高生产产能、节约能源、提高效率。在该生产过程中，理想的生产是能够根据计划层下发的每个炉次已有的工艺路径生产，每个生产工序之间不存在等待时间。因为等待时间的增加势必会造成钢水温度、成分等的变化，钢水温度的变化会造成温度不达标，影响下一个工序的生产质量。成分不达标会造成工艺路径的改变甚至钢水的弃用。故此，保证每个生产单元能够在已有工艺路径下，每个工序之间的衔接更加紧凑，即每个工序之间的等待时间最短是炼钢-精炼-连铸生产调度问题的目标之一。同样，在连铸过程中，为了能够保证后面工序连轧过程的准时性，需要在实际连铸生产过程中，将每个浇次实际开始浇注的时间与每个浇次在计划层下发的理想开浇时间的差值做到尽量小来保证后面工序衔接的连续性。故此，缩短每个浇次实际开浇时间与每个浇次在计划层下发的理想开浇时间的差值也是炼钢-精炼-连铸生产调度的目标之一。

在实际钢厂，炼钢-精炼-连铸生产调度是在炉次的工艺路径（每个炉次加工工序总数和加工顺序以及每道工序所选设备种类）已知的条件下，在严格保证每个浇次内的炉次连续浇铸，同一设备上相邻两炉次之间不产生作业冲突，即性能指标“不断浇，不冲突”的前提下，以缩短所有炉次在各个工序处理的等待时间以及所有浇次在连铸机实际开浇时间与理想开浇时间的偏差，即缩短性能指标“等待时间，浇次理想开浇偏差值”为目的，满足设备处理时间连续性以及工艺路径不可变的约束条件，确定每个炉次在不同工序的加工设备以及在相应设备加工的开始时间，进而形成炼钢-精炼-连铸生产作业时间表，即炼钢-精炼-连铸生产调度。故此，炼钢-精炼-连铸生产调度优化数学模型的目标函数是以缩短所有浇次在连铸机上实际开浇时间与理想开浇时间差值和以缩短所有炉次在各个工序处理的等待时间为目的来进行设计的。在建模中，对任何一个炉次必须要遵守“不断浇，不冲突”的调度目标。同样，缩短所有炉次在各个工序处理的等待时间以及所有浇次在连铸机实际开浇时间与理想开浇时间的偏差能够提高生产效率，达到节能降耗的目的，所以将性能指标“等待时间，浇次理想开浇偏差值”作为数学模型的优化目标进行考虑。如式（3.18）所示，建立了三个优化目标的数学模型，因为是多目标优化问题，通过惩罚系数 C_1， C_2， C_3 的引入将多目标问题变为单目标问题。通过惩罚系数的引入，可以看到式（3.18）中 $C_1\sum_{i=1}^{3}\sum_{j=1}^{N_i}\sum_{g=1}^{6}\left(x_{ij}\left(k_{g+1}\right)-x_{ij}\left(k_g\right)-T_{ij}\left(k_g\right)\right)$ 表示的是对于所有炉次，在相邻操作 g 与 $g+1$ 之间等待时间的差值所带来的惩罚值；式（3.20）中 $C_2\sum_{i=1}^{3}\max\left(0,T_i-x_{i1}\left(k_6\right)\right)$ 表示的是对于所有浇次，当其在连铸机的实际开浇时间滞后于理想的开浇时间产生的差值所带来的惩罚值；同样式（3.21）中 $C_3\sum_{i=1}^{3}\max\left(0,x_{i1}\left(k_6\right)-T_i\right)$ 表示的是对于所有浇次，当其在连铸机的实际开浇时间提前于理想的开浇时间产生的差值所带来的惩罚值，根据三个时间的差值所带来的惩罚值的求和可以得到总的惩罚值，得到目标函数如下所示：

$$\min J\equiv F_1+F_2+F_3 \tag{3.18}$$

$$F_1=C_1\sum_{i=1}^{3}\sum_{j=1}^{N_i}\sum_{g=1}^{6}\left(x_{ij}\left(k_{g+1}\right)-x_{ij}\left(k_g\right)-T_{ij}\left(k_g\right)\right),$$
$$i=1,2,3;j=1,2,3,\cdots,N_i;k=1,2,\cdots,U_g;g=1,2,3,4,5,6 \tag{3.19}$$

$$F_2=C_2\sum_{i=1}^{3}\max\left(0,T_i-x_{i1}\left(k_6\right)\right),\ i=1,2,3;k=1,2,\cdots,U_g \tag{3.20}$$

$$F_3=C_3\sum_{i=1}^{3}\max\left(0,x_{i1}\left(k_6\right)-T_i\right),\ i=1,2,3;k=1,2,\cdots,U_g \tag{3.21}$$

在加权系数将性能指标“等待时间，浇次理想开浇偏差值”转化为目标函数的基础上，将性能指标“不断浇，不冲突”转化为约束条件来保证炼钢-精炼-连铸生产调度过程的正常生产，可以得到式（3.22）和式（3.23）。

保证在炼钢-精炼-连铸生产过程中，同一台连铸机上同一个浇次内相邻的炉次需要连续浇铸，即“不断浇”，

$$x_{i(j+1)}\left(k_6\right)=x_{ij}\left(k_6\right)+T_{ij}\left(k_6\right),i=1,2,3;j=1,2,3,\cdots,N_i \tag{3.22}$$

保证在炼钢-精炼-连铸生产过程中，同一设备上相邻处理的炉次中，只有前一个炉次加工结束后下一个炉次方可在该设备加工，即“不冲突”，

$$\sum_{i=1}^{3}\sum_{j=1}^{N_i}y_{ijt}\left(k_g\right)\leqslant 1,y_{ijt}\left(k_g\right)=\begin{cases}1, & \text{当}x_{i,j}\left(k_g\right)\leqslant t\leqslant z_{i,j}\left(k_g\right)\\0, & \text{其他}\end{cases},$$
$$i=1,2,3;j=1,2,3,\cdots,N_i;t=1,2,3,\cdots,T;k=1,2,\cdots,U_g;g=1,2,3,4,5,6 \tag{3.23}$$

在满足四个性能指标前提下，炼钢-精炼-连铸生产调度过程需要满足实际生产中设备处理钢水的属性即设备处理时间的连续性以及生产过程优化计划层下发的炉次工艺路径信息提供的约束条件，即炉次工艺路径不可变约束，可以得到式（3.24）和式（3.25）。

考虑到实际生产中每个炉次的钢水会在一个阶段的某一个设备进行处理，不会发生同一炉次的钢水同时在一个阶段的两个相同的设备或者同一炉次的钢水在两个阶段的两个不同种类设备同时处理的现象，即设备处理时间连续性约束，

$$z_{ij}\left(k_g\right)=x_{ij}\left(k_g\right)+T_{ij}\left(k_g\right),$$
$$i=1,2,3;j=1,2,3,\cdots,N_i;k=1,2,\cdots,U_g;g=1,2,3,4,5,6 \tag{3.24}$$

在炼钢-精炼-连铸生产调度信息输入表中，每个炉次的工艺路径即每个炉次加工工序总数和加工顺序以及每道工序所选设备种类是已知的，通过这些信息能够得到

$$x_{ij}\left(k_{g+1}\right)\geqslant x_{ij}\left(k_g\right)+T_{ij}\left(k_g\right),$$
$$i=1,2,3;j=1,2,3,\cdots,N_i;k=1,2,\cdots,U_g;g=1,2,3,4,5,6 \tag{3.25}$$

可以看到式（3.22）～式（3.25）为炼钢-精炼-连铸生产调度优化问题的约束条件，式（3.18）～式（3.21）为炼钢-精炼-连铸生产调度优化问题的目标函数。下面对该模型的求解难度做一下阐述。

3.5.2 生产调度优化数学模型求解难度分析

1. 大规模约束方程导致求解难度增加

针对 3.5.1 节提出的炼钢-精炼-连铸生产调度优化数学模型，设计了基于 Time-Index 的模型。在模型中时间变量 t 根据实际钢厂的情况设置为以分钟为单位的时间变量，即 t 的最小计量单位为分钟。同时，在前面设定参数时提到过，根据实际炼钢-精炼-连铸生产调度周期来看，钢厂以天为周期进行炼钢-

精炼-连铸生产调度的安排。故此，在考虑的模型中，炼钢-精炼-连铸生产调度优化的周期为一天的时间，转化为分钟计算的话就是 24h=1440min，即模型中调度优化的处理时间周期为 1440min，将其设置为

$$T = 1440, \quad t = 1,2,3,\cdots,1440 \tag{3.26}$$

基于该周期，可以看到原方程涉及时间 t 的约束条件（3.23）依据 t 展开，原约束条件（3.23）形式的表达有 1440 个约束条件；在此基础上，将展开的约束条件根据每个阶段 g 和该阶段对应的设备 k 进行展开，可以看到一共有 1440×13（一共有 13 个设备）=18720 个针对每个炉次 L_{ij} 的约束条件；在约束条件（3.23）中，考虑 $k_6 = 1$，$k_6 = 2$，$k_6 = 3$ 三种情况下针对每个炉次 L_{ij} 构成的约束条件。故此，在大型的炼钢-精炼-连铸生产调度中，以天为计算周期进行编排调度的过程中，根据钢厂规模的大小需要考虑几十甚至几百个炉次的调度安排。这样，整个模型为大规模多约束条件下的数学优化问题。

2. 基于多重性能指标建立的非凸优化数学模型导致求解难度增加

在炼钢-精炼-连铸生产调度优化建模的目标函数中，需要兼顾性能指标“所有浇次在连铸机上实际开浇时间与理想开浇时间差值”与性能指标“所有炉次在各个工序处理的等待时间”的优化，性能指标“所有浇次在连铸机上实际开浇时间与理想开浇时间差值”又分为“所有浇次在连铸机上实际开浇时间提前于理想开浇时间差值”与“所有浇次在连铸机上实际开浇时间滞后于理想开浇时间差值”两部分的优化，属于多目标问题。在约束条件中，作为性能指标的数学表达式（3.22）和式（3.23）属于耦合约束条件，即在以炉次 L_{ij} 为最小优化单元的情况下，式（3.22）需要考虑同一浇次中相邻的炉次之间的关系即“不断浇”以及式（3.23）中任意两个不同炉次在处理设备上处理的关系即“不冲突”。造成对每个最小单元炉次 L_{ij} 优化求解的过程，需要兼顾由性能指标“不冲突”和“不断浇”带来的炉次与炉次之间的耦合约束关系。因此，在多个浇次、炉次，多台转炉、精炼炉和连铸机通过多种精炼方式构成的炼钢-精炼-连铸生产调度编制过程中，因在多转炉或多精炼炉并行的情况下同一设

备上两相邻炉次不产生作业冲突，难以采用精确数学模型描述；因多个炉次需兼顾性能指标、准时开浇等多目标的考虑，传统的通过加权将多目标问题转化为单目标问题的运筹学方法很难在短时间内获得满足炼钢-精炼-连铸生产调度的全局优化目标，有时还容易造成性能指标的冲突；同时，现有的进化计算方法由于其算法的特性很难能保证求解的精确度，容易使调度方案陷入局部最优解。

3.6 本章小结

本章首先介绍了炼钢-精炼-连铸生产调度信息输入表、信息输出表。根据信息输入表和信息输出表得到在炼钢-精炼-连铸生产调度过程中的已知条件、未知条件以及约束条件。通过对已知条件、未知条件以及约束条件的分析，能够得到在炼钢-精炼-连铸生产调度过程中的主要参数、决策变量、每个炉次的工艺条件约束以及设备处理时间连续性约束。其次，本章根据炼钢-精炼-连铸生产调度过程的现场需求和要求，建立了以实际现场为背景的性能指标方程，包括：同一浇次中的相邻炉次在连铸机处理的过程中需要连续浇铸，即“不断浇”；在同一时间同一设备只能处理一个炉次，即“不冲突”；连铸机上实际开浇时间与理想开浇时间的差值；炉次在各个工序处理的等待时间之和。同时，对四个性能指标建立的背景以及意义做了详细的阐述和分析。最后，基于已有炼钢-精炼-连铸背景下的调度过程，在总结了性能指标以后，对该过程的约束条件进行了分析，建立了约束条件的数学方程。下一章，将对本章所提出的炼钢-精炼-连铸生产调度优化数学模型提出求解的策略和算法。

参考文献

[1] 王秀英. 炼钢-连铸混合优化调度方法及应用[D]. 沈阳: 东北大学, 2012.

[2] Tang L X, Wang X P. A predictive reactive scheduling method for color-coating production in steel industry[J]. International Journal of Advanced Manufacturing Technology, 2008, 35(7-8): 633-645.

[3] Tang L X, Liu J Y, Rong A Y, et al. A review of planning and scheduling systems and methods for integrated steel production[J]. European Journal of Operational Research, 2001, 133(1): 1-20.

[4] Tomastik R N, Luh P B, Zhang D Y. A reduced-complexity bundle method for maximizing concave nonsmooth functions[C]. IEEE Conference on Decision and Control, Kobe, 1996.

[5] Yang Y, Kreipl S, Pinedo M. Heuristics for minimizing total weighted tardiness in flexible flow shops[J]. Journal of Scheduling, 2000, 3(2): 89-108.

[6] 陈军鹏, 陈文明, 罗首章. CBR 在炼钢-连铸动态调度系统中的应用研究[J]. 冶金自动化, 2008, 32(2): 29-33.

4 炼钢-精炼-连铸生产静态调度策略

4.1 引　　言

针对炼钢-精炼-连铸生产调度优化过程大规模、多约束、多目标所带来的求解困难问题，本章在现有炼钢-精炼-连铸生产调度优化数学模型的基础上，提出了基于代理次梯度拉格朗日迭代优化调度求解策略。根据本书所提出的炼钢-精炼-连铸生产调度问题特点以及模型求解难点，该求解策略具体来说可以分为两个功能模块，即炼钢-精炼-连铸生产调度数学模型转换模块与调度优化求解模块。本章将对两个功能模块做详细的叙述。

4.2 调度模型转换策略

在模型转换部分，一共有三个模块，分别为拉格朗日松弛框架下“不断浇、不冲突”约束方程，将松弛的“不断浇、不冲突”约束方程转化为性能指标，以炉次为单位调度优化子模型。在第一个功能子模块拉格朗日松弛框架下“不断浇、不冲突”约束方程中，利用拉格朗日松弛框架思想引入拉格朗日乘子来松弛第 3 章中建立的数学模型中的“不断浇、不冲突”耦合约束条件。在第二个功能子模块中通过松弛的方法，将“不断浇、不冲突”约束方程转化为性能指标。同时在松弛后，获得将耦合因素通过拉格朗日乘子解耦的调度优化问题模型。通过松弛的方法，在第三个功能子模块中将原始问题的数学模型进行简化得到每个炉次 L_{ij} 的调度优化子模型，称为炼钢-精炼-连铸生产调度优化子模型。具体如图 4.1 所示。

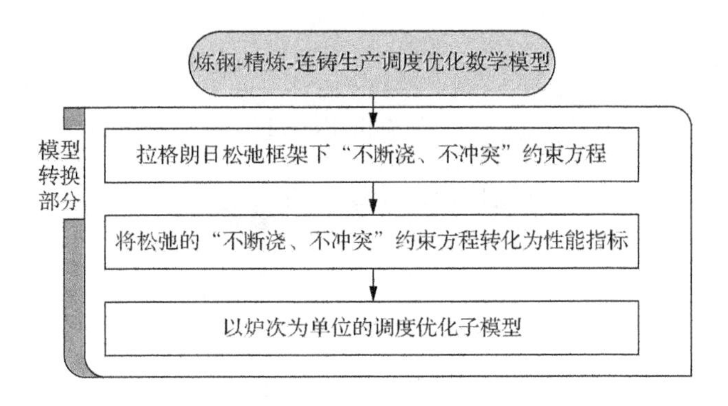

图 4.1　模型转换部分三个子模块框图

4.2.1　拉格朗日松弛框架下“不断浇、不冲突”约束方程

1. 拉格朗日松弛框架下“不冲突”约束

根据第 3 章所建立的炼钢-精炼-连铸生产调度优化数学模型，我们对每种耦合约束做一下分析。对于设备能力耦合约束，在实际生产中，需要考虑同一时间两个炉次在同一设备加工过程可能存在冲突情况。因为在炼钢-精炼-连铸过程中，同一时间每台设备的能力属性都是只能处理一炉钢水，不能同时处理多炉钢水。如果在调度过程中，我们发现同一时间多个炉次被安排在同一设备上处理，则不能够满足设备能力的基本属性，属于调度事故。在数学建模中，设备能力属于耦合约束，即一种约束能够对同一时间多个炉次在同一设备处理的能力进行限制。我们需要对其进行松弛来缓解由于强约束条件带来的求解困难。同时将这种设备属性，通过拉格朗日乘子转化为约束条件进行考虑。如图 4.2 所示，我们可以看到，随着调度周期的变化，在设备能力一定的情况下，随着调度周期的增加，能够保证设备的使用由超出设备的可利用值下降到低于设备的可利用值。从直观的角度来说，就是随着调度周期的增加，设备的使用率会降低，炉次对设备的选择增多，优化调度方案设计更容易。相反，调度周期越短，对设备使用的利用率越高，甚至有些情况超出了设备能力，以至于达不到实际生产的需要。基于图 4.2 的过程，我们通过拉格朗日乘子的不断更新变化，以时间轴为基准，根据每个炉次的开始时间与结束时间不断调整，来设计考虑设备能力的调度结果。根据式（2.23）可知，对于任何一个设备来说其

设备能力均为 1。

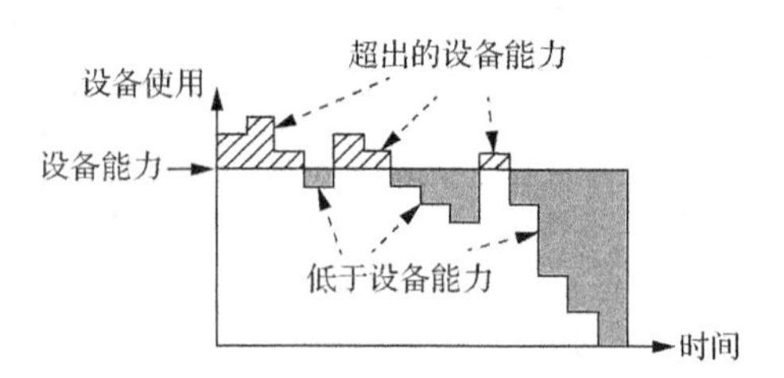

图 4.2　松弛设备能力随时间的变化示意图

基于对设备能力耦合约束的分析，引入非负值拉格朗日乘子$\left\{\pi_{k_g t}\right\}$，松弛约束条件“两个炉次在同一时间不能够在同一设备处理”式（3.23），得到如下的数学表达式：

$$F_5=\sum_{t=1}^{T}\sum_{g=1}^{6}\pi_{k_g t}\left(\sum_{i=1}^{3}\sum_{j=1}^{N_i}\left(y_{ijt}\left(k_g\right)-1\right)\right),$$

$$i=1,2,3;j=1,2,3,\cdots,N_i;t=1,2,3,\cdots,T;k=1,2,\cdots,U_g;g=1,2,3,4,5,6 \qquad (4.1)$$

2. 拉格朗日松弛框架下“不断浇”约束

对于“不断浇”耦合约束条件来说，其对应的炉次关系是在给定的同一个浇次中和给定的炉次顺序前提下，保证炉次与炉次之间不断浇，即相邻炉次之间，前一个炉次结束的时间是后一个炉次开始的时间。如图 4.3 所示，理想情况下，可以在不考虑其余约束目标的前提下，来安排每个浇次中的炉次在连铸设备上的开始时间。希望最后的调度优化是在不断浇这条横线上，图中 a、b、c 都属于断浇情况。

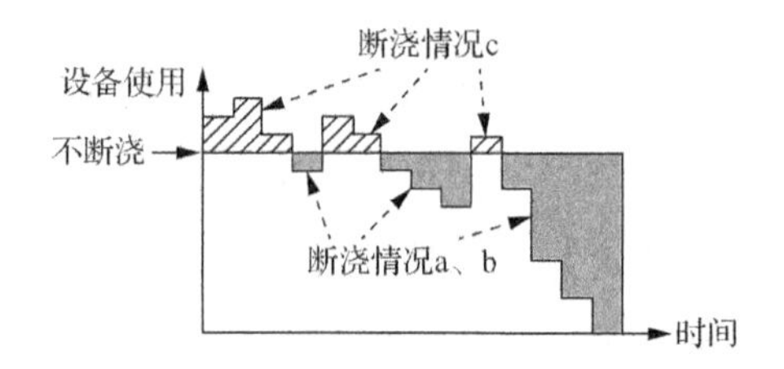

图 4.3　松弛“不断浇”约束随时间的变化示意图

基于对设备能力耦合约束的分析，引入非负值拉格朗日乘子$\left\{\zeta_{ij}\right\}$，将约束条件“不断浇”式（3.22）松弛，得到如下的数学表达式：

$$F_4=\sum_{i=1}^{3}\sum_{j=1}^{N_i}\zeta_{ij}\left(x_{i(j+1)}\left(k_6\right)-x_{ij}\left(k_6\right)-T_{ij}\left(k_6\right)\right),$$

$$i=1,2,3;j=1,2,3,\cdots,N_i;k=1,2,\cdots,U_g \tag{4.2}$$

4.2.2 “不断浇、不冲突”松弛约束方程转化为性能指标

1. 调度优化转换方程的获取

基于所获得“不断浇、不冲突”松弛约束方程，可以获取原始炼钢-精炼-连铸生产调度优化数学模型的松弛表达形式，如下所示，设P_{LR}为加入拉格朗日乘子的数学模型的优化目标，

$$\min P_{\mathrm{LR}}\equiv F_1+F_2+F_3+F_4+F_5 \tag{4.3}$$

式中，F_1,F_2,F_3,F_4,F_5分别表示从转炉到精炼阶段，同一工序相邻炉次中，后一个炉次在前一个炉次处理结束时等待时间带来的惩罚值，浇次i在连铸机的实际开浇时间滞后于理想的开浇时间差值造成的惩罚值，以及浇次i在连铸机的实际开浇时间提前于理想的开浇时间差值造成的惩罚值，通过ζ_{ij}乘子对不断浇耦合约束的解耦，通过$\pi_{k_g t}$乘子对不冲突耦合约束的解耦，如式（4.4）～式（4.8）所示。

$$F_1=C_1\sum_{i=1}^{3}\sum_{j=1}^{N_i}\sum_{g=1}^{6}\left(x_{ij}\left(k_{g+1}\right)-x_{ij}\left(k_g\right)-T_{ij}\left(k_g\right)\right),$$

$$i=1,2,3;j=1,2,3,\cdots,N_i;k=1,2,\cdots,U_g;g=1,2,3,4,5,6 \tag{4.4}$$

$$F_2=C_2\sum_{i=1}^{3}\max\left(0,T_i-x_{i1}\left(k_6\right)\right),$$

$$i=1,2,3;k=1,2,\cdots,U_g \tag{4.5}$$

$$F_3=C_3\sum_{i=1}^{3}\max\left(0,x_{i1}\left(k_6\right)-T_i\right),$$

$$i=1,2,3;k=1,2,\cdots,U_g \tag{4.6}$$

$$F_4=\sum_{i=1}^{3}\sum_{j=1}^{N_i}\zeta_{ij}\left(x_{i(j+1)}\left(k_6\right)-x_{ij}\left(k_6\right)+T_{ij}\left(k_6\right)\right),$$

$$i=1,2,3;j=1,2,3,\cdots,N_i;k=1,2,\cdots,U_g \tag{4.7}$$

$$F_5=\sum_{t=1}^{T}\sum_{g=1}^{6}\pi_{k_g t}\left(\sum_{i=1}^{3}\sum_{j=1}^{N_i}\left(y_{ijt}\left(k_g\right)-1\right)\right),$$

$$y_{ijt}\left(k_g\right)=\begin{cases}1, & x_{i,j}\left(k_g\right)\leqslant t\leqslant z_{i,j}\left(k_g\right)\\0, & 其他\end{cases},$$

$$i=1,2,3;j=1,2,3,\cdots,N_i;t=1,2,3,\cdots,T;k=1,2,\cdots,U_g;g=1,2,3,4,5,6 \tag{4.8}$$

由式（4.3）～式（4.8）构成的目标函数表达式需要满足原始调度优化模型的处理时间连续性约束与炉次工艺路径不可变约束，如式（4.9）～式（4.10）所表示的约束条件：

$$z_{ij}\left(k_g\right)=x_{ij}\left(k_g\right)+T_{ij}\left(k_g\right),$$

$$i=1,2,3;j=1,2,3,\cdots,N_i;k=1,2,\cdots,U_g;g=1,2,3,4,5,6 \tag{4.9}$$

$$x_{ij}\left(k_{g+1}\right)\geqslant x_{ij}\left(k_g\right)+T_{ij}\left(k_g\right),$$

$$i=1,2,3;j=1,2,3,\cdots,N_i;k=1,2,\cdots,U_g;g=1,2,3,4,5,6 \tag{4.10}$$

这样，以缩短相邻炉次的等待时间、每个浇次的理想开浇时间和实际开浇时间的差值为优化目标的炼钢-精炼-连铸生产调度优化数学模型，转化为了以缩短相邻炉次的等待时间、每个浇次的理想开浇时间和实际开浇时间的差值以及通过拉格朗日乘子引入的两个松弛耦合因素 F_4 与 F_5、设备处理时间连续性和炉次工艺路径不可变约束条件构成的炼钢-精炼-连铸过程的简化数学模型。在新的数学模型中，约束条件由四个变成了两个，其中两个性能指标“不冲突”“不断浇”也通过拉格朗日乘子的引入转化成目标函数的优化因子。

2. 转换的数学模型与原数学模型关系分析

在第 3 章提到，在模型中时间变量 t 根据实际钢厂的情况设置为以分钟为单位的时间变量。同时，根据实际炼钢-精炼-连铸生产调度周期来看，钢厂以天为周期进行炼钢-精炼-连铸生产调度。故此，在模型中，炼钢-精炼-连铸生产调度优化的周期为 1 天，转化为分钟计算的话就是 24×60=1440min，即模型中调度优化的处理时间周期为 1440min。针对炼钢-精炼-连铸生产调度建立的原始数学模型方程中，针对每个炉次 L_{ij} 的约束条件数即为 18720 个。原始方程如下：

$$\min J \equiv F_1 + F_2 + F_3 \tag{4.11}$$

$$F_1 = C_1 \sum_{i=1}^{3} \sum_{j=1}^{N_i} \sum_{g=1}^{6} \left(x_{ij}\left(k_{g+1}\right) - x_{ij}\left(k_g\right) - T_{ij}\left(k_g\right) \right),$$

$$i = 1,2,3; j = 1,2,3,\cdots,N_i; k = 1,2,\cdots,U_g; g = 1,2,3,4,5,6 \tag{4.12}$$

$$F_2 = C_2 \sum_{i=1}^{3} \max\left(0, T_i - x_{i1}\left(k_6\right)\right),$$

$$i = 1,2,3; k = 1,2,\cdots,U_g \tag{4.13}$$

$$F_3 = C_3 \sum_{i=1}^{3} \max\left(0, x_{i1}\left(k_6\right) - T_i\right),$$

$$i = 1,2,3; k = 1,2,\cdots,U_g \tag{4.14}$$

s.t.

$$x_{i(j+1)}\left(k_6\right) = x_{ij}\left(k_6\right) + T_{ij}\left(k_6\right),$$

$$i = 1,2,3; j = 1,2,3,\cdots,N_i; k = 1,2,\cdots,U_g \tag{4.15}$$

$$y_{ijt}\left(k_g\right) = \begin{cases} 1, & x_{i,j}\left(k_g\right) \leqslant t \leqslant z_{i,j}\left(k_g\right) \\ 0, & \text{其他} \end{cases},$$

$$i = 1,2,3; j = 1,2,3,\cdots,N_i; t = 1,2,3,\cdots,T; k = 1,2,\cdots,U_g; g = 1,2,3,4,5,6 \tag{4.16}$$

$$z_{ij}\left(k_g\right) = x_{ij}\left(k_g\right) + T_{ij}\left(k_g\right),$$

$$i = 1,2,3; j = 1,2,3,\cdots,N_i; k = 1,2,\cdots,U_g; g = 1,2,3,4,5,6 \tag{4.17}$$

$$x_{ij}\left(k_{g+1}\right) \geqslant x_{ij}\left(k_g\right) + T_{ij}\left(k_g\right),$$

$$i = 1,2,3; j = 1,2,3,\cdots,N_i; k = 1,2,\cdots,U_g; g = 1,2,3,4,5,6 \tag{4.18}$$

相对于原始炼钢-精炼-连铸生产调度建立的数学模型方程，等效变换后的该过程调度优化数学模型方程如下：

$$\min P_{\text{LR}} \equiv F_1 + F_2 + F_3 + F_4 + F_5 \tag{4.19}$$

$$F_1 = C_1 \sum_{i=1}^{3}\sum_{j=1}^{N_i}\sum_{g=1}^{6}\left(x_{ij}\left(k_{g+1}\right) - x_{ij}\left(k_g\right) - T_{ij}\left(k_g\right)\right),$$

$$i = 1,2,3; j = 1,2,3,\cdots,N_i; k = 1,2,\cdots,U_g; g = 1,2,3,4,5,6 \tag{4.20}$$

$$F_2 = C_2 \sum_{i=1}^{3}\max\left(0, T_i - x_{i1}\left(k_6\right)\right),$$

$$i = 1,2,3; k = 1,2,\cdots,U_g \tag{4.21}$$

$$F_3 = C_3 \sum_{i=1}^{3}\max\left(0, x_{i1}\left(k_6\right) - T_i\right),$$

$$i = 1,2,3; k = 1,2,\cdots,U_g \tag{4.22}$$

$$F_4 = \sum_{i=1}^{3}\sum_{j=1}^{N_i}\zeta_{ij}\left(x_{i(j+1)}\left(k_6\right) - x_{ij}\left(k_6\right) + T_{ij}\left(k_6\right)\right),$$

$$i = 1,2,3; j = 1,2,3,\cdots,N_i; k = 1,2,\cdots,U_g \tag{4.23}$$

$$F_5 = \sum_{t=1}^{T}\sum_{g=1}^{6}\pi_{k_g t}\left(\sum_{i=1}^{3}\sum_{j=1}^{N_i}\left(y_{ijt}\left(k_g\right) - 1\right)\right),$$

$$i = 1,2,3; j = 1,2,3,\cdots,N_i; t = 1,2,3,\cdots,T; k = 1,2,\cdots,U_g; g = 1,2,3,4,5,6 \tag{4.24}$$

s.t.

$$z_{ij}\left(k_g\right) = x_{ij}\left(k_g\right) + T_{ij}\left(k_g\right),$$

$$i = 1,2,3; j = 1,2,3,\cdots,N_i; k = 1,2,\cdots,U_g; g = 1,2,3,4,5,6 \tag{4.25}$$

$$x_{ij}\left(k_{g+1}\right) \geqslant x_{ij}\left(k_g\right) + T_{ij}\left(k_g\right),$$

$$i = 1,2,3; j = 1,2,3,\cdots,N_i; k = 1,2,\cdots,U_g; g = 1,2,3,4,5,6 \tag{4.26}$$

比较两组数学模型，区别在于等效变换后的调度优化数学模型将约束条件（4.15）、约束条件（4.16）通过拉格朗日乘子的引入转化为目标函数。原始的约束条件（4.15）中，通过引入ζ_{ij}来将约束条件转化为目标函数。在原始的约束条件（4.15）的计划编排中，浇次的总数 3 以及浇次i中包含的炉次数量N_i与约束条件（4.15）的方程数目相同，即

$$\mathrm{Num}_{(4.15)}=\sum_{i=1}^{3}(N_i-1) \tag{4.27}$$

同样，在引入拉格朗日乘子ζ_{ij}时，也是根据浇次的总数 3 以及浇次 i 中炉次的个数N_i来确定拉格朗日乘子ζ_{ij}的数目，进而以惩罚系数的形式将约束条件（4.15）通过加权的形式转化为目标函数，其中在目标函数 $\min P_{\mathrm{LR}}$ 中因拉格朗日乘子ζ_{ij}所带来的惩罚值的子项目数：

$$\mathrm{Num}_{(4.23)}=\sum_{i=1}^{3}(N_i-1) \tag{4.28}$$

同理，比较两组数学模型，原始约束条件（4.16）中，通过引入$\pi_{k_g t}$来将约束条件转化为目标函数。在原始约束条件（4.16）的计划编排中，每个阶段具体设备的总和（实际现场一共有 13 个设备）和时间周期T的乘积等于约束条件（4.16）方程式的数目，即

$$\mathrm{Num}_{(4.16)}=13\times T \tag{4.29}$$

同样，在引入拉格朗日乘子$\pi_{k_g t}$时，也是根据每个阶段具体设备的总和（实际现场一共有 13 个设备）和时间周期T的乘积来确定拉格朗日乘子$\pi_{k_g t}$的数目，进而以惩罚系数的形式将约束条件（4.16）通过加权的形式转化为目标函数，其中在目标函数 $\min P_{\mathrm{LR}}$ 中因拉格朗日乘子$\pi_{k_g t}$所带来的惩罚值子项目数：

$$\mathrm{Num}_{(4.24)}=13\times T \tag{4.30}$$

除此之外，原始数学模型中，通过引入拉格朗日乘子将部分约束条件转化为目标函数。剩余的两个约束条件（4.17）、（4.18）在数学模型等效变化后与约束条件（4.25）、（4.26）相同。综合看来，在转换的数学模型中，目标函数通过惩罚系数形式引入拉格朗日乘子项的数目与原始数学模型中对应于引入拉格朗日乘子约束条件的数目相同。这样，在原始的炼钢-精炼-连铸生产调度

优化数学模型基础上，可以通过选取合适的拉格朗日乘子计算获取一个可行的炼钢-精炼-连铸生产调度过程的调度优化方案。

4.2.3　以炉次为单位调度优化子模型

1. 以炉次为单位调度优化子模型获取过程

在对两个松弛约束的耦合性进行了分析以后，通过图 4.4 可以看到，通过设备能力松弛和不断浇松弛可以得到每个子问题的一个最优化求解区间。通过对拉格朗日乘子的不断更新迭代，能够在此区间寻求到一个近似优化值。但是这个值不一定是全局最优解，也许是全局近似优化解。同时，因为在该优化区间，不一定能够保证不断浇与不冲突，故此，需要通过启发式算法根据实际生产情况的需要调整最终结果来获得一个最终可行调度优化方案。基于炼钢-精炼-连铸生产调度优化数学模型的目标函数数学表达式，将所获得松弛问题的数学模型展开可以得到 F_1,F_2,F_3,F_4,F_5 的展开形式为

$$F_1=C_1\sum_{g=1}^{6}\left(x_{11}\left(k_{g+1}\right)-x_{11}\left(k_g\right)-T_{11}\left(k_g\right)+x_{12}\left(k_{g+1}\right)-x_{12}\left(k_g\right)-T_{12}\left(k_g\right)+\cdots\right),$$

$$k=1,2,\cdots,U_g;g=1,2,3,4,5,6 \tag{4.31}$$

$$F_2=C_2\left(\max\left(0,T_1-x_{11}\left(k_6\right)\right)+\max\left(0,T_2-x_{21}\left(k_6\right)\right)+\max\left(0,T_3-x_{31}\left(k_6\right)\right)+\cdots\right),$$

$$k=1,2,\cdots,U_g \tag{4.32}$$

$$F_3=C_3\left(\max\left(0,x_{11}\left(k_6\right)-T_1\right)+\max\left(0,x_{21}\left(k_6\right)-T_2\right)+\max\left(0,x_{31}\left(k_6\right)-T_3\right)+\cdots\right),$$

$$k=1,2,\cdots,U_g \tag{4.33}$$

$$F_4=\zeta_{11}\left(x_{12}\left(k_6\right)-x_{11}\left(k_6\right)+T_{11}\left(k_6\right)\right)+\zeta_{12}\left(x_{13}\left(k_6\right)-x_{12}\left(k_6\right)+T_{12}\left(k_6\right)\right)$$
$$+\zeta_{13}\left(x_{14}\left(k_6\right)-x_{13}\left(k_6\right)+T_{13}\left(k_6\right)\right),k=1,2,\cdots,U_g \tag{4.34}$$

$$F_5=\sum_{t=1}^{T}\sum_{g=1}^{6}\pi_{k_gt}\left(\left(y_{11t}\left(k_g\right)-1\right)+\left(y_{12t}\left(k_g\right)-1\right)+\left(y_{13t}\left(k_g\right)-1\right)+\left(y_{14t}\left(k_g\right)-1\right)+\cdots\right),$$

$$t=1,2,3,\cdots,T;k=1,2,\cdots,U_g,g=1,2,3,4,5,6 \tag{4.35}$$

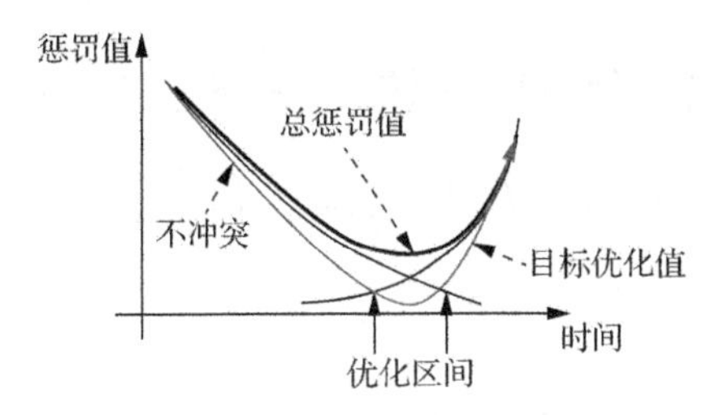

图 4.4 子问题最优区间示意图

在式（4.31）～式（4.35）中，求和中的每一项数学表达式都是以单个炉次 L_{ij} 进行表达的，同样，考虑约束条件如式（4.31）与式（4.32）的展开形式：

$$z_{11}\left(k_g\right)=x_{11}\left(k_g\right)+T_1\left(k_g\right), z_{12}\left(k_g\right)=x_{12}\left(k_g\right)+T_{12}\left(k_g\right), z_{13}\left(k_g\right)=\cdots, \quad k=1,2,\cdots,U_g \tag{4.36}$$

$$x_{11}\left(k_{g+1}\right)\geqslant x_{11}\left(k_g\right)+T_{11}\left(k_g\right) \tag{4.37}$$

$$x_{12}\left(k_{g+1}\right)\geqslant x_{12}\left(k_g\right)+T_{12}\left(k_g\right), x_{13}\left(k_{g+1}\right)\geqslant\cdots, k=1,2,\cdots,U_g \tag{4.38}$$

通过上述的展开式，能够看到，通过以炉次 L_{ij} 进行表达的展开式能够有效将耦合约束分开，经过整合展开的数学模型表达式，可以获得每一个炉次调度优化的子问题 $P_{\mathrm{LR}\left(L_{ij}\right)}$。

当 $i=1, j=1,2,\cdots,N_1$ 时：

$$\begin{aligned}\min P_{\mathrm{LR}\left(L_{1j}\right)} \equiv & C_1\sum_{g=1}^{6}\left(x_{1j}\left(k_{g+1}\right)-x_{1j}\left(k_g\right)-T_{1j}\left(k_g\right)\right)+C_2\max\left(0, T_1-x_{11}\left(k_6\right)\right) \\ & +C_3\max\left(0, x_{11}\left(k_6\right)-T_1\right)+\zeta_{1j}\left(x_{1(j+1)}\left(k_6\right)-x_{1j}\left(k_6\right)-T_{1j}\left(k_6\right)\right) \\ & +\sum_{t=1}^{T}\sum_{g=1}^{6}\pi_{k_g t}\left(y_{1jt}\left(k_g\right)-1\right), \\ & t=1,2,3,\cdots,T; k=1,2,\cdots,U_g; g=1,2,3,4,5,6\end{aligned} \tag{4.39}$$

可以获得 N_1 个子问题的数学表达式。

当 $i=2, j=1,2,\cdots,N_2$ 时：

$$\begin{aligned}\min P_{\mathrm{LR}(L_{2j})} &\equiv C_1\sum_{g=1}^{6}\Big(x_{2j}\big(k_{g+1}\big)-x_{2j}\big(k_g\big)-T_{2j}\big(k_g\big)\Big)+C_2\max\Big(0,T_2-x_{21}\big(k_6\big)\Big)\\&+C_3\max\Big(0,x_{21}\big(k_6\big)-T_2\Big)+\zeta_{2j}\Big(x_{2(j+1)}\big(k_6\big)-x_{2j}\big(k_6\big)-T_{2j}\big(k_6\big)\Big)\\&+\sum_{t=1}^{T}\sum_{g=1}^{6}\pi_{k_g t}\Big(y_{2jt}\big(k_g\big)-1\Big),\\&t=1,2,3,\cdots,T;k=1,2,\cdots,U_g;g=1,2,3,4,5,6\end{aligned}\tag{4.40}$$

可以获得 N_2 个子问题的数学表达式。

当 $i=3, j=1,2,\cdots,N_3$ 时：

$$\begin{aligned}\min P_{\mathrm{LR}(L_{3j})} &\equiv C_1\sum_{g=1}^{6}\Big(x_{3j}\big(k_{g+1}\big)-x_{3j}\big(k_g\big)-T_{3j}\big(k_g\big)\Big)+C_2\max\Big(0,T_3-x_{31}\big(k_6\big)\Big)\\&+C_3\max\Big(0,x_{31}\big(k_6\big)-T_3\Big)+\zeta_{3j}\Big(x_{3(j+1)}\big(k_6\big)-x_{3j}\big(k_6\big)-T_{3j}\big(k_6\big)\Big)\\&+\sum_{t=1}^{T}\sum_{g=1}^{6}\pi_{k_g t}\Big(y_{3jt}\big(k_g\big)-1\Big),\\&t=1,2,3,\cdots,T;k=1,2,\cdots,U_g;g=1,2,3,4,5,6\end{aligned}\tag{4.41}$$

可以获得 N_3 个子问题的数学表达式。

所以最终能够获得 $N_1+N_2+N_3$ 个子问题的数学表达式。

综合以上的分析，经过对所有公式的整理可以得到式（4.42），对每个子问题的炼钢-精炼-连铸生产调度优化过程的求解后，可以通过拉格朗日乘子迭代过程对每个子问题的拉格朗日乘子进行更新，选取一组合适的拉格朗日乘子系数，继而得到可行的炼钢-精炼-连铸生产调度优化解决方案。

$$\begin{aligned}\min P_{\mathrm{LR}(L_{ij})} &\equiv C_1\sum_{g=1}^{6}\Big(x_{ij}\big(k_{g+1}\big)-x_{ij}\big(k_g\big)-T_{ij}\big(k_g\big)\Big)+C_2\max\Big(0,T_i-x_{ij}\big(k_6\big)\Big)\\&+C_3\max\Big(0,x_{ij}\big(k_6\big)-T_i\Big)+\zeta_{ij}\Big(x_{i(j+1)}\big(k_6\big)-x_{ij}\big(k_6\big)-T_{ij}\big(k_6\big)\Big)\\&+\sum_{t=1}^{T}\sum_{g=1}^{6}\pi_{k_g t}\Big(y_{ijt}\big(k_g\big)-1\Big),\end{aligned}$$

$$i=1,2,3;j=1,2,3,\cdots,N_i;t=1,2,3,\cdots,T;k=1,2,\cdots,U_g;g=1,2,3,4,5,6\tag{4.42}$$

基于式（4.42），由于不同阶段单个炉次 L_{ij} 在每个浇次中的位置不同（浇次中的第一个炉次和浇次中的其余炉次），导致在不同阶段考虑的约束问题是不同的。根据实际问题的情况，可以获得不同的子问题。通过引入$\varphi(ij)$，这里$\varphi(ij)$是根据每个炉次在浇次中不同位置、不同阶段、不同形式的表达：

$$\begin{aligned}\min P_{\mathrm{LR}(L_{ij})} \equiv & C_1\sum_{g=1}^{6}\left(x_{ij}\left(k_{g+1}\right)-x_{ij}\left(k_g\right)-T_{ij}\left(k_g\right)\right)+C_2\max\left(0,T_i-x_{i(j=1)}\left(k_6\right)\right)\\&+C_3\max\left(0,x_{i(j=1)}\left(k_6\right)-T_i\right)+\varphi(ij)+\sum_{t=1}^{T}\sum_{g=1}^{6}\pi_{k_g t}\left(y_{ijt}\left(k_g\right)-1\right),\\&i=1,2,3;j=1,2,3,\cdots,N_i;t=1,2,3,\cdots,T;k=1,2,\cdots,U_g,g=1,2,3,4,5,6\end{aligned} \tag{4.43}$$

对于任意一个浇次$i, j=1$表示在任意一个浇次的第一个炉次，任意一个浇次中的第一个炉次在连铸阶段不需要考虑不断浇的问题。因为对于一个浇次中的第一个炉次，其前一个炉次是另外一个浇次的最后一个炉次，他们之间没有必然联系，故此，忽略F_4中的$x_{i(j+1)}\left(k_6\right)$项，即$x_{i2}\left(k_6\right)$，可以得到$\varphi(ij)$的表达式（4.44）以及对应的数学模型目标函数的表达式（4.45）：

$$\varphi(i1)=-\zeta_{i1}\left(x_{i1}\left(k_6\right)+T_{i1}\left(k_6\right)\right),\ \forall i;j=1;k=1,2,\cdots,U_g \tag{4.44}$$

$$\begin{aligned}\min P_{\mathrm{LR}(L_{ij})} \equiv & C_1\sum_{g=1}^{6}\left(x_{ij}\left(k_{g+1}\right)-x_{ij}\left(k_g\right)-T_{ij}\left(k_g\right)\right)+C_2\max\left(0,T_i-x_{i(j=1)}\left(k_6\right)\right)\\&+C_3\max\left(0,x_{i(j=1)}\left(k_6\right)-T_i\right)-\zeta_{ij}\left(x_{ij}\left(k_6\right)+T_{ij}\left(k_6\right)\right)\\&+\sum_{t=1}^{T}\sum_{g=1}^{6}\pi_{k_g t}\left(y_{ijt}\left(k_g\right)-1\right),\\&\forall i;j=1;t=1,2,3,\cdots,T;k=1,2,\cdots,U_g;g=1,2,3,4,5,6\end{aligned} \tag{4.45}$$

同样，对于任意一个浇次中的第一个与最后一个炉次之外的炉次，即当$j=2,\cdots,N_i-1$时，是需要考虑相邻炉次的连续浇铸问题。同时，因为这些炉次是浇次中与理想开浇时间不相关联的炉次，因为在理想情况下，只有一个浇次中的第一个炉次作为浇次的理想开浇时间。故此，在等价变换的数学模型中，不考虑F_2与F_3项，得到$\varphi(ij)$的表达式（4.46）以及对应的数学模型目标函数的表达式（4.47）：

$$\begin{aligned}\varphi(ij)=&\zeta_{ij}\left(x_{i(j+1)}\left(k_6\right)-x_{ij}\left(k_6\right)-T_{ij}\left(k_6\right)\right),\\&\forall i;j=2,3,\cdots,N_i-1;k=1,2,\cdots,U_g\end{aligned} \tag{4.46}$$

$$\min P_{\mathrm{LR}(L_{ij})} \equiv C_1 \sum_{g=1}^{6} \left(x_{ij}\left(k_{g+1}\right) - x_{ij}\left(k_g\right) - T_{ij}\left(k_g\right) \right) + \zeta_{ij} \left(x_{i(j+1)}\left(k_6\right) - x_{ij}\left(k_6\right) - T_{ij}\left(k_6\right) \right)$$
$$+ \sum_{t=1}^{T} \sum_{g=1}^{6} \pi_{k_g t} \left(y_{ijt}\left(k_g\right) - 1 \right),$$
$$\forall i; j = 2,3,\cdots,N_i - 1; t = 1,2,3,\cdots,T; k = 1,2,\cdots,U_g; g = 1,2,3,4,5,6 \qquad (4.47)$$

对于任意一个浇次的最后一个炉次，即 $j = N_i$ 时，需要考虑该炉次与 $j = N_i - 1$ 炉次之间的关系，保证这两个炉次能够进行连铸。这样可以得到 $\varphi(ij)$ 的表达式（4.48）以及对应的数学模型目标函数的表达式（4.49）：

$$\varphi(ij) = \zeta_{i(j-1)} x_{i(j+1)}\left(k_6\right),$$
$$\forall i; j = N_i; k = 1,2,\cdots,U_g \qquad (4.48)$$

$$\min P_{\mathrm{LR}(L_{ij})} \equiv C_1 \sum_{g=1}^{6} \left(x_{ij}\left(k_{g+1}\right) - x_{ij}\left(k_g\right) - T_{ij}\left(k_g\right) \right) + \zeta_{i(j-1)} x_{ij}\left(k_6\right)$$
$$+ \sum_{t=1}^{T} \sum_{g=1}^{6} \pi_{k_g t} \left(y_{ijt}\left(k_g\right) - 1 \right),$$
$$\forall i; j = N_i; t = 1,2,3,\cdots,T; k = 1,2,\cdots,U_g; g = 1,2,3,4,5,6 \qquad (4.49)$$

根据上面所获得的连铸子问题对应的每一个炉次调度优化子模型表达式，可以在有拉格朗日乘子系数的子问题数学模型基础上，不考虑每个浇次中的相邻炉次在连铸机不发生断浇的耦合因素以及相邻炉次之间在同一设备等待时间的因素，给出每一个炉次的工艺路径，编制出每个炉次的调度优化计划。归结起来，本节介绍的每个子问题都可通过引入拉格朗日乘子的策略得到解的表达式。

2. 调度优化数学模型转换获取子问题模型实例

在对原始炼钢-精炼-连铸生产调度优化数学模型进行等效变换后，上节对变换后的模型进行了整理简化，为了说明本章对等效模型的简化过程，在本节引用简单的实例来说明如何通过引入拉格朗日乘子将耦合约束解耦进而将模型简化。可以假设在本书背景条件下的炼钢-精炼-连铸生产调度优化过程，输入的炉次为 3 个，包含在 2 个浇次中，其中具体的信息如下：

（1）炉次 1，第 1 个浇次的第 1 炉，即 $i=1, j=1$。

（2）炉次 2，第 1 个浇次的第 2 炉，即 $i=1, j=2$。

（3）炉次 3，第 2 个浇次的第 1 炉，即 $i=2, j=1$。

基于上一节的原始炼钢-精炼-连铸生产调度优化数学模型，可以看到目标函数式（4.50）～式（4.52）可以展开为如下表达式，其中式（4.50）～式（4.66）均满足条件 $k=1,2,\cdots,U_g, g=1,2,3,4,5,6$。

$$F_1 = C_1\sum_{g=1}^{6}\Big(x_{11}(k_{g+1}) - x_{11}(k_g) - T_{11}(k_g) + x_{12}(k_{g+1}) - x_{12}(k_g) - T_{12}(k_g) \\ + x_{21}(k_{g+1}) - x_{21}(k_g) - T_{21}(k_g)\Big) \tag{4.50}$$

$$F_2 = C_2\Big(\max\big(0, T_1 - x_{11}(k_6)\big) + \max\big(0, T_2 - x_{21}(k_6)\big)\Big) \tag{4.51}$$

$$F_3 = C_3\Big(\max\big(0, x_{11}(k_6) - T_1\big) + \max\big(0, x_{21}(k_6) - T_2\big)\Big) \tag{4.52}$$

同时，对应的约束条件式（4.53）～式（4.58）可以展开为

$$z_{11}(k_g) = x_{11}(k_g) + T_1(k_g) \tag{4.53}$$

$$z_{12}(k_g) = x_{12}(k_g) + T_{12}(k_g) \tag{4.54}$$

$$z_{21}(k_g) = x_{21}(k_g) + T_{21}(k_g) \tag{4.55}$$

$$x_{11}(k_{g+1}) \geqslant x_{11}(k_g) + T_{11}(k_g) \tag{4.56}$$

$$x_{12}(k_{g+1}) \geqslant x_{12}(k_g) + T_{12}(k_g) \tag{4.57}$$

$$x_{21}(k_{g+1}) \geqslant x_{21}(k_g) + T_{21}(k_g) \tag{4.58}$$

可以看到，在展开的式（4.53）～式（4.58）中，每个约束条件都可以简化为单一的炉次 L_{ij} 的数学表达式，这样，在简化数学模型过程中，根据炉次 L_{ij} 的约束条件得到每个炉次的调度优化子模型 $P_{\mathrm{LR}(j)}$。但是对于约束条件（4.15）来说属于耦合约束条件，在数学表达式的形式下总结为每个约束条件不能够通过单一的炉次 L_{ij} 的数学表达式进行表达，表示如下：

$$x_{12}\left(k_6\right)=x_{11}\left(k_6\right)+T_{11}\left(k_6\right) \tag{4.59}$$

因为在实例的两个浇次中，只有浇次 1 中的第 2 个炉次能够发生断浇情况，故此只能得到式（4.59）。

同样对于约束条件（4.16）来说属于耦合约束条件，在实例问题的基础上展开的数学表达式为

$$\sum_{t=1}^{T}\sum_{g=1}^{6}\left(\left(y_{11t}\left(k_g\right)-1\right)+\left(y_{12t}\left(k_g\right)-1\right)+\left(y_{21t}\left(k_g\right)-1\right)\right)\leqslant 1 \tag{4.60}$$

根据时间 t 的不同，能够得到不同时间的约束表达。在耦合约束条件的展开式中，不能够以任何一个约束条件来表述单一炉次 L_{ij} 的约束，故此，通过引入拉格朗日乘子 ζ_{ij} 对不断浇耦合约束解耦，通过乘子 $\pi_{k_g t}$ 对不冲突耦合约束解耦，能够得到

$$F_4=\zeta_{11}\left(x_{12}\left(k_6\right)-x_{11}\left(k_6\right)+T_{11}\left(k_6\right)\right) \tag{4.61}$$

$$F_5=\sum_{t=1}^{T}\sum_{g=1}^{6}\pi_{k_g t}\left(\left(y_{11t}\left(k_g\right)-1\right)+\left(y_{12t}\left(k_g\right)-1\right)+\left(y_{21t}\left(k_g\right)-1\right)\right) \tag{4.62}$$

将上述的表达式代入已经等效变换的数学模型表达式中，可得

$$\begin{aligned}\min P_{\mathrm{LR}}=&C_1\sum_{g=1}^{6}(x_{11}(k_{g+1})-x_{11}(k_g)-T_{11}(k_g)+x_{12}(k_{g+1})\\&-x_{12}(k_g)-T_{12}(k_g)+x_{21}(k_{g+1})-x_{21}(k_g)-T_{21}(k_g))\\&+C_2(\max(0,T_1-x_{11}(k_6))+\max(0,T_2-x_{21}(k_6)))+C_3(\max(0,x_{11}(k_6)-T_1)\\&+\max(0,x_{21}(k_6)-T_2))+\zeta_{11}(x_{1,2}(k_6)-x_{11}(k_6)+T_{11}(k_6)\\&+\sum_{t=1}^{T}\sum_{g=1}^{6}\pi_{k_g t}((y_{11t}(k_g)-1)+(y_{12t}(k_g)-1)+(y_{21t}(k_g)-1))\end{aligned} \tag{4.63}$$

整理该模型的同类项，即以单一炉次 L_{ij} 为项的数学表达式，当 $L_{ij}=L_{11}$ 时，得到如下表达式：

$$\min P_{\mathrm{LR}(L_{11})}=C_1\sum_{g=1}^{6}\left(x_{11}\left(k_{g+1}\right)-x_{11}\left(k_g\right)-T_{11}\left(k_g\right)\right)+C_2\max\left(0,T_1-x_{11}\left(k_6\right)\right)$$
$$+C_3\max\left(0,x_{11}\left(k_6\right)-T_1\right)+\zeta_{11}\left(-x_{11}\left(k_6\right)+T_{11}\left(k_6\right)\right)+\sum_{t=1}^{T}\sum_{g=1}^{6}\pi_{k_g t}\left(y_{11t}\left(k_g\right)-1\right) \tag{4.64}$$

同理，可以得到 L_{12} 与 L_{21} 时以炉次为单位的调度优化子模型目标函数表达式：

$$\min P_{\mathrm{LR}(L_{12})}=C_1\sum_{g=1}^{6}\left(x_{12}\left(k_{g+1}\right)-x_{12}\left(k_g\right)-T_{12}\left(k_g\right)\right)+\zeta_{11}\left(x_{12}\left(k_6\right)\right)$$
$$+\sum_{t=1}^{T}\sum_{g=1}^{6}\pi_{k_g t}\left(y_{12t}\left(k_g\right)-1\right) \tag{4.65}$$

$$\min P_{\mathrm{LR}(L_{21})}=C_1\sum_{g=1}^{6}\left(x_{21}\left(k_{g+1}\right)-x_{21}\left(k_g\right)-T_{21}\left(k_g\right)\right)+C_2\max\left(0,T_2-x_{21}\left(k_6\right)\right)$$
$$+C_3(\max\left(0,x_{21}\left(k_6\right)-T_2\right)+\sum_{t=1}^{T}\sum_{g=1}^{6}\pi_{k_g t}\left(y_{21t}\left(k_g\right)-1\right) \tag{4.66}$$

当然，在得到式（4.64）～式（4.66）的基础上，需要同时满足其余的约束方程，即式（4.53）～式（4.58）。在列举的实例中，针对原始的炼钢-精炼-连铸生产调度优化数学模型进行变换后，得到炼钢-精炼-连铸生产调度优化变换模型和以炉次为单位的调度优化子模型表达式。将多目标的耦合约束转化为单目标的调度优化子问题，降低了算法的复杂度。下面将对如何求解子问题进行阐述。

4.3　调度优化求解算法

基于 4.1 节和 4.2 节提出的模型转换方法，本节详细介绍炼钢-精炼-连铸生产调度优化求解算法。在以炼钢-精炼-连铸生产调度优化求解策略示意图（图 4.5）为基础，设计了调度优化求解策略。该求解策略分为四大部分：拉格朗日乘子初值拟定、基于反向动态规划调度优化子模型求解、基于对偶间隙的终止条件设定以及基于代理次梯度迭代算法的拉格朗日乘子更新。

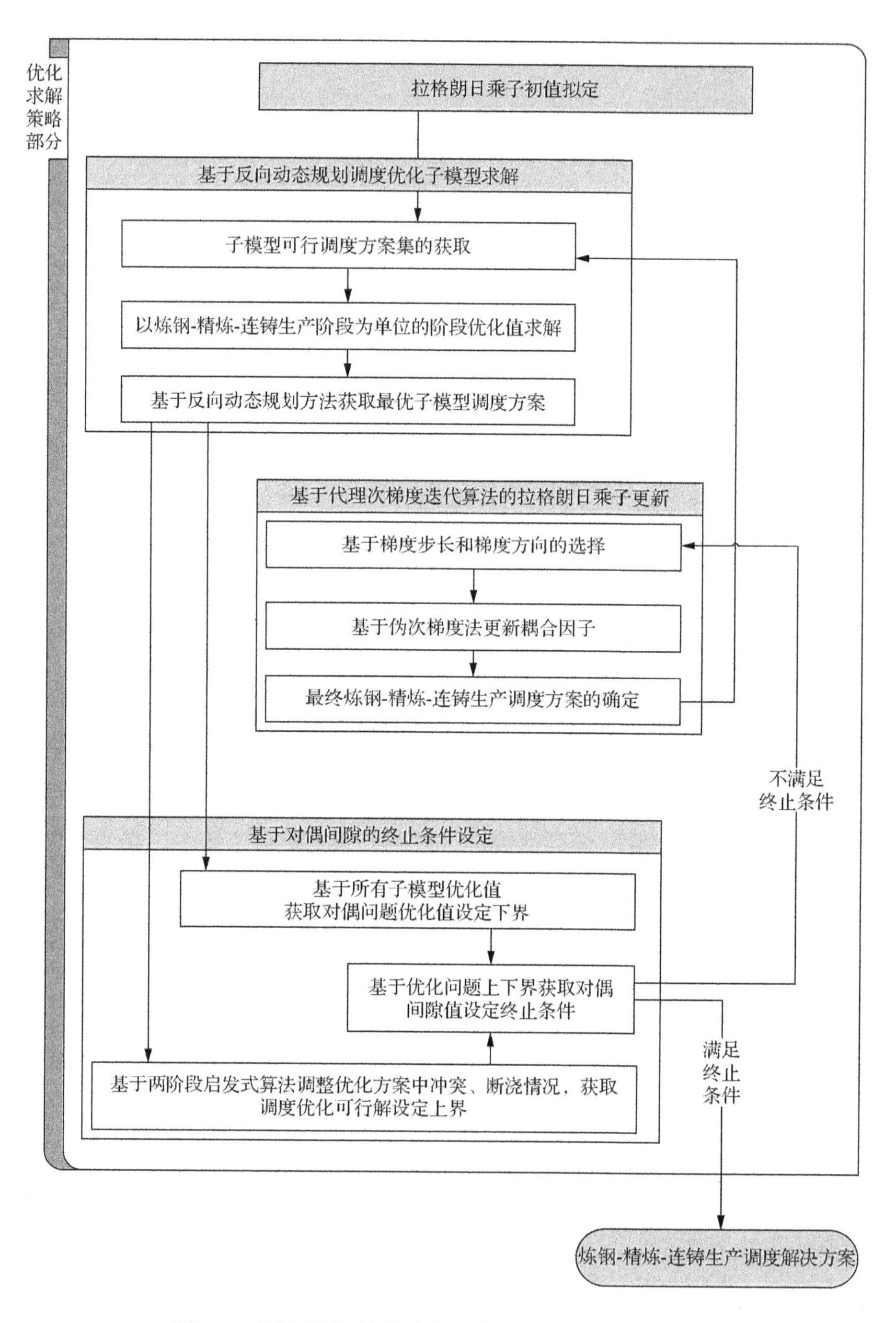

图 4.5　炼钢-精炼-连铸生产调度优化求解策略示意图

考虑炼钢-精炼-连铸生产调度过程多工序、多目标、多约束的特性，作者基于拉格朗日框架引入拉格朗日乘子 $\pi_{k_g t}$ 和 ζ_{ij}，将炼钢-精炼-连铸生产调度过程“不断浇、不冲突”两个性能指标通过拉格朗日乘子解耦，将原始生产调度优化数学模型转化为每个炉次带有拉格朗日乘子的调度优化子模型，将多目标问题在拉格朗日框架下转化为全局优化问题。

考虑每个炉次子问题 $P_{\mathrm{LR}(L_{ij})}$ 调度优化求解过程的难度，通过反向动态规划求解过程的引入降低了带有拉格朗日乘子的调度优化子问题规模，提高了调度优化求解运算速度；考虑到在拉格朗日框架下求解炼钢-精炼-连铸调度过程需要对所有子问题进行更新迭代过程所带来的庞大计算量，导致难以在短时间内获得近似优化次梯度方向，通过代理次梯度迭代算法来进行迭代优化，在获得子问题后选择合理的步长 s^n 和优化方向 γ^n，可以在不用获得所有子问题解的前提下，利用尽可能少的迭代次数更新拉格朗日乘子，求得更优的子问题优化值来保证原始问题 Z_{LR} 和对偶问题 Z_{Dual} 之间的差值更小，从而快速获取一个可行的调度优化方案；最后，考虑到部分耦合约束仍旧存在冲突与断浇，最终通过启发式算法获取最终的可行调度优化方案。

4.3.1 拉格朗日乘子初值拟定

本书设定的拉格朗日乘子在经济学中被解释为影子价格，设定在某种约束下的边际效用。拉格朗日乘子就是效用函数在最优解处对收入的偏导数，也就是在最优解处增加一个单位收入带来的效用增加，或者说在最优解处有效用衡量收入的价值，称为收入的边际效用。转化为本书所研究的问题就是在某种约束下对应不同的耦合约束条件松弛的情况下的调度方案。由于拉格朗日乘子初始值的选取是随机的，便于初始调度方案的计算与理解，在这里设置拉格朗日乘子 $\pi_{k_g t}$ 和 ζ_{ij} 所对应的初始值为零，即

$$\pi_{k_g t}=0,\zeta_{ij}=0,$$

$$i=1,2,3;j=1,2,3,\cdots,N_i;t=1,2,3,\cdots,1440;k=1,2,\cdots,U_g;g=1,2,3,\cdots,6 \quad (4.67)$$

4.3.2 基于反向动态规划的子模型优化调度求解

1. 子模型可行调度方案集的获取与难度分析

在 4.2.3 节中，根据拉格朗日框架下引入的拉格朗日乘子，将耦合约束“不断浇、不冲突”条件进行了松弛，在获得子问题后，即每个炉次的调度问题，需要对每个子问题的调度优化问题进行计算。根据已有炼钢-精炼-连铸生产调度的实际情况，将已有的生产模型划分为了六个阶段（第 3 章已有介绍）。假设每个炉次都会经过这六个阶段，根据实际情况的不同，可以把每个炉次已有的工艺路径与这六个阶段对应上。在实际生产中，每个炉次的工艺路径根据终端产品的不同而有所差异。不同工艺路径的炉次在生产过程中经过精炼处理阶段的过程也不同。在本章假设所有的炉次都需要经过从 RH—CAS—KIP—LF 四个阶段的精炼处理。如果某个炉次的工艺路径没有对应其中任一处理阶段，我们可以视该阶段的精炼处理时间为零。基于此，可以得到图 4.6，其描述的是一个炉次工艺路径的可能调度方案。结合国内某大型钢厂炼钢-精炼-连铸生产调度过程的调度优化背景，设置该炉次的工艺路径为转炉—RH 精炼设备—KIP 精炼设备—连铸机 CC，即精炼工序的路径为 RH—KIP。同时，假设每一个设备处理该炉次的时间均为 1，根据前面提出的假设条件，可以得到图 4.7。

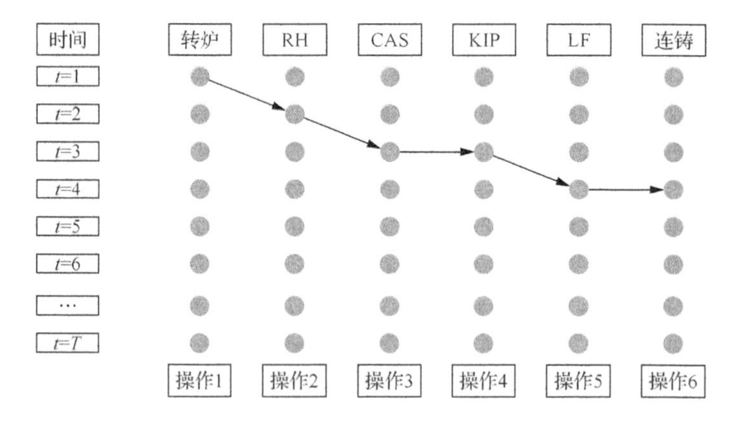

图 4.6　任意炉次对应精炼路径为 RH—KIP 所生成的一种子问题调度方案示意图

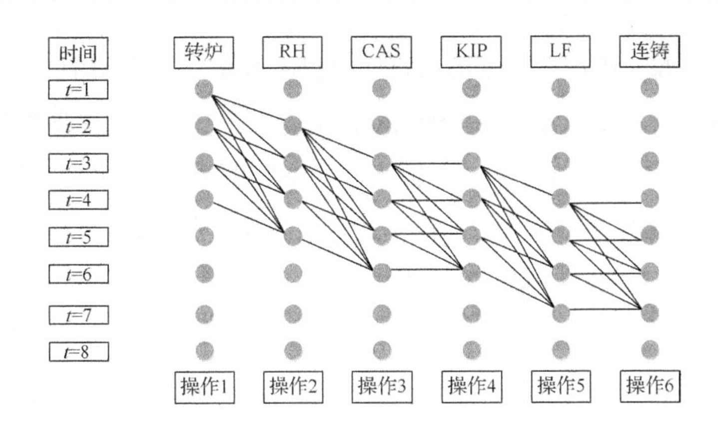

图 4.7 任意炉次对应精炼路径为 RH—KIP 所生成调度方案集合示意图

每个圆点代表每个阶段的开始时间，记为 $x_{ij}\left(k_g\right)$，对应于炉次 L_{ij} 的工艺路径：转炉—RH 精炼设备—KIP 精炼设备—连铸机，每个设备处理时间为 1 即 $T_{ij}\left(k_1\right)=1$，图 4.7 的调度方案 $x_{ij}\left(k_1\right)=1$，但是这里并没有指定所选择的设备。在转炉处理结束后 $z_{ij}\left(k_1\right)=2$ 。因为本书在前面已经说明，为了简化计算，设置运输时间为 0。这样可以得到第二阶段的开始时间 $x_{ij}\left(k_2\right)=z_{ij}\left(k_1\right)=2$ 。从已知条件能够得到炉次 L_{ij} 精炼路径为 RH—KIP，即该炉次在精炼过程分别经过 RH 精炼与 KIP 精炼，考虑到所有设备的处理时间为 1，这样可以得到 $z_{ij}\left(k_2\right)=3$ 。同理，第三阶段的开始时间为第二阶段的结束时间，即 $x_{ij}\left(k_3\right)=z_{ij}\left(k_2\right)=3$ 。在第三阶段，根据已知信息，炉次 L_{ij} 并没有被处理，得到 $T_{ij}\left(k_3\right)=0$ ，这样就能够得到该阶段的结束时间与开始时间相同，即 $x_{ij}\left(k_3\right)=z_{ij}\left(k_3\right)=3$ 。同样也得到下一阶段的开始时间 $x_{ij}\left(k_4\right)=z_{ij}\left(k_3\right)=3$ ，即在经过第四阶段 KIP 精炼设备处理的开始时间为 3。在 KIP 精炼阶段，该炉次做了处理并且处理时间为 1，这样得到 $z_{ij}\left(k_4\right)=x_{ij}\left(k_4\right)+1=4$ 。这个时间也是第五阶段的开始时间，即 $x_{ij}\left(k_5\right)=4$ 。在第五阶段，根据已知信息，该炉次的精炼路径并没有 LF 精炼设备，所以该炉次并没有被 LF 精炼设备处理。这里得到 $T_{ij}\left(k_5\right)=0$ ，这样就能够得到该阶段的结束时间与开始时间相同，即 $x_{ij}\left(k_5\right)=z_{ij}\left(k_5\right)=4$ 。这样，最后连铸阶段的开始时间 $x_{ij}\left(k_6\right)=z_{ij}\left(k_5\right)=4$ ，于是炉次 L_{ij} 的调度方案就清晰地通过图 4.6 呈现出来。可见，对于任何一个子问题，即以单炉次为单位的调度问题会有多种解决方案。每种方案都是将单炉次可能走的路径列出来，然后在可能走的路径的调度方案中求得每个阶段所产生的惩罚值的和，为每个子问题的可行调度方案。这些方案都是针对子问题，即单炉次调度而言的，不会考虑在整个炼钢-精炼-连铸生产调度过程中，相邻炉次在同一个设备发生冲突，以及同一浇次不同炉次发生断浇的情况。在所有炉次的可行调度方案中找到惩罚值最小的解决方案，即子问题的最优化方案。为了能够找到最优方案，首先需要找到每个子问题即单炉次可行调度方案的集合，即每个炉次可能走的路径集合。如图 4.7 所示为炉次 L_{ij} 可能的调度方案集合，为了简化问题，将时间周期设为 $T=8$。

在获得子问题的调度方案集合前，需要考虑两个约束条件，即设备处理时间连续性约束条件和炉次工艺路径不可变的约束条件。在这两个条件的约束下，需要分阶段考虑每个阶段时间 t 的可用范围。在提到的例子中，由于转炉是第一阶段，故该炉次在转炉开始时间的最小值设为 $t_{L_{ij}\min}(g=1)$，可以取到 $t_{L_{ij}\min}(g=1)=1$。对于该炉次在转炉开始时间的最大值是需要保证剩余工序的处理时间也在这个时间周期 T 范围内，即在选择转炉开始时间的最大值时需要去除其余操作的操作时间，即 $t_{L_{ij}\max}(g=1)=T-\sum_{g=1}^{6}T_{ij}(k_g)$。本章所提及的例子可以看到，$t_{L_{ij}\max}(g=1)=8-1-1-1-1=4$。这里的四个处理时间分别为炉次在转炉、精炼设备 RH、精炼设备 KIP 和连铸机 CC 的处理时间。总结起来，任意炉次在第一阶段的开始处理时间范围 $t_{\text{ava}}(g=1)$ 是

$$t_{\text{ava}}(g=1)\in\left(t_{L_{ij}\min}(g=1),t_{L_{ij}\max}(g=1)=T-\sum_{g=1}^{6}T_{ij}(k_g)\right) \tag{4.68}$$

同理，能够得到在每个阶段的处理时间可用范围 $t_{\text{ava}}(g=2)$，$t_{\text{ava}}(g=3)$，$t_{\text{ava}}(g=4)$，$t_{\text{ava}}(g=5)$，$t_{\text{ava}}(g=6)$。当在第二阶段即 $g=2$ 时，任意炉次 L_{ij} 对应的开始时间的最小值 $t_{L_{ij}\min}(g=2)$ 应该考虑前一阶段的处理过程时间，即 $t_{L_{ij}\min}(g=2)=\sum_{g=1}^{1}T_{ij}(k_g)+1$。在本节的例子中，$t_{L_{ij}\min}(g=2)=\sum_{g=1}^{1}T_{ij}(k_g)+1=2$。相应的结束时间也是应该保证剩余工序的处理时间也在这个时间周期 T 范围内，即 $t_{L_{ij}\max}(g=2)=T-\sum_{g=2}^{6}T_{ij}(k_g)-1$，在本节的例子中，$t_{L_{ij}\max}(g=2)=8-1-1-1=5$。

总结起来，任意炉次在第二阶段的开始处理时间范围是

$$t_{\text{ava}}\left(g=2\right)\in\left(t_{L_{ij}\min}\left(g=2\right)=\sum_{g=1}^{1}T_{ij}\left(k_{g}\right)+1,t_{L_{ij}\max}\left(g=2\right)=T-\sum_{g=2}^{6}T_{ij}\left(k_{g}\right)\right) \tag{4.69}$$

对于阶段三的时间可用范围为

$$t_{\text{ava}}\left(g=3\right)\in\left(t_{L_{ij}\min}\left(g=3\right)=\sum_{g=1}^{2}T_{ij}\left(k_{g}\right)+1,t_{L_{ij}\max}\left(g=3\right)=T-\sum_{g=3}^{6}T_{ij}\left(k_{g}\right)\right) \tag{4.70}$$

对于阶段四的时间可用范围为

$$t_{\text{ava}}\left(g=4\right)\in\left(t_{L_{ij}\min}\left(g=4\right)=\sum_{g=1}^{3}T_{ij}\left(k_{g}\right)+1,t_{L_{ij}\max}\left(g=4\right)=T-\sum_{g=4}^{6}T_{ij}\left(k_{g}\right)\right) \tag{4.71}$$

对于阶段五的时间可用范围为

$$t_{\text{ava}}\left(g=5\right)\in\left(t_{L_{ij}\min}\left(g=5\right)=\sum_{g=1}^{4}T_{ij}\left(k_{g}\right)+1,t_{L_{ij}\max}\left(g=5\right)=T-\sum_{g=5}^{6}T_{ij}\left(k_{g}\right)\right) \tag{4.72}$$

对于阶段六的时间可用范围为

$$t_{\text{ava}}\left(g=6\right)\in\left(t_{L_{ij}\min}\left(g=6\right)=\sum_{g=1}^{5}T_{ij}\left(k_{g}\right)+1,t_{L_{ij}\max}\left(g=6\right)=T-\sum_{g=6}^{6}T_{ij}\left(k_{g}\right)\right) \tag{4.73}$$

根据式（4.68）～式（4.73），能够得到单个炉次在每个阶段的处理时间范围，在这个范围内，严格按照设备处理时间连续性约束与炉次工艺路径不可更改的约束条件，得到对于任何一个炉次的所有调度方案集合。

根据本节所获得的单个炉次的调度方案集合，需要在这个集合中选择一个最优的调度方案，即在每个炉次所建立的调度子问题的数学模型表达中，惩罚值最小的一个调度方案。计算惩罚值的过程需要将每个阶段对应的该炉次的惩罚值计算出来，将所有阶段的惩罚值求和。按照传统方法忽略可用时间的约束，首先，该问题在时间周期 T 内，计算每个阶段是每个时间点所对应的惩罚值；其次，将某一阶段各个时间点的惩罚值与下一阶段各个时间点对应的惩罚值求和；最后，对所有求和结果进行比较。也就是说，每两个阶段有 T^2 的运算量

来获取相邻两个阶段惩罚值之和的最小值。实际的炼钢-精炼-连铸生产调度优化问题一共分为六个阶段，故此该问题的计算复杂度为$O\left(T^{10}\right)$。

2. 单炉次各阶段惩罚值的获取

反向动态规划的计算方式是基于动态规划的原理,从最后一个阶段即第六阶段进行子问题的求解。因为每个子问题中，需要考虑的内容不同。在炼钢阶段即在转炉阶段需要考虑的仅仅是炉次与炉次之间是否发生冲突即可。精炼阶段由 4 道工序组成，每道工序的设备也是不同的，有两道工序包括多种同类设备。在这些工序过程中，不仅需要考虑相邻炉次在同一设备之间不发生冲突；还需要尽可能地缩短每个炉次在同一工序所有设备前的等待时间。在第六阶段即连铸阶段需要考虑的和前面五个阶段有所不同,这一阶段需要考虑同一个浇次内的炉次之间不发生断浇,同样需要考虑每个浇次在相同连铸机上面不发生冲突。同样，对于每一个炉次来说需要利用反向动态规划算法来求解每个子问题的炼钢-精炼-连铸生产调度问题，所以从第六道工序开始来对每道工序每个炉次进行阶段优化求解。根据刚刚获取的子问题，即炼钢-精炼-连铸生产调度过程的连铸阶段，$g=6$表示的是同一炉次在相邻阶段的等待时间所带来的惩罚值。连铸阶段，炉次与炉次之间需要保证严格的连续浇铸，否则达不到性能指标。所以$x_{ij}\left(k_{(g+1)}\right)-x_{ij}\left(k_g\right)-T_{ij}\left(k_g\right)$中不存在等待时间，前一个阶段与该阶段之间的等待时间关系由第五阶段和第六阶段之间的关系式确定,所以得到在第六阶段即连铸过程的子问题的最优值数学表达式V_{ijk_6}为

$$V_{ijk_6}=C_1x_{ij}\left(k_6\right)+C_2\max\left(0,T_i-x_{i(j=1)}\left(k_6\right)\right)+C_3\max\left(0,x_{i(j=1)}\left(k_6\right)-T_i\right)+\varphi(ij)$$
$$+\sum_{t=1}^{T}\pi_{k_6t}\left(y_{ijt}\left(k_6\right)-1\right),$$
$$i=1,2,3;j=1,2,3,\cdots N_i;k=1,2,\cdots,U_g;t=1,2,3,\cdots,T \qquad (4.74)$$

针对第六阶段，当炉次i属于任意一个浇次中的第一个炉次时，能够得到

$$V_{ijk_6}=C_1x_{ij}\left(k_6\right)+C_2\max\left(0,T_i-x_{i1}\left(k_6\right)\right)+C_3\max\left(0,x_{i1}\left(k_6\right)-T_i\right)$$
$$+\sum_{t=1}^{T}\pi_{k_6t}\left(y_{ijt}\left(k_6\right)-1\right)-\zeta_{ij}\left(x_{ij}\left(k_6\right)+T_{ij}\left(k_6\right)\right),$$
$$\forall i;j=1;k=1,2,\cdots,U_g;t=1,2,3,\cdots,T \tag{4.75}$$

针对第六阶段，当炉次 i 属于任意一个浇次中的第 $j=2,3,\cdots,N_i-1$ 炉次时，能够得到

$$V_{ijk_6}=C_1x_{ij}\left(k_6\right)+\sum_{t=1}^{T}\pi_{k_6t}\left(y_{ijt}\left(k_6\right)-1\right)+\zeta_{ij}\left(x_{i(j+1)}\left(k_6\right)-x_{ij}\left(k_6\right)-T_{ij}\left(k_6\right)\right),$$
$$\forall i;j=2,3,\cdots,N_i-1;k=1,2,\cdots,U_g;t=1,2,3,\cdots,T \tag{4.76}$$

针对第六阶段，当炉次 i 属于任意一个浇次中的第 $j=N_i$ 炉次时，能够得到

$$V_{ijk_6}=C_1x_{ij}\left(k_6\right)+\sum_{t=1}^{T}\pi_{k_6t}\left(y_{ijt}\left(k_6\right)-1\right)+\zeta_{i(j-1)}x_{i(j+1)}\left(k_6\right),$$
$$\forall i;j=N_i;k=1,2,\cdots,U_g;t=1,2,3,\cdots,T \tag{4.77}$$

第五阶段（$g=5$）为精炼阶段。在该阶段中，依然可以看到由于拉格朗日松弛对任意炉次在相邻设备之间的等待时间这个因素进行了解耦，所以只需考虑在该阶段中的问题，故在式（4.4）中的表示的是同一炉次在相邻阶段的等待时间最短。因为在第五阶段中，实际操作的单元是炉次而并非浇次，因此在这个阶段并不需要考虑每个浇次的理想开浇时间与实际开浇时间的差值因素。在这个过程中所获得的调度方案最优值与第六阶段所获得的 V_{ijk_6} 的最优值之和 V_{ijk_5} 为

$$V_{ijk_5}=C_1T_{ij}\left(k_5\right)+\sum_{t=1}^{T}\pi_{k_5t}\left(y_{ijt}\left(k_5\right)-1\right)+\min V_{ijk_6},$$
$$i=1,2,3;j=1,2,3,\cdots,N_i;t=1,2,3,\cdots,T;k=1,2,\cdots,U_g \tag{4.78}$$

第四阶段（$g=4$）同样为精炼阶段。在该阶段中，依然可以看到由于拉格朗日松弛对任意炉次在相邻设备之间的等待时间这个因素进行了解耦，只需考虑在该阶段的问题，故在式（4.4）中表示的是同一炉次在相邻阶段的等待

时间最短。因为在第四阶段中，实际操作的单元是炉次而并非浇次，因此在这个阶段并不需要考虑每个浇次的理想开浇时间与实际开浇时间的差值因素。在这个过程中所获得的调度方案最优值与第五阶段所获得的 V_{ijk_5} 的最优值之和 V_{ijk_4} 为

$$V_{ijk_4} = C_1 T_{ij}\left(k_4\right) + \sum_{t=1}^{T} \pi_{k_4 t}\left(y_{ijt}\left(k_4\right) - 1\right) + \min V_{ijk_5},$$
$$i = 1,2,3; j = 1,2,3,\cdots,N_i; k = 1,2,\cdots,U_g \tag{4.79}$$

根据在第四阶段所获得的子问题的最优值，因为在第三阶段同样为精炼过程，所以第三阶段 CAS 精炼过程、第四阶段 KIP 精炼过程、第五阶段 LF 精炼过程和第六阶段 CC 连铸过程的子问题调度方案的最优值 V_{ijk_3} 为

$$V_{ijk_3} = C_1 T_{ij}\left(k_3\right) + \sum_{t=1}^{T} \pi_{k_3 t}\left(y_{ijt}\left(k_3\right) - 1\right) + \min V_{ijk_4},$$
$$i = 1,2,3; j = 1,2,3,\cdots,N_i; k = 1,2,\cdots,U_g \tag{4.80}$$

以此类推，可以得到第二阶段和第一阶段的最优值 V_{ijk_2} 和 V_{ijk_1} 分别为

$$V_{ijk_2} = C_1 T_{ij}\left(k_2\right) + \sum_{t=1}^{T} \pi_{k_2 t}\left(y_{ijt}\left(k_2\right) - 1\right) + \min V_{ijk_3},$$
$$i = 1,2,3; j = 1,2,3,\cdots,N_i; k = 1,2,\cdots,U_g \tag{4.81}$$

$$V_{ijk_1} = C_1 T_{ij}\left(k_1\right) + \sum_{t=1}^{T} \pi_{k_1 t}\left(y_{ijt}\left(k_1\right) - 1\right) + \min V_{ijk_2},$$
$$i = 1,2,3; j = 1,2,3,\cdots,N_i; k = 1,2,\cdots,U_g \tag{4.82}$$

由式（4.74）～式（4.82）可以得到每个炉次在不同阶段不同时间的惩罚值，利用下节提出的反向动态规划算法，对每个炉次的调度问题进行求解。

3. 反向动态规划求解策略

针对炼钢-精炼-连铸生产过程，在获得了同一浇次内不同炉次子问题数学表达式后，根据图 4.7 的生产模式，本节提出了反向动态规划算法。具体的步骤是基于每个炉次在每个阶段、每个时间点的惩罚值计算方法。针对任意一个

固定的炉次，需要算得它可能出现的所有组合的调度优化值，然后进行比较，求得一个最小的优化值。如何通过最少的求解次数获得一个最优的子问题调度方案，是反向动态规划策略能否被利用好的关键。具体的实现步骤如下所示。

步骤 1：根据式（4.73）获取在第六阶段的可用时间点，计算每个可用时间点对应的惩罚值。从可用时间最大值 $t_{L_{ij}\max}(g=6)$ 到可用时间最小值 $t_{L_{ij}\min}(g=6)$，设可用时间点对应的惩罚值分别为 $Vt_{L_{ij}\max}(g=6)$ 到 $Vt_{L_{ij}\min}(g=6)$，将所获得惩罚值依次进行对比并进行记录，得到不同区间对应的区间点惩罚值集合中的最小值 $\min\left\{Vt_{L_{ij}\max}(g=6),V(t_{L_{ij}\max}(g=6)-1),\cdots\right\}$。

步骤 2：根据式（4.72）获取在第五阶段的可用时间点，从最大的可用时间点依次将该阶段每个可用时间点对应的惩罚值计算出来。然后根据数学模型中的处理时间连续性约束进行判断，根据第五阶段每个时间点 t_5 和炉次在第五阶段处理时间，推算出第六阶段对应的时间点 t_6。通过式（4.17）可知，时间点 t_6 的取值范围为 $t_6\in\left\{t_5+T_{ij}(k_5),Vt_{L_{ij}\max}(g=6)\right\}$。然后在第六阶段的该时间区间找到最小的惩罚值 $\min\left\{Vt_{L_{ij}\max}(g=6),V(t_{L_{ij}\max}(g=6)-1),\cdots,t_5+T_{ij}(k_5)\right\}$ 对应的时间点 $\arg\min(t_6)$，将这个时间点对应的惩罚值与 t_5 对应的惩罚值求和，作为时间点 t_5 的惩罚值。

步骤 3：在获得第五阶段每个点的惩罚值之后，从可用时间最大值 $t_{L_{ij}\max}(g=5)$ 到可用时间最小值 $t_{L_{ij}\min}(g=5)$，设可用时间点对应的惩罚值分别为 $Vt_{L_{ij}\max}(g=5)$ 到 $Vt_{L_{ij}\min}(g=5)$，将所获得惩罚值依次进行对比，得到不同区间对应的区间点的惩罚值集合中的最小值 $\min\left\{Vt_{L_{ij}\max}(g=5),V(t_{L_{ij}\max}(g=5)-1),\cdots\right\}$。

步骤 4：基于步骤 2 与步骤 3 的求解思路第四阶段、第三阶段、第二阶段、第一阶段，进而获得针对子问题来说炼钢-精炼-连铸某炉次的最优值调度方案。

通过反向动态规划算法，能够大大缩短计算的复杂度。从第六阶段的最后一个时间 T 进行计算，与 $T-1$ 所获得的优化值进行比较，相对较小值 $\min\{V(T),V(T-1)\}$ 与 $T-2$ 时刻的值进行比较，得到 $\min\{V(T),V(T-1),V(T-2)\}$。以此类推，在最后一个阶段的计算复杂度为 T。因为考虑运输时间和过程处理时间，第五阶段的开始时间不会为 T；同时，第六阶段的开始时间也不会超出T。故此，第五阶段的计算复杂度同第六阶段的计算复杂度相同，为T。以此类推，可以得到反向动态规划的复杂度为$O(T!)$。相比于$O(T^{10})$，计算复杂度大大降低。所提反向动态规划算法有效地提高了运算速度，降低了运算规模，为后面拉格朗日松弛框架下的代理次梯度迭代算法做了准备。

针对图 4.7 所设计的实例问题进行求解，以便能够清晰地对反向动态规划的过程进行说明。根据已有子问题的调度优化方案集合如图 4.7 所示，通过每个阶段每个时间点的计算获得了每个阶段每个时间点的惩罚值，如图 4.8 所示。

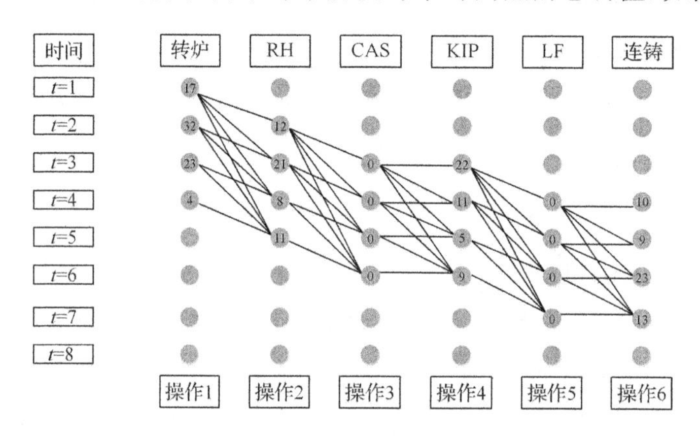

图 4.8　任意炉次每个阶段每个可用时间点对应的惩罚值示意图

在已有工艺路径下，每个阶段在每个可用时间点的惩罚值为每个圈内所标注的数值。在此基础上，利用反向动态规划算法从第六阶段往前依次进行叠加。具体的方法如下。

首先，因为在本例题中的炉次没有经过 LF 精炼阶段，所以该阶段对应的惩罚值均为 0。在$t=4\sim7$对应连铸阶段工艺路径下的惩罚值分别为 10，9，23，13，那么可以得到在 LF 精炼阶段，在$t=4$这个点累加第六阶段的惩罚值以后对应的最优惩罚值为 9，在$t=5$这个点累加第六阶段的惩罚值以后对应的最优惩罚值为 9，在$t=6$这个点累加第六阶段的惩罚值以后对应的最优惩罚值为 13，在$t=7$这个点累加第六阶段的惩罚值以后对应的最优惩罚值为 13。这样，得到了 LF 精炼阶段每个可用时刻的累加惩罚值，如图 4.9 所示，粗线为优化的路径。

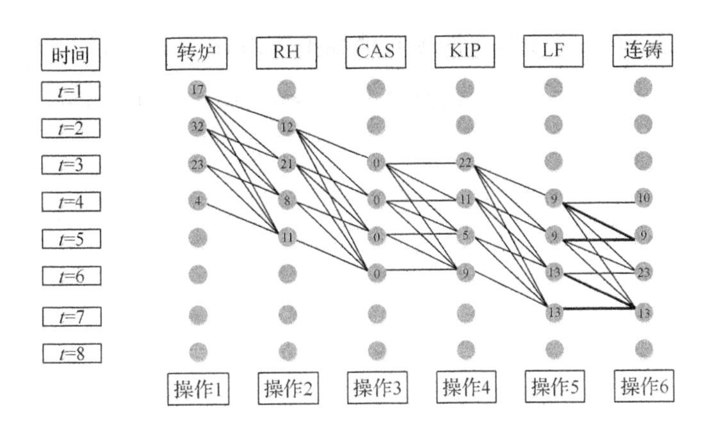

图 4.9　LF 精炼阶段的每个可用时刻的累加惩罚值示意图

同理，根据上面所提到的方法，可以得到每个阶段对应的累加惩罚值，将当前阶段与下一阶段可用生产路径确定好以后，对下一阶段对应时间点的惩罚值进行计算。在此基础上，将下一阶段每个可用时间点对应的惩罚值与本阶段所得的惩罚值求解，然后进行比较，所得的最小值作为该阶段最小惩罚值，同时将这两个点之间的线段连接到一起作为这两个阶段之间的最优求解路径。即在任意两个连续阶段的最优生产调度路径。图 4.10 为求得的任意两个相邻阶段所获得的累加惩罚值。

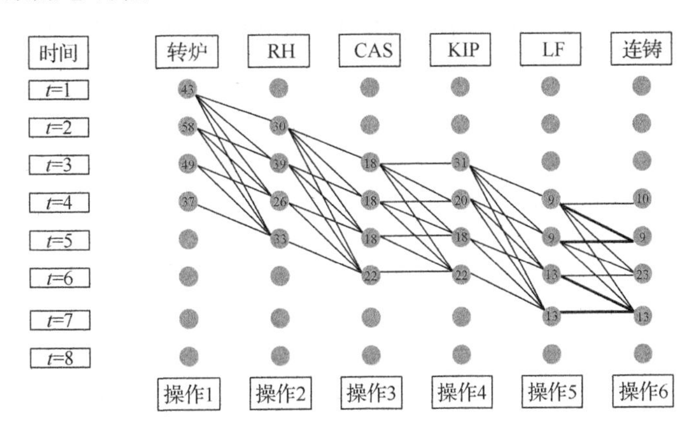

图 4.10　每个阶段对应的累加惩罚值示意图

由图 4.11 可以看到，在第一阶段的累加惩罚值分别在 $t=1,2,3,4$ 时，对应值为 43，58，49，37。这里取累加惩罚值最小的方案，即第一阶段 $t=4$ 时累加惩罚值为 37，可反推得到其相应的处理工艺路径：当 $g=1$ 时，$t=4$；当 $g=2$ 时，$t=5$；当 $g=3$ 时，$t=6$；当 $g=4$ 时，$t=6$；当 $g=5$ 时，$t=7$；当 $g=6$ 时，$t=7$。

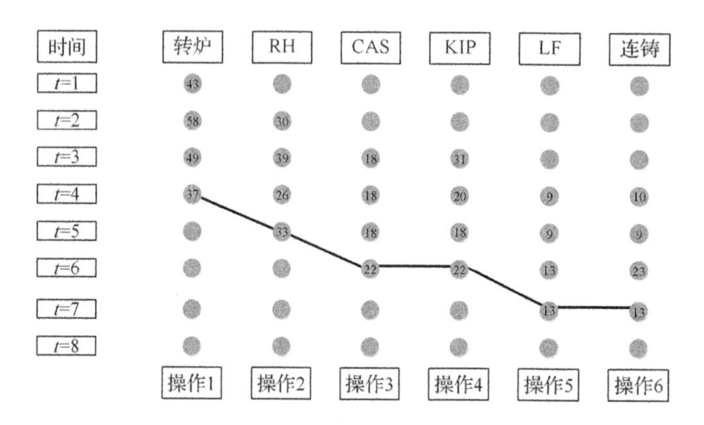

图 4.11　单炉次的最优调度方案示意图

4.3.3　基于对偶间隙的终止条件设定

1. 对偶问题优化值设定炼钢-精炼-连铸调度问题下界

根据实际钢厂炼钢-精炼-连铸生产调度优化过程的情况，在没有可行调度方案的前提下，本节对于该过程炼钢-精炼-连铸调度问题的下界设定为

$$Z^L=-\infty \tag{4.83}$$

在松弛后的炼钢-精炼-连铸调度优化数学模型基础上，经过转换得到该数学模型的对偶模型数学表达式如下：

$$V_{\text{Dual}}=\min P_{\text{LR}}=F_1+F_2+F_3+F_4+F_5 \tag{4.84}$$

式中，F_1,F_2,F_3,F_4,F_5 分别为式（4.4）～式（4.8）对应的数学表达式，同样，该模型遵守约束条件（4.9）与约束条件（4.10）。基于拉格朗日松弛框架下的初始值的设定与求得的对偶模型数学表达式，根据前面章节提到的反向动态规划算法，得到基于拉格朗日初始值设定的反向动态规划算法的子问题调度优化值，可以看到，每个子问题的最优值即为原始松弛问题的最优值，即

$$\min P_{\mathrm{LR}} = \sum_{i=1}^{i=U_g} \sum_{j=1}^{j=N_i} \min P_{\mathrm{LR}(ij)} \tag{4.85}$$

继而得到对应的对偶问题优化值，在式（4.83）的基础上，更新对偶问题的优化值作为原始炼钢-精炼-连铸生产调度优化问题的下界方法为

$$Z^L = \max\left\{V_{\mathrm{Dual}}, -\infty\right\} \tag{4.86}$$

2. 获取调度优化可行解作为调度问题上界

在求得炼钢-精炼-连铸过程每个子问题调度优化方案后，需要通过这些单炉次的调度优化方案获取一整个炼钢-精炼-连铸生产调度优化方案。然而，在将所有子问题的调度优化方案合并的过程中会发现，虽然通过拉格朗日乘子将耦合约束"不断浇、不冲突"进行了解消，但最终可行方案将所有的单炉次调度整合的过程中仍然还会有部分的冲突出现。故此，在获得炼钢-精炼-连铸过程单炉次调度优化的基础上，需要通过调整未解消的冲突，来获取一个可行的调度优化方案。本书基于实际问题提出了基于启发式算法的调度优化可行解获取方案。首先，在启发式算法的第一阶段对炼钢-精炼-连铸生产调度过程在连铸阶段尚未解消的断浇情况进行调整，如图 4.12 所示；其次，在保证连浇的情况下，在启发式算法的第二阶段对炉次与炉次之间各个工序发生的冲突进行调整，进而获取一个可行调度优化方案，如图 4.13 所示。

第一阶段：找出在炼钢-精炼-连铸生产调度过程在每个连铸机上（即 $k_6 = 1,2,3$）每个浇次对应炉次的最早开始处理时间，即选择

$$x_{i1}\left(k_6\right)^n = \min x_{i1}\left(k_6\right)^n, k = 1,2,\cdots,U_g; i = 1,2,3 \tag{4.87}$$

式中，n 代表迭代次数。因为在连铸阶段，需要保证该浇次中的第一个炉次与第二个炉次能够连续浇铸，所以得到

$$x_{i(j+1)}\left(k_6\right)^n = x_{ij}\left(k_6\right) + T_{ij}\left(k_6\right)^n, k = 1,2,\cdots,U_g; i = 1,2,3; j = 1,2,3,\cdots,N_i \tag{4.88}$$

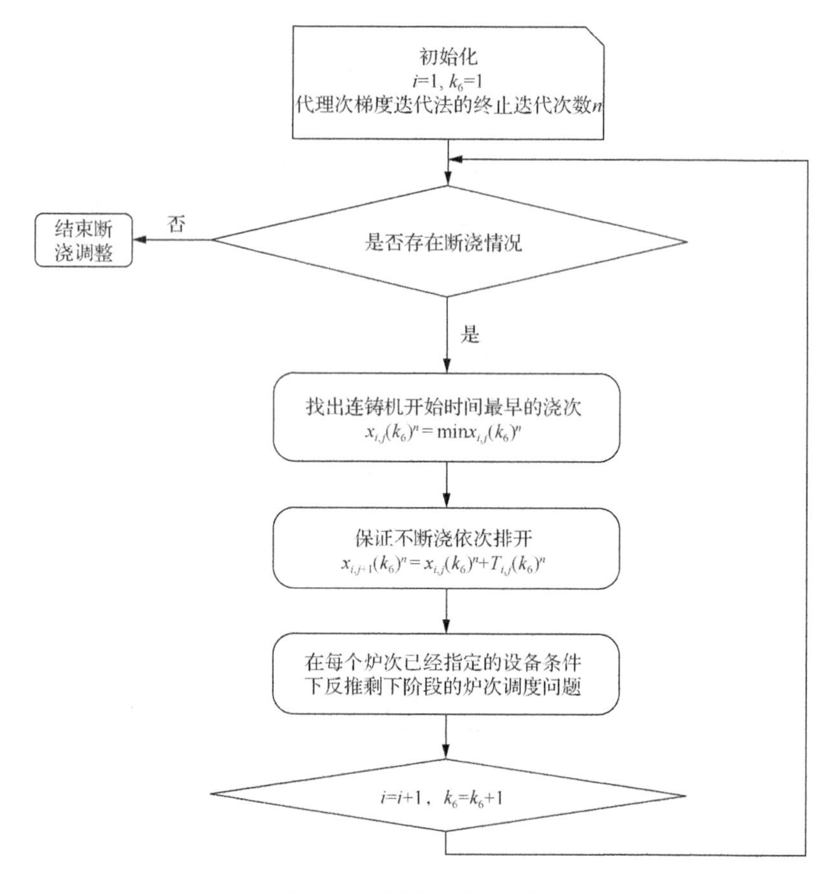

图 4.12　断浇解消流程图

第一阶段是依次找出每一个连铸机上最早处理的浇次，把这个时间作为第一个炉次在该台连铸机的开始时间，通过式（4.88）能够得到所有炉次在该连铸机的开始时间。在调度方案中，如果安排在连铸过程相邻炉次发生断浇时，即将一下个炉次的开始时间提前，用以保证前后不断浇。具体的实现步骤如下。

在前面的过程中，假设不考虑炉次在生产过程可能会发生的设备冲突问题，通过上面章节的反向动态规划算法来求解每个炉次的调度优化计划。具体实现的步骤如下。

步骤 1：设 $i=1$，$k_6=1$，炉次 $m=1$，设置 $B_m\left(k_6\right)$ 为第六阶段即连铸阶段第 k_6 个设备的第一个炉次 m 的开始处理时间。

步骤 2：检查这个浇次 i 中其余的炉次是否满足不断浇的情况，如果满足，则到步骤 5；如果不满足，则到步骤 3。

步骤 3：找出每个连铸设备上第一个浇次，即 $x_{i1}\left(k_6\right)^n=\min x_{i1}\left(k_6\right)^n$。将 $\min x_{i1}\left(k_6\right)^n$ 作为第六阶段第 k_6 台连铸机的第一个浇次的第一个炉次的开始时间，即 $B_1\left(k_6\right)^n=\min x_{i1}\left(k_6\right)^n$。为了保证不断浇，依次将其余的炉次安排下去，$x_{i2}\left(k_6\right)^n=x_{i1}\left(k_6\right)+T_{i1}\left(k_6\right)^n$，此时没有考虑炉次与炉次之间设备冲突的调度问题。

步骤 4：基于已经求得的每个炉次在连铸过程的开始时间，通过 4.3.2 节提出的反向动态规划算法反推得到其余阶段每个炉次的开始时间，但是不考虑设备的冲突。

步骤 5：$j=j+1$，$k_6=k_6+1$，$m=m+1$；如果没有安排完所有的浇次，则到步骤 2。否则终止，然后到第二阶段进行不冲突的启发式算法。

将连铸机上的每一个浇次中的每个炉次设定了开始时间后，即调整了所有在连铸机的同一浇次中的相邻炉次的断浇情况。

第二阶段：提出了调整每个阶段炉次与炉次之间冲突情况的启发式算法。利用贪婪算法从第一阶段依次将冲突的炉次进行解消，从而进行炉次的安排，具体的步骤如图 4.13 所示。

步骤 1：设 $L_{ij}=1$，$g=1$，$k_g=1$，$m=1$，$B_m\left(k_g\right)$为第 g 阶段第 k_g 个设备第 m 个炉次的开始处理时间。

步骤 2：找出所有炉次的开始时间最小值，即 $\min x_{L_{ij}}\left(k_1\right)^n$，寻找该时间可用设备的集合 $\sigma\left(g=1,t-\min x_{L_{ij}}\left(k_1\right)^n\right)$，将 $\min x_{L_{ij}}\left(k_1\right)^n$ 作为这些可用设备集合中的第一个设备的开始处理时间，即

$$B_1\left(k_1\right)=\min x_{L_{ij}}\left(k_1\right)^n,k_1\in\sigma\left(g=1,t-\min x_{L_{ij}}\left(k_1\right)^n\right) \tag{4.89}$$

步骤 3：依次找出在第一阶段剩下炉次的开始处理时间最小值分配给剩余可用的转炉。

步骤 4：找出所有处理过一个炉次且该炉次结束时间最早的转炉，安排剩余炉次中开始处理时间最早的炉次到该转炉上，并保证该炉次的开始处理时间与上一个炉次在这个设备的处理结束时间相等，直至所有的炉次安排结束。

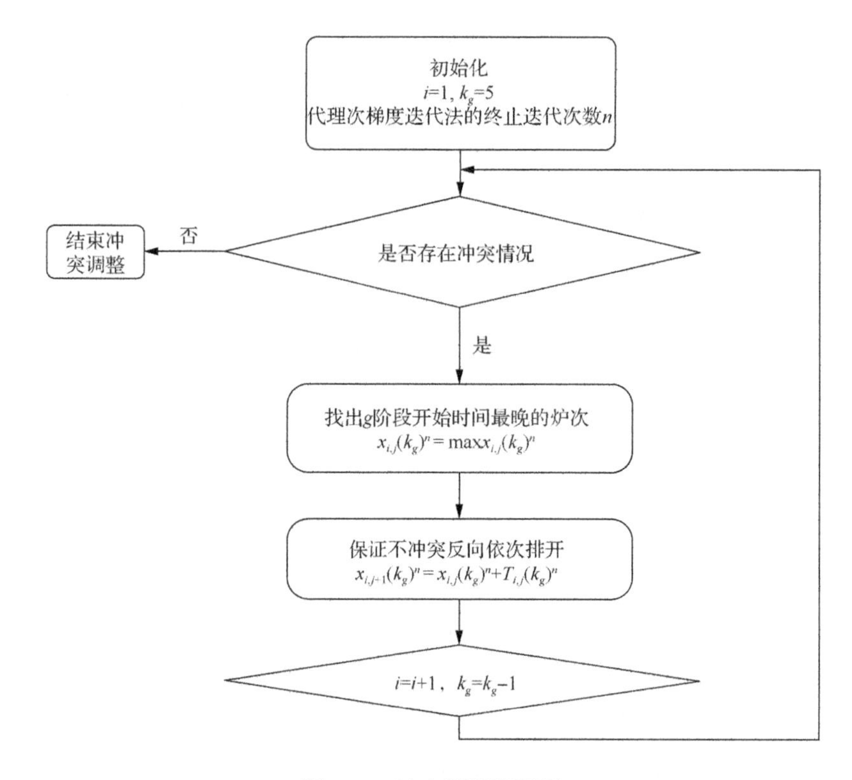

图 4.13　冲突解消流程图

步骤 5：安排下一个阶段炉次的开始时间，$j=j+1$，$k_6=k_6+1$，$m=m+1$，$k_g=k_g+1$。如果没有安排完所有炉次，则到步骤 2。否则终止。

同样，根据实际钢厂炼钢-精炼-连铸生产调度优化过程的情况，在没有可行调度方案获取的前提下，对该过程的初始调度优化值的上界设定为

$$Z^U=+\infty \tag{4.90}$$

由于通过启发式算法所获得不断浇、不冲突的可行炼钢-精炼-连铸生产调度方案，考虑到所求解的调度优化为所有惩罚值的最小值，故此需要先将所得的可行调度优化方案 Z 设为上限，通过不断对拉格朗日乘子进行更新来逼近调度优化最优值，不断降低可行调度优化方案的上限，即

$$Z^U=\min\{Z,+\infty\} \tag{4.91}$$

3. 基于对偶间隙值设置终止条件

在准备对耦合因子进行更新迭代前，需要判断根据已有的耦合因子所得的炼钢-精炼-连铸生产调度优化可行解的优化程度是否满足实际炼钢厂的需求，即其优化程度能否满足实际生产需要。如果通过已有的即尚未更新的耦合因子所得的炼钢-精炼-连铸生产调度优化的可行解不满足实际钢厂的生产需要，就要对现有的耦合因子进行更新。

获得了原始问题的上下限之后，就需要通过调整拉格朗日乘子，不断更新问题的上限和下限，缩短上下限之间的距离δ，设置为对偶间隙，即

$$\delta = (Z^U - Z^L) / Z^U \tag{4.92}$$

距离δ越小，表示更新的上限即炼钢-精炼-连铸过程的调度优化可行方案越接近优化值，如图 4.14 所示。根据钢厂的实际需求，将距离δ设置为钢厂可接受值，在这个值范围内的调度可行方案即为实际炼钢-精炼-连铸生产调度优化方案。

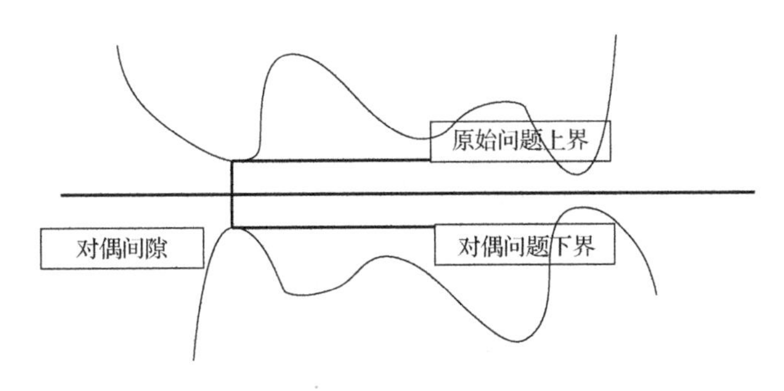

图 4.14　对偶间隙示意图

4.3.4　代理次梯度迭代算法更新拉格朗日乘子

合适的拉格朗日乘子能够很好地将“不断浇、不冲突”约束解消，但是在实际的调度问题求解过程中，因为拉格朗日乘子的初始值是随机设定的，很难保证初始设定的拉格朗日乘子为“不断浇、不冲突”最佳解耦因子，即很难保证在初始设定的拉格朗日乘子松弛的耦合约束条件下，得到一个相对优化程度

比较高的炼钢-精炼-连铸生产调度方案。所以，在对拉格朗日乘子的初始值设定的基础上，获得可行炼钢-精炼-连铸生产调度方案不是相对优化程度比较高的解决方案，需要不断地调整拉格朗日乘子的值，来对耦合约束“不断浇、不冲突”进行松弛。通过合适的方法来更新拉格朗日乘子，能够得到部分或者全部调度子问题（即单炉次调度问题）的更新解决方案。此方案不同于原始的子问题调度优化方案，虽然不能够得到全局最优方案，但是能够得到相对于原解决方案更优化的调度解决方案。

1. 基于次梯度迭代方法选择步长和梯度

本书采用了文献[1]中基于拉格朗日框架的次梯度迭代算法对炼钢-精炼-连铸生产调度优化数学模型的步长和梯度进行了选择。这里面，根据文献[1]所提及的方法，本书中两个利用耦合因子得到的次梯度如下：

$$\gamma^n\left(\pi_{k_g t}^n\right)=x_{ij}\left(k_6\right)^n-x_{i(j+1)}\left(k_6\right)^n+T_{ij}\left(k_6\right)^n,$$
$$i=1,2,3;j=1,2,3,\cdots,N_i;k=1,2,\cdots,U_g \tag{4.93}$$

$$\gamma^n\left(\zeta_{ij}^n\right)=\sum_{i=1}^{3}\sum_{j=1}^{N_i}y_{ijt}\left(k_g\right)^n-1,$$
$$i=1,2,3;j=1,2,3,\cdots,N_i;t=1,2,3,\cdots,T;k=1,2,\cdots,U_g;g=1,2,3,4,5,6 \tag{4.94}$$

通过式（4.93）与式（4.94）可以得到次梯度表达式。针对步长的选择，利用文献[2]中提到的定理 6.3.1，结合本书所研究的炼钢-精炼-连铸生产过程可以表述为假设针对原始问题引入的拉格朗日乘子的最优值为$\left\{\pi_{k_g t}^*\right\}$和$\left\{\zeta_{ij}^*\right\}$，在迭代更新的过程中如果$\left\{\pi_{k_g t}^n\right\}$和$\left\{\zeta_{ij}^n\right\}$不是炼钢-精炼-连铸生产调度优化过程的最优乘子系数，即

$$\gamma^n\left(\pi_{k_g t}^{n+1}\right)-\gamma^n\left(\pi_{k_g t}^*\right)<\gamma^n\left(\pi_{k_g t}^n\right)-\gamma^n\left(\pi_{k_g t}^*\right),$$
$$t=1,2,3,\cdots,T;k=1,2,\cdots,U_g;g=1,2,3,4,5,6 \tag{4.95}$$

$$\gamma^n\left(\zeta_{ij}^{n+1}\right)-\gamma^n\left(\zeta_{ij}^*\right)<\gamma^n\left(\zeta_{ij}^n\right)-\gamma^n\left(\zeta_{ij}^*\right) \tag{4.96}$$

根据式（4.95）和式（4.96），可以得到步长满足条件：

$$0 < s^n < \frac{2\left(Z^U - Z^L\right)}{\gamma^n\left(\pi_{k_g t}^n, \zeta_{ij}^*\right)},$$

$$i = 1,2,3; j = 1,2,3,\cdots,N_i; t = 1,2,3,\cdots,T; k = 1,2,\cdots,U_g; g = 1,2,3,4,5,6 \tag{4.97}$$

取步长

$$s^n = \frac{\alpha_n\left(Z^U - Z^L\right)}{\gamma^n\left(\pi_{k_g t}^n, \zeta_{ij}^*\right)},$$

$$i = 1,2,3; j = 1,2,3,\cdots,N_i; t = 1,2,3,\cdots,T; k = 1,2,\cdots,U_g; g = 1,2,3,4,5,6 \tag{4.98}$$

式中，α_n 的取值范围为

$$0 < \alpha_n < 2 \tag{4.99}$$

由于在该问题中，最优拉格朗日乘子 $\left\{\pi_{k_g t}^*\right\}$ 和 $\left\{\zeta_{ij}^*\right\}$ 是未知的，故此，步长系数 α_n 的选择也是因人而异，初始值可设置为 1.9，α_n 迭代的过程根据经验取得

$$\alpha_{n+1} = \alpha_n \times \exp\left(-0.7\left(n^2 / 100\right)\right) \tag{4.100}$$

在步长和梯度计算方法都确定的情况下，就可以对原始问题引入的拉格朗日乘子 $\left\{\pi_{k_g t}^*\right\}$ 和 $\left\{\zeta_{ij}^*\right\}$ 进行迭代求解：

$$\pi_{k_g t}^{n+1} = \pi_{k_g t}^n + s^n \gamma^n\left(\pi_{k_g t}^n\right),$$

$$t = 1,2,3,\cdots,T; k = 1,2,\cdots,U_g; g = 1,2,3,4,5,6 \tag{4.101}$$

$$\zeta_{ij}^{n+1} = \zeta_{ij}^n + s^n \gamma^n\left(\zeta_{ij}^n\right) \tag{4.102}$$

2. 代理次梯度迭代算法更新耦合因子

同时本节考虑炼钢-精炼-连铸生产调度过程等价简化后的每一个子模型同样是多阶段多并行设备的调度问题，同时在实际编排调度过程中，由于炉次的输入数量多，导致子模型需要求解的个数也很多，势必会造成计算量大，进

而带来运算时间延长。代理次梯度迭代求解过程与调度优化求解流程图如图 4.15 与图 4.16。本书采用的是基于代理次梯度迭代算法的求解策略[2]，即在求对偶值的过程中，代理次梯度（surrogate subgradient，SSG）迭代算法只需求部分子问题的解（具体个数根据实际问题来确定）。在实际的生产中，依

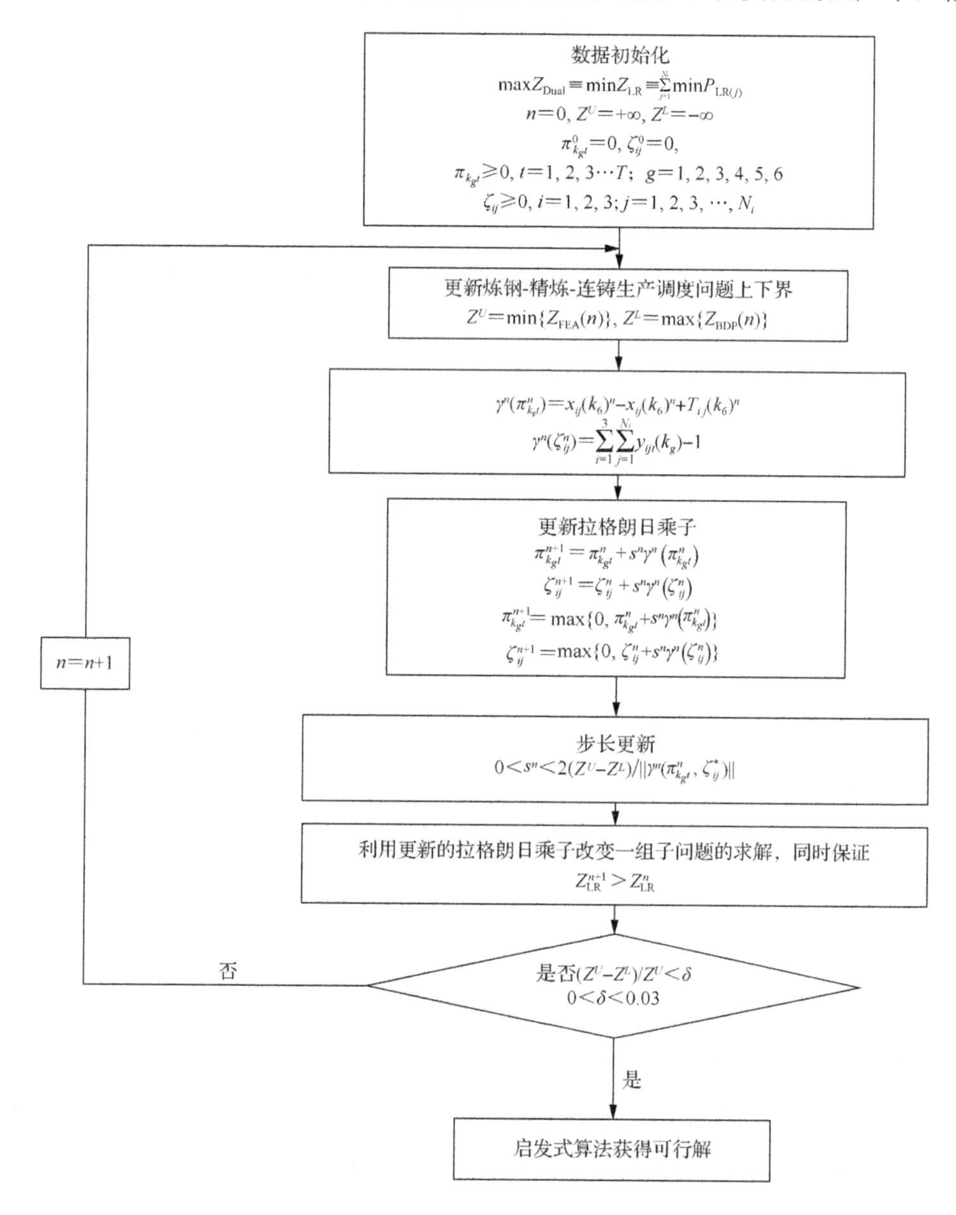

图 4.15　代理次梯度迭代求解过程示意图

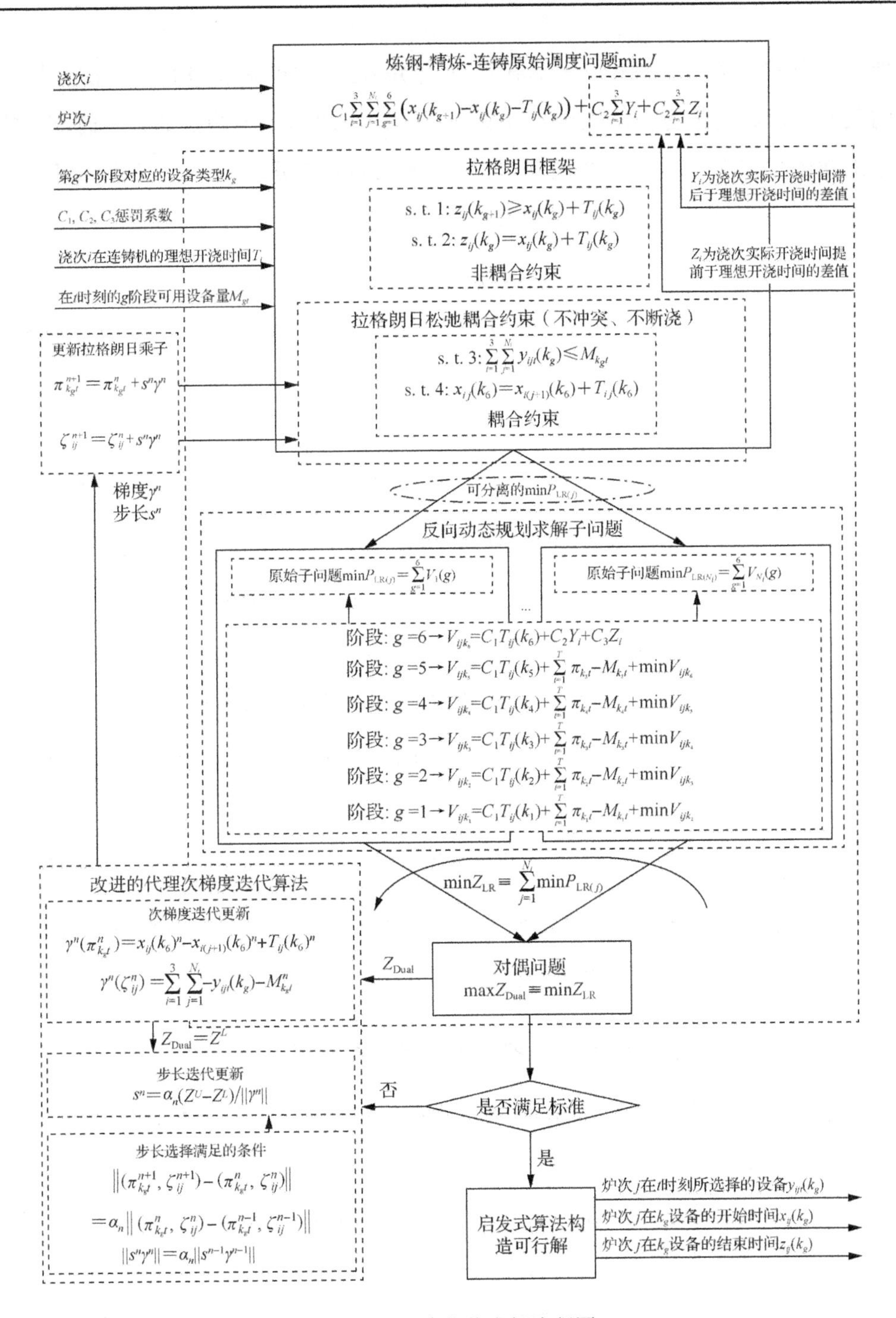

图 4.16　调度优化求解流程图

据本书所建立的数学模型，考虑在炼钢-精炼-连铸生产调度过程中浇次与炉次的关系，即炉次包含在浇次内，改变一个浇次中的第一个炉次的开始时间，整个浇次的生产顺序也会随之改变。故此，本书将每个浇次第一个炉次的子问题对应的拉格朗日乘子进行更新即可得

$$\gamma^n\left(\pi_{k_g t}^n\right)=x_{i1}\left(k_6\right)^n-x_{i2}\left(k_6\right)^n+T_{i1}\left(k_6\right)^n,$$

$$i=1,2,3;k=1,2,\cdots,U_g \tag{4.103}$$

$$\gamma^n\left(\zeta_{ij}^n\right)=\sum_{i=1}^{3}\sum_{j=1}^{1}y_{ijt}\left(k_g\right)^n-1,$$

$$i=1,2,3;j=1,2,3,\cdots,N_i;t=1,2,3,\cdots,T;k=1,2,\cdots,U_g;g=1,2,3,4,5,6 \tag{4.104}$$

对于更新的每个乘子对应的子问题依据 4.3.2 节提到的反向动态规划的方法对每个子问题进行求解，同时依据本节所提出的代理次梯度迭代算法，在不需要求解所有子问题的情况下进行乘子更新迭代，继而获得一个新的对偶问题的优化值，有效提高了炼钢-精炼-连铸生产调度问题的求解效率。但是我们在迭代的过程中需要满足更新迭代的对偶优化值要大于前一次迭代的对偶优化值，即

$$Z_{\mathrm{LR}}^{n+1}>Z_{\mathrm{LR}}^{n} \tag{4.105}$$

在更新的过程中，需要设定终止条件，这要根据实际钢厂对优化程度的需求，在本书的数据测试中设置对偶间隙为$0<\delta<0.03$。

3. 最终炼钢-精炼-连铸生产调度优化方案的确定

对于本书所提到的炼钢-精炼-连铸生产调度优化问题，具体的实现步骤可以分为以下几步。

步骤 1：初始化所有的值，n 代表迭代次数，选取 $\alpha_{n+1}=\alpha_n\cdot\exp\left(-0.7\left(n^2/100\right)\right)$，该问题的上限值为 $Z^U=+\infty$，并且 $Z^L=-\infty$；同时这里需要满足 $\pi_{k_g t}^0=0$ 并且 $\zeta_{ij}^0=0$。这里需要提及的是，需要在反向动态规划算法下获得的优化解，通过 4.3.2 节使用的两阶段算法进行求解，所得的解作为原始问题的上界。

步骤 2：针对前面所提及的反向动态规划算法获取一个最优值。确定原始问题的上界和下界。

步骤 3：根据实际的生产需求，设定终止条件，如果$(Z^U - Z^L)/Z^U < \delta$并且满足$0 < \delta < 0.03$，则终止迭代。

步骤 4：拉格朗日乘子更新。如果满足终止条件则终止，否则转到步骤 2。

综上，便是本书提出的拉格朗日框架下求解炼钢-精炼-连铸生产调度优化问题的代理次梯度迭代更新策略，以及反向动态规划求解子问题方法。

4.4　仿 真 实 验

根据实际钢厂现有的调度操作流程，本节对静态调度问题进行了调度优化方案的分析与求解。首先本节对次梯度迭代算法、代理次梯度迭代算法对小规模数据进行了数据分析比较，直观地从数学角度分析了两种算法的特性[3,4]。接着，根据不同的输入数据规模（输入单元浇次以及炉次、连铸设备的数量），对所获得的调度结果进行了数学仿真实验并进行了数学对比，验证了不同规模数据处理量下各种方法的有效性。

4.4.1　基于次梯度、代理次梯度迭代算法的小规模调度问题测试结果比较

在本节中，利用前面提出的求解策略对小规模炼钢-精炼-连铸生产调度过程输入数据分别通过次梯度迭代算法、代理次梯度迭代算法进行了数据比较。对上述两种方法处理小规模调度问题进行了实验结果分析。本仿真实验以 6 个浇次（含有 18 个炉次，3 重精炼方式），3 台转炉，7 台精炼炉以及 3 台连铸机为现场实际数据基础。假定天车和台车的运输时间忽略不计，所有的炉次和浇次在处理过程中，都是严格按照炼钢-精炼-连铸三个过程来进行，不考虑根据钢种需要而设计的在转炉到扒渣位进行扒渣的过程，以及中间包到倾转台进

行钢包清洗的过程。其中，第一个浇次（在 1CC 上浇铸）含有 6 个炉次，第二个浇次（在 2CC 上浇铸）含有 7 个炉次，第三个浇次（在 3CC 上浇铸）含有 5 个炉次。通过本书所设计的求解策略进行炼钢-精炼-连铸生产调度优化过程的求解。其中，两种策略均是以拉格朗日框架为基础，松弛“不断浇、不冲突”性能指标。在拉格朗日乘子更新迭代过程中，分别使用了次梯度迭代算法、代理次梯度迭代算法进行运算结果比较。

如图 4.17 和图 4.18 所示，次梯度迭代算法的拉格朗日乘子在更新过程当中呈现 Z 字形变化，每次的更新迭代过程需要更新所有的子问题，对偶值在迭代过程中上下波动比较大，随着迭代次数的增加收敛过程明显变缓慢。对于代理次梯度迭代算法，拉格朗日乘子更新的过程向趋于最优化的方向进行迭代更新，所得的对偶值与原始问题所获取的局部最优值的间隙在一定范围内能够很好地控制整个求优过程的优化方向，保持所迭代的过程大部分过程处在求最优过程，保证对最优结果求优过程的收敛速度以及计算时间。

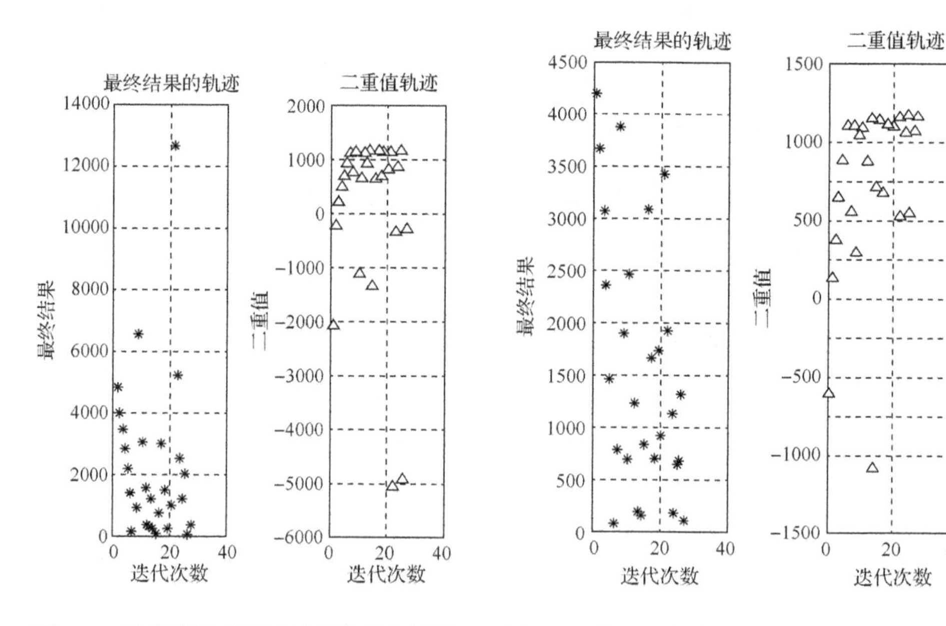

图 4.17　次梯度迭代算法试验数据分析图　　图 4.18　代理次梯度迭代算法试验数据分析图

4.4.2 不同算法下调度仿真结果比较

通过对小规模数据进行比较，可见本书提出的代理次梯度迭代算法能够在不算得每一个子问题最优解的情况下，寻得一个相对较优的可行解决方案。该方法的求解速度以及优化结果好于次梯度迭代算法。本节介绍的试验同样是依据国内某大型钢厂的炼钢-精炼-连铸生产过程进行的数据测试，采用本书所提出的次梯度（subgradient，SG）和代理次梯度迭代算法，针对不同规模炼钢-精炼-连铸生产调度过程的输入炉次数以及不同情况下每个阶段的设备数量进行数据仿真实验。

首先来分析静态调度的过程。为了对方法进行比较，本节选择了两组参数进行运行测试。第一组测试假设转炉、精炼炉和连铸机的数量相同的情况下，分别选取 3 组数据，分别考虑 5 个浇次、10 个浇次、15 个浇次，每个浇次包含 5 个炉次作为输入进行仿真测试。然后在铸件数量和其余的处理设备（转炉和精炼炉）数量均没有变化时进行了仿真测试。最后把相应的连铸机的数量设置为 3 个、4 个、5 个，得到图 4.19，其表示了通过甘特图反映出来的一组优化炼钢-精炼-连铸生产调度的结果。

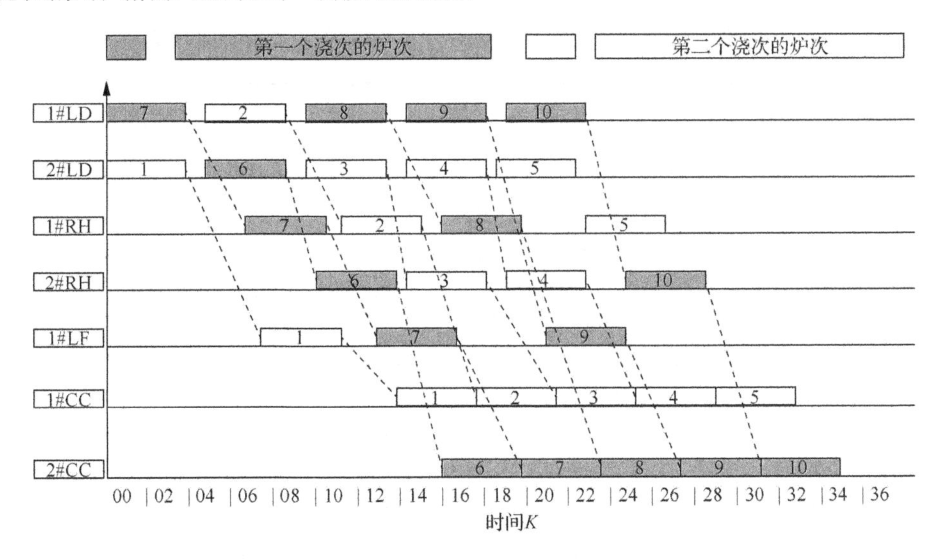

图 4.19 以甘特图形式实现的调度结果示意图

从表 4.1 和表 4.2 可以总结如下。

（1）以对偶间隙作为评价指标来看，代理次梯度迭代算法求解不同规模炼钢-精炼-连铸生产调度问题的对偶间隙值与次梯度迭代算法求解的对偶间隙值差别不大，均能满足实际钢铁企业对生产调度求解质量的要求；

表 4.1　拉格朗日松弛框架下次梯度迭代算法求解策略结果统计

问题序号	浇次数×机器数	对偶间隙/%	计算时间/s
1	5×3	10.32	23.78
2	10×3	9.89	26.34
3	15×3	11.65	31.23
4	5×4	9.44	19.94
5	10×4	11.32	21.46
6	15×4	11.93	25.87
7	5×5	8.99	18.9
8	10×5	10.64	21.22
9	15×5	10.63	22.76

表 4.2　拉格朗日松弛框架下的代理次梯度迭代算法求解策略结果统计

问题序号	浇次数×机器数	对偶间隙/%	计算时间/s
1	5×3	11.19	12.76
2	10×3	9.43	13.02
3	15×3	12.47	19.45
4	5×4	8.74	11.53
5	10×4	10.94	16.23
6	15×4	11.08	17.99
7	5×5	6.83	9.37
8	10×5	9.81	11.92
9	15×5	10.35	12.76

（2）以计算时间作为评价指标来看，代理次梯度迭代算法求解不同规模炼钢-精炼-连铸生产调度问题的计算时间比次梯度迭代算法求解大幅降低，有效提高了钢铁企业对生产调度求解速度的要求；

（3）随着处理的浇次数量的增加，对于国内某大型钢厂如果采用次梯度迭代算法的话，其调度结果的计算时间会大幅增加，但是对于本节采用的代理次梯度迭代算法，其计算时间并没有随着浇次数量的增加而大幅增加。

图 4.20 和图 4.21 为通过次梯度迭代算法和代理次梯度迭代算法在两组参数运行测试情况下（第一组是把每个阶段的浇次设置为 5 个、10 个、15 个，然后把相应的连铸机的数量设置为 5 台；第二组是把浇次设置为 15 个，然后把相应的连铸机的数量设置为 3 台、4 台、5 台）对迭代次数进行比较，可以看到，通过合适步长的选择、优化值的预估，相对于原有次梯度迭代算法，代理次梯度迭代算法能够减少迭代次数，使得计算时间更短。

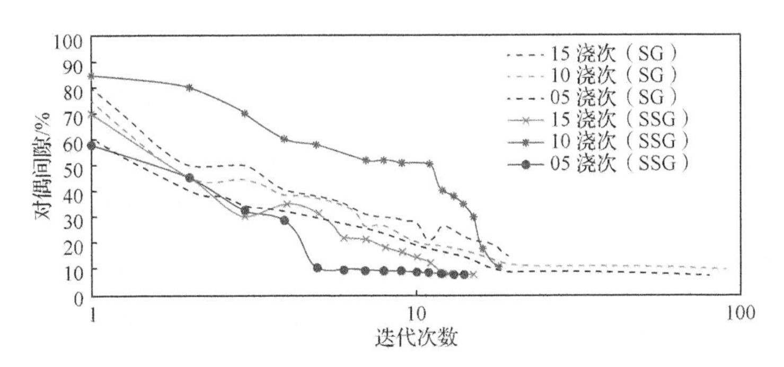

图 4.20 次梯度和代理次梯度迭代算法比较（考虑不同浇次数量）

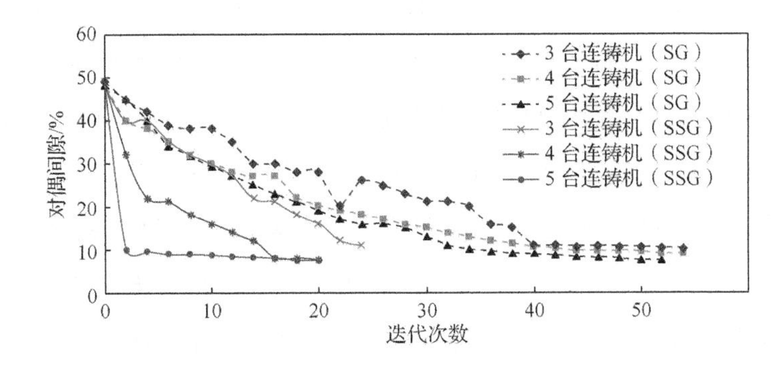

图 4.21 次梯度和代理次梯度迭代算法比较（考虑不同连铸机数量）

同时也可以看到利用代理次梯度迭代算法求解过程中，对于浇次数量不同的输入情况，求解的速度没有太大区别。利用代理次梯度迭代算法求解后，能够在非常短的时间内获得一个对偶间隙十分小的优化值。可见，在不同数量的连铸机情况下进行炼钢-精炼-连铸生产调度的编制，通过代理次梯度迭代算法，能够将迭代次数大幅度减少，并且能够通过很少的迭代次数获得最优解的方向，从而迅速得到一个炼钢-精炼-连铸生产调度优化方案。

4.5 本章小结

本章根据国内某大型钢厂的实际生产情况建立了数学模型，分析了模型中的耦合约束，即相邻炉次同一时间不能在同一个设备生产和同一台连铸机连续浇铸的两个浇次不能断浇。在拉格朗日松弛框架下，引入了两个解耦因子来对上述的两个耦合约束进行解耦。同时在保持非耦合因素条件不变的情况下，将“不断浇、不冲突”约束条件转化为性能指标，将原有多目标、多阶段优化问题分解成了多约束下的每个炉次调度优化的子问题。每个分解后的单一炉次调度优化问题都是独立的，除了朗格朗日乘子，没有任何关联的耦合因素。这样，原有的多个炉次输入、多阶段处理、多台设备指派的炼钢-精炼-连铸生产调度计划编排问题的难度由原来的 NP 难问题变为可求解的运筹学问题。

面向炼钢-精炼-连铸生产调度过程所搭建的基于 Time-Index 的混合整数规划数学模型，将模型的耦合约束条件，即一个设备先后处理的炉次关系及设备能力约束进行松弛后，获得以炉次为单位的拉格朗日松弛子问题。在对模型的复杂度进行分析后，假定每个炉次在整个炼钢-精炼-连铸生产调度过程均需要 6 个生产阶段，搭建单个炉次在每个生产阶段的状态模型。

本章采用反向动态规划算法对子问题数学模型进行求解，相比传统的正向动态规划算法，降低了计算的复杂度，提高了子问题的求解速度。但是，在实际钢厂的调度问题中，由于每个子问题所考虑的设备种类繁多，约束条件也比较多，导致每个炉次的调度子问题运算时间相对较长。同时在实际的炼钢-精炼-连铸生产调度问题中，随着工厂规模的扩大，以及实际生产的需要，在同一炼钢-精炼-连铸生产调度计划编制的过程中，需要尽可能多地考虑炉次的输入。在计算过程中，综合考虑的同一批次的调度炉次数越多，得到的全局优化解相对来说就越科学。基于上述问题，利用传统的次梯度迭代算法的原理，提出了代理次梯度迭代算法。通过该算法，可以在不计算所有的炉次调度优化子问题的前提下，在对迭代步长合理选择的基础上，利用更新每个浇次第一个炉次对应的拉格朗日乘子来更新梯度和步长，从而获取一个近似最优的解决方案。通过代理次梯度迭代算法的引入，大大降低了炼钢-精炼-连铸生产调度优化问题的运算复杂度，同时提高了算法的运算速度。根据实际炼钢-精炼-连铸生产调度过程中的问题，通过合适步长和优化方向的选择，能够快速获得相对较优的一个对偶问题的上下界，加快了迭代优化过程的收敛速度。

本书根据实际钢厂现有的调度操作流程，按照无扰动情况下的静态调度进行算法研究。基于本书提出的拉格朗日松弛框架下的代理次梯度迭代算法，采用反向动态规划算法求解子问题的调度策略来保证炼钢-精炼-连铸生产的顺利进行，保证了炼钢-精炼-连铸生产调度过程对响应速度和求解质量的要求，并且通过仿真数据的测试证明了方法的有效性及可靠性。

参 考 文 献

[1] Mao K, Pan Q K, Chai T Y, et al. An effective subgradient method for scheduling a steelmaking-continuous casting process[J]. IEEE Transactions on Automation Science and Engineering, 2015, 12(3): 1-13.

[2] 陈文明，苏冬平，俞胜平，等. 宝钢炼钢连铸调度系统的动态调整集成技术[J]. 宝钢技术，2008(6): 39-43.

[3] 李英锦，唐立新，王梦光. 基于可视化虚拟现实技术的炼钢-连铸生产调度系统[J]. 冶金自动化，1999(4): 14-17.

[4] 朱宝琳，于海斌. 炼钢-连铸-热轧生产调度模型及算法研究[J]. 计算机集成制造系统，2003, 9(1):33-36.

5　加工时间不确定炼钢-精炼-连铸生产调度数学模型

5.1　引　　言

加工时间不确定会直接影响炼钢-精炼-连铸生产调度过程的生产节奏，扰乱物流与时间的动态平衡，降低产品结构与产能的柔性匹配，难以保证已有方案的可执行性。如何在加工时间不确定的情况下制定高效的炼钢-精炼-连铸生产调度优化方案，成为钢铁公司提高大型钢铁厂设备生产力、减少不必要的工序等待时间，从而降低设备的能耗并在竞争中保持优势地位的关键。

传统概率描述方法描述炼钢-精炼-连铸生产调度中加工时间的不确定性建立在已知不确定因素所服从的统计分布基础上，但对于未知的相邻两个工序之间存在的关联，传统概率描述方法难以对其精确描述。在已有固定加工时间的确定性解空间的基础上，加工时间参数的不确定增加了不同加工时间所对应的不同解空间，这将使得调度解空间变得更大，已有方法难以保证加工时间不确定炼钢-精炼-连铸生产调度问题的求解质量以及在短时间内难以获得满足实际生产要求的近似优化可行解。本章针对炼钢-精炼-连铸生产调度中加工时间不确定问题进行分析与描述，开发适用于优化加工时间不确定的炼钢-精炼-连铸生产调度模型；研究基于马尔可夫链的描述方法，用以精确描述加工时间不确定的随机性；分析实际钢厂的历史加工时间数据，建立马尔可夫链转移矩阵，用以精确模拟加工时间不确定的概率。

5.2　加工时间不确定生产调度问题基本描述

本节研究钢铁生产的主要部分是炼钢-精炼-连铸生产过程的工艺。由于炼钢-精炼-连铸生产过程的生产力通常小于后续阶段（热轧过程），因此被认为是生产钢铁的瓶颈[1-5]。从许多工件在连铸机上同时被加工以及严格的工序之间的等待时间要求中，可以看出炼钢-精炼-连铸生产调度过程十分严密。因此，从炼钢到连铸生产阶段之间的协调对于车间的效率起着重要作用。整个炼钢-精炼-连铸生产系统复杂，包括三个阶段，即炼钢阶段、精炼阶段和连铸阶段，如图 5.1 所示，炼钢-精炼-连铸生产系统具有混合流水车间问题的一般特征。其中，精炼阶段包含多个工序。

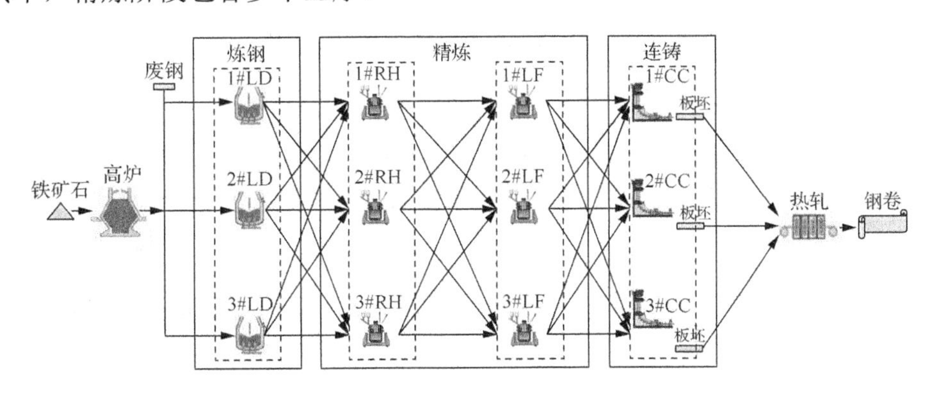

图 5.1 炼钢-精炼-连铸生产过程示意图

同时，同一浇次的不同炉次需要满足以下工艺约束[6]。

（1）同一连铸机的相邻炉次具有相同或相似的钢种；

（2）不同炉次的板坯尺寸相同；

（3）同一连铸机上炉次的板坯宽度差异在一定限度内，相邻炉次的宽度不能超过相邻炉次宽度差的最大值；

（4）对于一个浇次能够安排多少炉次进行浇铸，取决于钢包的磨损程度；

（5）同一浇次不同炉次的交货时间尽可能相近；

（6）相邻浇次之间需要一定的时间间隔，不允许两个浇次之间连续浇铸，通常是为了留出时间更换和调整设备。

在编制炼钢-精炼-连铸生产调度方案之前，现场人员通过考虑轧制阶段的顺序、连铸阶段的工艺约束等条件，在生产计划层编制好以日为生产单位的连铸机浇次、炉次生产顺序，以及每个炉次的炼钢-精炼-连铸生产过程工艺路径。

炼钢-精炼-连铸生产调度问题应确定从炼钢到连铸的各个生产阶段，如钢水被安排的加工顺序、设备以及加工的开始时间等。

考虑实际钢铁企业复杂的生产环境，本章仅考虑加工时间不确定的柔性条件。故此，本章做了如下问题假设。

（1）所有炉次都遵循相同的工艺路径：炼钢阶段之后是精炼阶段，最后是连铸阶段。在每个阶段，对于每个炉次来说，每台设备都能被加工，并满足该加工设备的工艺要求；

（2）一台设备在同一时间最多只能处理一个炉次；

（3）一个工件在任意时间都只能被最多一台设备加工；

（4）所有炉次在连铸机上的加工顺序被提前编制完成；

（5）对于同一炉次的两个连续操作，只有当前操作完成时，才能启动下一个操作；

（6）对于在同一台设备上处理的两个连续炉次，只有当前炉次加工完成后，才能加工下一炉次；

（7）加工时间不依赖于炉次属性；

（8）模型中考虑运输时间和相关成本；

（9）相邻浇次之间需要一定的时间间隔来更换和调整设备。

5.3　加工时间不确定生产调度数学模型

5.3.1　马尔可夫链描述加工时间不确定性

马尔可夫链是描述一系列可能事件的随机模型，其中每个事件的概率仅取决于前一事件中获得的状态[7]。在概率论和相关领域中，以俄罗斯数学家安德雷·马尔可夫命名的马尔可夫过程是一个满足马尔可夫性质的随机过程（有时被称为“无记忆性”）。如果一个过程能根据现在的状态预测未来，那么此过程就会满足马尔可夫属性，即以系统的现状为条件，其过去和未来的状态是独立的。马尔可夫链是一种马尔可夫过程，它具有离散状态空间或离散索引集，但马尔可夫链的精确定义各不相同。通常将马尔可夫链定义为具有可计数状态空间的离散或连续时间的马尔可夫过程[8]。马尔可夫链作为现实世界过程的统计模型有许多应用，例如研究机动车辆的巡航控制系统，到达机场的客户队列或线路、货币汇率、水坝等储存系统，以及某些动物物种的种群增长[9,10]。

在本节中，将加工时间不确定性制定为离散马尔可夫过程。马尔可夫转移矩阵将基于历史数据建立。这种建模方法的优点是，它能体现出同一炉次在不同工序上加工时间的自相关性，从而真实又准确地描绘出不确定加工时间的随机变化但又密切相关的真实状况。

假设炼钢-精炼-连铸过程有 3 个工序，每个工序的编号依次为 1，2，3。每个工序的加工时间均可能为 1，2，3，共三个状态。具体如图 5.2 所示，此图为某个炉次不确定加工时间参数模型。第一个工序有 3 种加工时间，分别是 1，2，3。后面的工序依次表述，相邻两个工序之间的联系由状态转移矩阵来描述，例如工序 1 和工序 2 均有 3 种实现方式，因此状态转移矩阵 1 的大小为 3×3，代表工序 1 以某个加工时间完成为条件的前提下，在工序 2 转向某个加工时间的概率。从图中可以看出，每个状态转移矩阵均是 3×3。

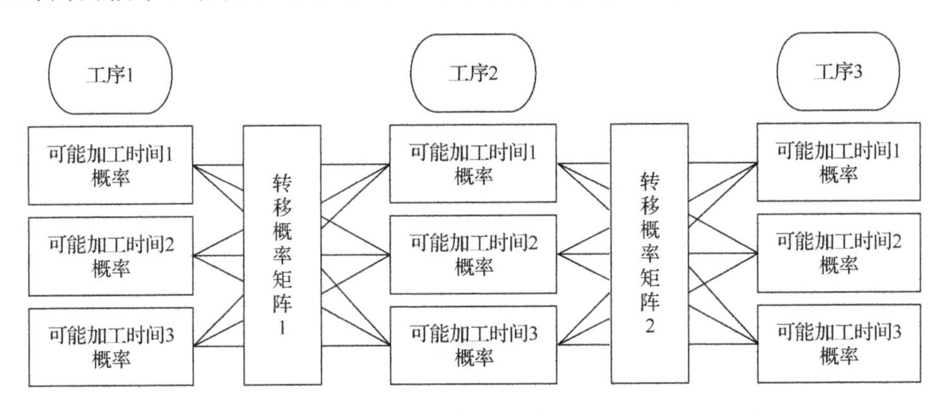

图 5.2 炼钢-精炼-连铸生产过程示意图

由全部转移概率 π_{yz} 所组成的矩阵为状态转移矩阵，加工时间被离散为 3 种状态，y 和 z 均代表可能的加工时间，即

$$\pi_{yz(3\times3)}=\begin{bmatrix}\pi_{11} & \pi_{12} & \pi_{13}\\ \pi_{21} & \pi_{22} & \pi_{23}\\ \pi_{31} & \pi_{32} & \pi_{33}\end{bmatrix} \tag{5.1}$$

状态转移矩阵 π_{yz} 不仅与加工时间 y 和 z 有关，还与相邻两个工序有关。如果能够得到某个初始工序的加工时间和相邻两个工序之间的状态转移矩阵，就可以得到任意工序的加工时间，并最终获得此炉次在所有工序的加工时间。

核心的问题是如何确定加工时间不确定的状态转移矩阵。相邻工序的加工时间从 y 转向 z 的概率根据历史数据建立：

$$\pi_{yz}=\frac{\text{加工时间从}y\text{转换到}z\text{出现的次数}}{\text{加工时间}z\text{出现的次数}} \tag{5.2}$$

每个工序可能的加工时间根据下式建立，如图 5.3 所示。

$$P_z(j+1)=\sum_{z=1}^{3}\pi_{yz}P_y(j) \tag{5.3}$$

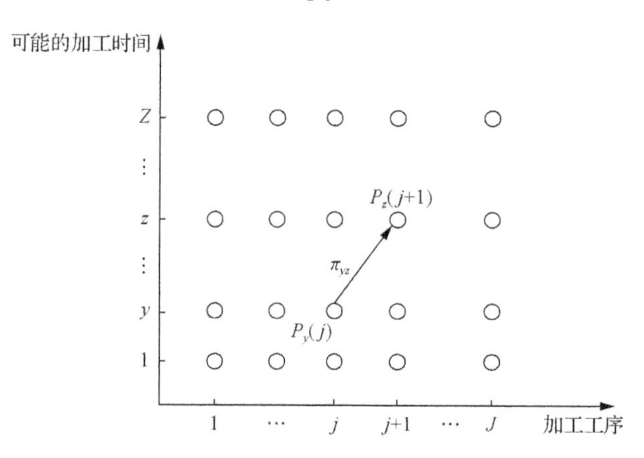

图 5.3　加工时间转移概率示意图

5.3.2　加工时间不确定生产调度问题参数及符号

为了方便描述，定义变量和参数如下。

i：炉次序号，Ω 为含有所有炉次的集合，$i\in\Omega$，$|\Omega|$ 为炉次总数。

K：浇次总数。

k：浇次序号，$k=1,2,3,\cdots,K$。

j：工序序号，$j=1,2,\cdots,J$。

M_j：第 j 个工序的设备总数（整数），$M_j \geqslant 1$。

M_{jt}：第 j 个工序在时刻 t 的可用设备数。

Ω_k：第 k 个浇次中所有炉次的有序集合，$|\Omega_k|$表示第 k 个浇次中炉次的总数，且有 $k_1,k_2=1,2,\cdots,K$ 且 $k_1 \neq k_2$，$\Omega_1 \cup \Omega_2 \cup \cdots \cup \Omega_k = \Omega$。

$s(k)$：第 k 个浇次的末炉次序号，$s(k)=s(k-1)+|\Omega_k|$，$s(0)=0$，k=1,2,$\cdots$,K，$s(K)=|\Omega|$，则 $\Omega_k=\{s(k-1)+1,\cdots,s(k)\}$，$\Omega=\{s(0)+1,s(0)+2,\cdots,s(1), s(1)+1,\cdots,s(K)\}$。

B_m：第 m 个连铸机上已指派浇次的有序集合，$|B_m|$表示第 m 个连铸机上浇次的总数，$m=1,2,\cdots,M_J$。

$b(m)$：第 m 台连铸机上的末浇次序号，$b(m)=b(m-1)+|B_m|$，$b(0)=0$，$m=1,2,\cdots,M_J$，$b(M_J)=K$。

$p_{i,j}$：炉次 i 在第 j 工序的作业时间。

$T_{j,j+1}$：炉次在第 j 工序和第 $j+1$ 工序之间标准的运输时间。

d_i：第 i 个炉次预先安排浇铸的开始时间。

W_1、W_2：等待时间惩罚值。

W_3、W_4：开浇时间惩罚值。

T：足够大的常数。

5.3.3 加工时间不确定生产调度问题决策变量

虽然基于经验方法人工编制调度可以获得好的调度结果，但炼钢-精炼-连铸生产调度优化可以避免人为失误，产生明显的利润增长，节省生产成本、材料以及提升客户满意度，减少不必要的能量损耗。

一个正常的生产调度优化编制，要求同一浇次中的炉次必须连续加工，不能中断，而且需要在约定时间准时开浇，否则会产生能量损耗[11]。同时在生产工艺路径下，只有按照顺序完成一个加工工艺后，才能进行下一工艺。因此调度的决策变量包括每个炉次在每个阶段的开始时间，开始时间加上处理时间能够得出完工时间。而且同一台设备上不能同时加工多于一个炉次，即不能产生“炉次冲突”，许多炉次在同一阶段会选择不同设备进行加工来避免“炉次冲突”，因此，每个炉次选择的加工设备也设置为决策变量。

研究炼钢-精炼-连铸生产调度的目的便是得出决策变量，规划出性能指标优化的调度表。

$$\delta_{ijt}=\{0,1\},$$
$$i\in\Omega;j=1,2,\cdots,J;t=1,2,\cdots,T \tag{5.4}$$

$$t_{i,j}=\{0,1,2,\cdots,T\},$$
$$i\in\Omega;j=1,2,\cdots,J \tag{5.5}$$

δ_{ijt} 如果为 1 则代表在第 t 时间节点，炉次 i 在第 j 工序被加工。如果为 0，则代表炉次 i 在第 j 工序没有被加工。$t_{i,j}$ 代表炉次 i 在第 j 工序加工的开始时间。

5.3.4　加工时间不确定生产调度问题约束方程

（1）炉次加工顺序约束[12]，即炉次 i 在第 $j+1$ 工序的加工开始时间要晚于或等于炉次 i 在第 j 工序的加工开始时间、作业时间及炉次 i 从第 j 工序到第 $j+1$ 工序的运输时间之和：

$$t_{i,j}+p_{i,j}+T_{j,j+1}\leqslant t_{i,j+1},$$
$$i\in\Omega;j=1,2,\cdots,J-1 \tag{5.6}$$

（2）浇次加工顺序约束，即同一浇次的相邻炉次 i 和 $i+1$ 在第 J 工序的开始时间相差大于 $i+1$ 炉次在第 J 工序的加工时间：

$$t_{i,J}\leqslant t_{i+1,J}-p_{i+1,J},$$
$$i,i+1\in\Omega \tag{5.7}$$

（3）浇次间隔约束，即不同浇次之间需要时间更换结晶器：

$$t_{i+1,J}-t_{i,J}-p_{i+1,J}\geqslant S_u,$$

$$i=s\left(b\left(m-1\right)+k\right),\quad m=1,2,\cdots,M_s \tag{5.8}$$

（4）设备能力约束[13]，表示当前分配给设备的炉次数应小于或等于当时可用设备的数量，即

$$\sum_{i\in\Omega}\delta_{ijt}\leqslant M_{jt},$$

$$i\in\Omega;j=1,2,\cdots,J-1;t=1,2,\cdots,T \tag{5.9}$$

由于加工时间不确定，本书需寻找的不是一个“静态”的调度表，而是寻找考虑各种情况的“调度策略”。“可实施的调度表”是一种满足式（5.6）～式（5.9），同时，考虑加工时间不确定多种情况的调度策略。由于加工时间的不确定性，难以通过传统的设备能力约束表达式对所有可能的设备能力冲突进行描述。因此需要设备能力约束在预期的意义上满足：

$$E\left[\sum_{i\in\Omega}\delta_{ijt}\right]\leqslant M_{jt},$$

$$i\in\Omega;j=1,2,\cdots,J-1;t=1,2,\cdots,T \tag{5.10}$$

5.3.5 加工时间不确定生产调度问题目标函数

所有炉次在精炼阶段的等待加工时间惩罚值之和设为 Z_1，所有炉次在炼钢和精炼阶段之间等待加工时间生产调度过程之和设为 Z_2。同样，所有加工对象按照编制好的加工路径，尽可能按照预先在连铸阶段设置好的加工时间进行加工，以满足连铸阶段的准时要求[12,13]，也会保证工序之间的衔接。连铸阶段浇次中所有炉次的实际开浇时间和预先安排时间偏差的惩罚值之和设为 Z_3。因此本书将性能指标“所有炉次在不同工序之间的等待时间之和”以及“浇次中所有炉次的实际开浇时间和预先安排时间偏离之和”作为优化目标，建立如下数学函数，$\min Z$ 代表最小化 Z_1、Z_2、Z_3 惩罚值之和。

$$\min Z\equiv Z_1+Z_2+Z_3 \tag{5.11}$$

$$Z_1 = E\left[\sum_{m=1}^{M_J}\sum_{k=1}^{|B_m|}\sum_{i=s(b(m-1)+k-1)+1}^{s(b(m-1)+k-1)+|\Omega_{b(m-1)+k}|-1} W_1\left(t_{i+1,J} - t_{i,J} - p_{i+1,J}\right)\right] \tag{5.12}$$

$$Z_2 = E\left[\sum_{i=1}^{|\Omega|}\sum_{j=1}^{J-1} W_2(t_{i,j+1} - p_{i,j} - T_{j,j+1} - t_{i,j})\right] \tag{5.13}$$

$$Z_3 = E\left[W_3\sum_{i=1}^{|\Omega|}\max\left(0, t_{i,J} - d_i\right) + W_4\sum_{i=1}^{|\Omega|}\max\left(t_{i,J} - d_i, 0\right)\right] \tag{5.14}$$

5.4 本章小结

本章对不确定加工时间的炼钢-精炼-连铸生产调度过程进行形式化描述，介绍了炼钢-精炼-连铸生产过程及约束条件。详细阐述了决策变量及参数。接着，提出问题假设，使用马尔可夫链描述加工时间不确定性，将尽可能减少“所有炉次在不同工序之间的等待时间之和”以及“浇次中所有炉次的实际开浇时间和预先安排时间偏离之和”作为数学模型的优化目标进行考虑，建立了三个目标优化的数学模型。从中可以看出炼钢-精炼-连铸生产调度过程由于其复杂性被认为是 NP 难问题，目标解所涉及的空间巨大，想要精确求解存在一定难度，因此可以考虑求解其近似解。炼钢-精炼-连铸生产调度过程数学优化模型有良好的数学结构，可以将其分解为以炉次为单位的子问题。这种结构可以被拉格朗日松弛算法解决，将在第 6 章中介绍拉格朗日松弛算法及其改进。

参考文献

[1] 陈文明，苏冬平，俞胜平，等. 宝钢炼钢连铸调度系统的动态调整集成技术[J]. 宝钢技术，2008(6): 39-43.

[2] 李英锦，唐立新，王梦光. 基于可视化虚拟现实技术的炼钢-连铸生产调度系统[J]. 冶金自动化，1999(4): 14-17.

[3] 朱宝琳，于海斌. 炼钢-精炼-热轧生产调度模型及算法研究[J]. 计算机集成制造系统，2003, 9(1): 33-36.

[4] 朱大奇. 人工神经网络研究现状及其展望[J].江南大学学报，2004, 1(1): 103-110.

[5] 王秀英，冯惠，任志考，等. 面向炼钢-连铸调度过程的两阶段优化模型与算法[J]. 自动化学报，2016, 42(11):1702-1710.

[6] 张洁，秦威，宋代立. 考虑工时不确定的混合流水车间滚动调度方法[J]. 机械工程学报，2015，51(11): 99-108.

[7] 曹家梓，宋爱国. 基于马尔科夫随机场的纹理图像分割方法研究[J]. 仪器仪表学报, 2015, 36(4):776-786.

[8] 孙鹏，张强，涂新军，等. 基于马尔科夫链模型的鄱阳湖流域水文气象干旱研究[J]. 湖泊科学，2015，27(6): 1177-1186.

[9] 沈哲辉，黄腾，唐佑辉. 灰色-马尔科夫模型在大坝内部变形预测中的应用[J]. 测绘工程，2015，24(2): 69-74.

[10] 杜际增，王根绪，李元寿. 基于马尔科夫链模型的长江源区土地覆盖格局变化特征[J]. 生态学杂志，2015, 34(1): 195-203.

[11] Diabat A, Battia O, Nazzal D. An improved Lagrangian relaxation-based heuristic for a joint location-inventory problem[J]. Computers and Operations Research, 2015, 61(2): 170-178.

[12] Tang J, Yan C, Wang X, et al. Using Lagrangian relaxation decomposition with heuristic to integrate the decisions of cell formation and parts scheduling considering intercell moves[J]. IEEE Transactions on Automation Science and Engineering, 2014, 11(4): 1110-1121.

[13] Al-Dhaheri N, Diabat A. A Lagrangian relaxation-based heuristic for the multi-ship quay crane scheduling problem with ship stability constraints[J]. Annals of Operations Research, 2016, 248(1-2): 1-24.

6 加工时间不确定炼钢-精炼-连铸生产调度策略

6.1 引　　言

本章针对传统拉格朗日松弛算法求解炼钢-精炼-连铸生产调度时因每次迭代都需精确求解导致效率低的问题，设计了无须预估最优值、梯度方向可控的代理次梯度迭代算法，克服传统代理次梯度迭代算法在可行域内部搜索时出现锯齿震荡的问题，并在保证算法求解质量前提下提高算法的收敛速度，以提高求解炼钢-精炼-连铸生产调度问题的求解效率。以中国某大型钢铁企业为背景，用C#语言编译算法程序进行试验仿真测试。试验测试结果表明，本书提出的方法保证了加工时间不确定炼钢-精炼-连铸生产调度优化问题的求解质量和求解速度，具有较好的可行性和有效性。

6.2 基于方向可控拉格朗日松弛框架的加工时间不确定生产调度策略求解

6.2.1 生产调度问题耦合约束松弛策略

在优化问题中，浇次加工顺序约束和设备能力约束称为“耦合约束”，它们将所有炉次耦合在一起。随着炉次数目的增长，求解优化的时间会呈指数增长。如果使用拉格朗日松弛法，松弛掉耦合约束，再将原问题分解成更小的可单独求解的子问题。在子问题上构造对偶函数，来协调所有子问题的解，使它们满足被松弛掉的约束条件。拉格朗日乘子不断更新的过程即是寻找原问题近似最优解的过程。

在第 5 章制定的模型中，浇次加工顺序约束（5.7）耦合不同类似的决策变量；同时，设备能力约束（5.9）限制不同炉次在同一设备的数目。因此，考虑松弛约束（5.7）和（5.9），将拉格朗日松弛问题分解为炉次级子问题或每种类型变量的两个易处理的子问题。对于其他松弛策略，例如松弛操作优先约束，在松弛操作优先约束之后，相应拉格朗日松弛问题的子问题也是 NP 难问题。

在本书中使用拉格朗日乘子 u_i 和 v_{jt} 分别松弛掉浇次加工顺序约束和设备能力约束。松弛后优化问题的目标是最小化拉格朗日函数 Z_{LR}：

$$\begin{aligned}\min Z_{\mathrm{LR}} &\equiv Z_1+Z_2+Z_3\\&+\sum_{k=1}^{M_J}\sum_{n=1}^{|B_m|}\sum_{i=s(b(m-1)+k-1)+1}^{s(b(m-1)+k-1)+\Omega_{b(m-1)+k}-1}u_i\left(t_{i+1,J}-t_{i,J}-p_{i+1,J}\right)\\&+\sum_{t=1}^{T}\sum_{j=1}^{J}v_{jt}\left(\sum_{i\in\Omega}\delta_{ijt}-M_{jt}\right)\end{aligned}\tag{6.1}$$

其对应的拉格朗日对偶问题为

$$Z_{\mathrm{LD}}=\max_{u_i,v_{jt}}\left(\min_{t_{ij},\delta_{ijt}}\left(z_1+z_2+z_3\right)\right)\tag{6.2}$$

6.2.2 基于炉次分解策略的子问题求解方法

在拉格朗日函数 Z_{LR} 中收集所有与炉次 i 相关的项，组成炉次 i 的子问题：

$$\begin{aligned}\min Z_i &\equiv E\left(\sum_{j=1}^{J-1}W_2\left(t_{i,j+1}-p_{i,j}-T_{j,j+1}-t_{i,j}\right)\right)\\&+E\left(W_3\max\left(0,t_{i,J}-d_i\right)\right)+E\left(W_4\max\left(0,d_i-t_{i,J}\right)\right)\\&+E\left(\sum_{t=1}^{T}\sum_{j=1}^{J}v_{jt}\delta_{ijt}\right)+E\left(\varphi(i)\right)\end{aligned}\tag{6.3}$$

式中，$\varphi(i)$ 表示如下：

$$\varphi(i)=\left(u_i-W_1\right)t_{i,J},i=1\tag{6.4}$$

$$\varphi(i)=(u_i-W_1)t_{i,J}+(W_1-u_{i-1})(t_{i,J}-p_{i,J}), i=2,\cdots,|\Omega|-1 \tag{6.5}$$

$$\varphi(i)=(W_1-u_{i-1})(t_{i,J}-p_{i,J}), i=|\Omega| \tag{6.6}$$

求解炉次 i 的子问题时，只优化炉次 i 的决策变量，包括此炉次在每个阶段的开始时间，以及某一时刻选择的加工设备。通过此优化框架，可以得到 $|\Omega|$ 个子问题，每个子问题对应一个炉次的调度优化。

为满足被松弛掉的约束条件，需要协调所有子问题的最优解。拉格朗日松弛法的协调机制是建立并求解对偶问题以更新拉格朗日乘子，将更新后的拉格朗日乘子再重新代入子问题中，如此往复，一旦满足停止准则，则停止更新。

子问题是多工序的随机优化问题，炼钢阶段和连铸阶段均只有一个工序，精炼阶段包含多个工序，本书将工序之和的最大值设为 J，即将炼钢-精炼-连铸生产调度过程离散为 J 个工序。使用反向动态规划算法求解子问题，以炉次 i 的第 j 阶段为例，在决策变量 t_{ij} 和 δ_{ijt} 的可行值中找出最优决策 t_{ij^*}, δ_{ij^*t}，最小化第 j 工序的函数值 $J_{ij}(t_{ij},\delta_{ijt})$。在第 j 工序，最优决策 t_{ij^*}, δ_{ij^*t} 及其最优函数值可通过下式得

$$Z_{ij^*}(t_{ij},\delta_{ijt})=\min\left(S_{ij}(t_{ij},\delta_{ijt})+Z_{i,j+1^*}(t_{i,j+1},\delta_{i,j+1,t})\right) \tag{6.7}$$

式中，$Z_{i,j+1^*}(t_{i,j+1},\delta_{i,j+1,t})$ 是第 $j+1$ 工序的最优值函数；$S_{ij}(t_{ij},\delta_{ijt})$ 是在 t_{ij} 和 δ_{ijt} 下第 j 工序的当前惩罚值，可由下式计算：

$$S_{ij}(t_{ij},\delta_{ijt})=W_2(t_{i,j+1}-p_{i,j})+\sum_{t=1}^{T}v_{jt}\delta_{ijt}+\Big(W_3\max(0,t_{i,J}-d_i)$$
$$+W_4\max(0,d_i-t_{i,J})+\sum_{t=1}^{T}\sum_{j=1}^{J}v_{jt}\delta_{ijt}+\varphi\Big)\alpha_j \tag{6.8}$$

当 $j=J$ 时，$\alpha_j=1$，否则 $\alpha_j=0$。

反向动态规划算法从第 J 工序（即连铸阶段）起，反向迭代计算每个阶段中的最优决策和最优惩罚值函数，直到第 1 工序（即炼钢阶段）停止计算。第 1 工序的最优惩罚值函数 $J_{i1^*}(t_{i1^*},\delta_{i1^*t})$ 的值就是炉次 i 的子问题的最优惩罚值，$J_{i1^*}(t_{i1^*},\delta_{i1^*t})$ 对应的最优决策 $t_{ij^*},\delta_{ij^*t}, j=1,2,\cdots,J$ 为子问题的最优解。

下面举例说明随机动态规划求解加工时间不确定子问题的过程。为方便描述，炉次 i 有 3 个加工工序。假设参数 W_1,W_2,W_3,W_4 均为 1，工序之间没有运输时间。3 个加工工序的处理时间 $p_{i,1},p_{i,2},p_{i,3}$ 为 1 的概率为 0.5，为 2 的概率为 0.5。工序 1 可能在设备类型 1 上执行，也可能在设备类型 2 上执行。工序 2 需要在设备类型 2 上执行，工序 3 在设备类型 1 执行。计划时间最大值 T=6。随机动态规划方法的状态转移图如图 6.1 所示。

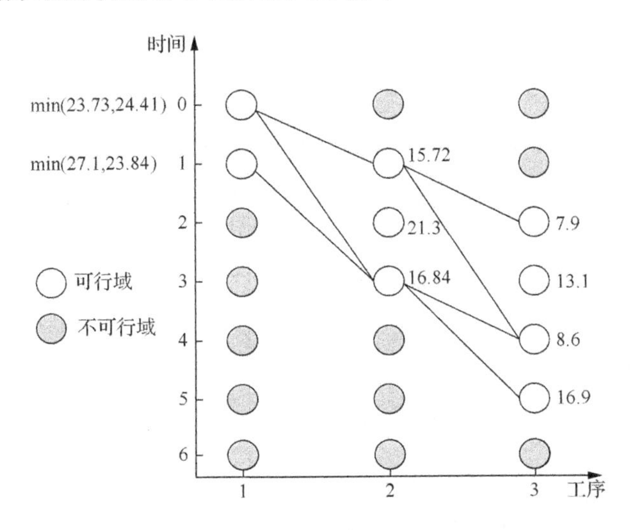

图 6.1 加工时间不确定随机动态规划示意图

由于工序 1 的最小加工时间是 1，工序 2 的最早可能开始加工时间是 1。这意味着工序 2 的开始加工时间不能是时间节点 0。类似地，工序 3 的开始加工时间不能是时间节点 0 和 1。因为工序 3 的最大加工时间是 2，所以最晚开始加工时间是 5 才能在计划时间 7 内完成加工。工序 3 的时间节点 6 也不必考虑。类似地，工序 2 的时间节点 4～6 以及工序 1 的时间节点 2～6 也不必考虑。

工序 3 的时间节点 2～5 预期惩罚值由式（6.8）计算。对于工序 2，以时间节点 3 为例。由于必须满足加工优先顺序约束，如果 $p_{i,2}=1$，在工序 3，只能选择时间节点 4 和节点 5，并在这两个节点中选择期望惩罚值最小的节点。如果 $p_{i,2}=2$，则只能选择时间节点 5。工序 2 在时间节点 3 的期望累加惩罚值可以通过式（6.7）得到。类似重复此过程，在满足本书所提约束条件下，工序 1 的所有累加惩罚值中选择最小值 23.73 作为最优惩罚值 $Z_{i1^*}\left(t_{i1^*},\delta_{i1^*t}\right)$。最优开始时间和设备类型可以通过向前跟踪基于加工时间不确定的最佳动态规划来确定。第 1 工序的最佳开始加工时间为 0 及其对应的设备类型为 1。第 2 工序的最佳开始加工时间依赖于 $p_{i,1}$，如果 $p_{i,1}=1$，则最佳开始加工时间为 1；如果 $p_{i,1}=2$，最佳开始加工时间为 3，并因此形成两条动态规划路径。同样，第 3 工序的最佳开始加工时间依赖加工时间 $p_{i,2}$，并因此形成四条可能的动态规划路径。

求解子问题所需的时间与工序数、加工可能时间的离散值以及加工的炉次有关。其复杂度为工序数×加工的可能时间×加工的炉次。在随机动态规划中，需要计算所有可能的决策组合，对于每一个决策组合计算其成本。

6.2.3　拉格朗日乘子更新算法的改进

1. 次梯度迭代算法

拉格朗日松弛技术是用以求解约束规划的一种数学方法，其求解可行域由一组约束产生，如果松弛这些约束，将会更容易解决问题。拉格朗日松弛是一种常用于松弛这些复杂约束的技术，以便更容易地优化问题。下面介绍次梯度迭代算法原理[1]。

考虑下面的整数规划问题：

$$\min Z_{\mathrm{IP}}\sum_{i=1}^{I}J_i\left(x_i\right),x^I\leqslant x\leqslant x^u \tag{6.9}$$

$$\text{s.t.}\quad Ax\leqslant b \tag{6.10}$$

$$x_i\in z^{n_i},\quad i=1,2,\cdots,I \tag{6.11}$$

式中，$x=\left[x_1,x_2,\cdots,x_I\right]$是决策变量；$x^I$ 和 x^u 分别是 x 的下界和上界；z 是整数序列。A 是 $m\times n$ 矩阵，以$\left[a_1,a_2,\cdots,a_I\right]$形式表现出来，其中 a_i 是一个 $m\times n_i$ 矩阵，b 是 $m\times 1$ 向量，目标函数$\left\{Z_i\left(x_i\right)\right\}$可能是非线性函数。

假设约束（6.10）是一个复杂约束。拉格朗日松弛是一种用于松弛复杂的线性规划或混合整数规划约束到目标函数中的方法。这是通过将约束松弛到目标函数并惩罚与约束的偏差来实现的。执行拉格朗日松弛会得到下面的形式：

$$Z_{\mathrm{LR}}(\lambda) \equiv \min\left(\sum_{i=1}^{I} Z_i(x_i) + \lambda^{\mathrm{T}}(Ax-b)\right), x^I \leqslant x \leqslant x^u, x \in z^{n_i} \tag{6.12}$$

式中，λ 是拉格朗日乘子矩阵。对于一组 λ，$L(\lambda)$ 称为拉格朗日松弛问题。找到使 $L(\lambda)$ 最大的拉格朗日乘子，就是拉格朗日对偶，即

$$Z_{\mathrm{LD}}\text{：} \max Z_{\mathrm{LR}}(\lambda), \lambda \geqslant 0 \tag{6.13}$$

根据弱对偶定理，$Z_{\mathrm{LR}}(\lambda) \leqslant Z_{\mathrm{LD}}$，假设 Z_{IP} 的可行区域是非空的和有界的，Z_{IP} 具有有限的最优值，并且使 Z_{LD} 和 Z_{IP} 的最优值分别为 Z_{LD}^* 和 Z_{IP}^*，则 $Z_{\mathrm{LD}}^* = Z_{\mathrm{IP}}^*$。这保证了对于 Z_{IP}，可以通过求解 Z_{LD} 的最优值来得到 Z_{IP} 的最优值。处理 Z_{LD} 的难点在于通过内部最小化来解决外部最大化。

解决拉格朗日对偶众所周知的方法是使用次梯度迭代算法。对于平滑函数、凹函数的最大化可以通过任何一种牛顿迭代法来完成。然而，函数的分段线性意味着 Z_{LR} 在其可行域上不是随处可微分的。但只要给定凹度，通过牛顿迭代法的改进的次梯度迭代算法可用于求解 Z_{LD}。次梯度迭代算法的主要思想是在牛顿迭代法基础上使用次梯度代替梯度。

$$Z_i(\lambda) = \min\left(Z_i(x_i) + \lambda^{\mathrm{T}}(a_i x_i)\right), \; x_i^I \leqslant x_i \leqslant x_i^u, \; x_i \in z^{u_i} \tag{6.14}$$

$$Z(\lambda) = \sum_{i=1}^{I} Z_i(\lambda) - b^{\mathrm{T}}\lambda \tag{6.15}$$

次梯度迭代算法更新拉格朗日乘子步骤如下（图 6.2）。

步骤 1：设定拉格朗日乘子初值。

步骤 2：基于给定的拉格朗日乘子初值求解子问题 $x_i(\lambda^n)$：

$$x_i(\lambda^n) = \operatorname{argmin}\left(Z_i(x_i) + (\lambda^n)^{\mathrm{T}}(a_i x_i)\right), x_i^I \leqslant x_i \leqslant x_i^u, x_i \in z^{u_i} \tag{6.16}$$

式中，n 为迭代次数。

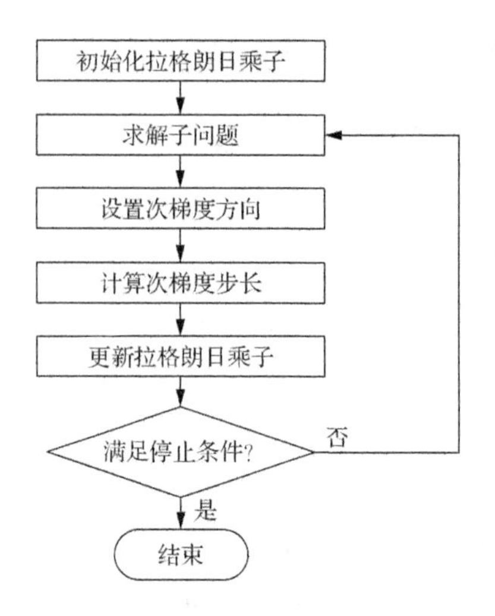

图 6.2　次梯度迭代算法基本流程图

步骤 3：设置拉格朗日乘子更新所需的次梯度方向：

$$g\left(\lambda^n\right)=Ax\left(\lambda^n\right)-b=\sum_{i=1}^{I}a_i x_i\left(\lambda^n\right)-b \tag{6.17}$$

步骤 4：计算拉格朗日乘子更新所需的次梯度步长，其中，步长 c^n 满足：

$$0<c^n<\frac{2\left(Z^*-Z_{\mathrm{LD}}^n\right)}{g^{n^2}} \tag{6.18}$$

式中，$g^n=g\left(\lambda^n\right)$ 是 $L(\lambda)$ 在 λ^n 处的次梯度。

步骤 5：基于次梯度方向和次梯度步长，更新拉格朗日乘子：

$$\lambda^{n+1}=\left[\lambda^n+s^n g^n\right]^+ \tag{6.19}$$

式中，$[\cdot]^+$ 表示在集合上的投影。

步骤 6：检验是否满足停止条件，如果满足停止条件，则停止乘子更新；否则，转向步骤 2，进行下一次乘子迭代更新。

虽然次梯度迭代算法不是一个上升算法，但是次梯度满足：

$$0\leqslant Z^*-Z_{\mathrm{LD}}^n\leqslant\left(Z^*-Z_{\mathrm{LD}}^n\right)^{\mathrm{T}}g\left(\lambda^n\right) \tag{6.20}$$

因此，次梯度方向与 λ^* 的方向成锐角，并且当前的拉格朗日乘子与最优 λ^* 之间的距离一步步缩小。

2. 代理次梯度迭代算法

代理次梯度迭代算法与次梯度迭代算法主要的区别是在次梯度迭代算法中需要求解所有子问题。在代理次梯度迭代算法中，只需要满足代理最优条件，不用求解所有子问题就能获得子问题的近似最优解。与次梯度迭代算法相比，代理次梯度迭代算法由于不需求解所有子问题，其计算量更小。下面介绍代理次梯度迭代算法原理。

代理对偶如下：

$$Z_{\mathrm{LD}}(\lambda,x)\equiv\sum_{i=1}^{I}Z_i(x_i)+\lambda^{\mathrm{T}}(Ax-b),x^l\leqslant x\leqslant x^u,x\in z^n \tag{6.21}$$

当代理对偶小于最优对偶 L^* 时，代理次梯度方向与 L^* 的方向成锐角，因此是一个合适的方向。即假设：

$$Z_{\mathrm{LD}}^n=Z_{\mathrm{LD}}^n(\lambda^n,x^n)<Z^* \tag{6.22}$$

得到

$$0\leqslant Z^*-Z_{\mathrm{LD}}^n\leqslant\left(Z^*-Z_{\mathrm{LD}}^n\right)^{\mathrm{T}}\tilde{g}(x^n) \tag{6.23}$$

代理次梯度迭代算法求解拉格朗日松弛问题步骤如下（图 6.3）。

步骤 1：设定拉格朗日乘子初值。

步骤 2：基于给定的拉格朗日乘子初值求解子问题 $x_i(\lambda^n)$：

$$x_i(\lambda^n)=\operatorname{argmin}\left(Z_i(x_i)+(\lambda^n)^{\mathrm{T}}(a_ix_i)\right),x_i^l\leqslant x_i\leqslant x_i^u,x_i\in z^{u_i} \tag{6.24}$$

式中，n 为迭代次数。

步骤 3：设置拉格朗日乘子更新所需的代理次梯度方向：

$$\tilde{g}(\lambda^n)=Ax(\lambda^n)-b=\sum_{i=1}^{I}a_ix_i(\lambda^n)-b \tag{6.25}$$

步骤 4：计算拉格朗日乘子更新所需的代理次梯度步长，步长 c^n 满足：

$$0 < c^n < \left(Z^* - Z_{\mathrm{LD}}^n\right) / \left\|\tilde{g}^n\right\|^2 \tag{6.26}$$

式中，$\tilde{g}^n = \tilde{g}\left(x^n\right)$ 是 $L(\lambda)$ 在 λ^n 处的次梯度。

步骤 5：基于代理次梯度方向和代理次梯度步长，更新拉格朗日乘子：

$$\lambda^{n+1} = \left[\lambda^n + c^n \tilde{g}^n\right]^+ \tag{6.27}$$

步骤 6：执行近似优化。根据 λ^{n+1}，执行近似优化来获得 x^{n+1}，使 x^{n+1} 满足：

$$Z_{\mathrm{LD}}^{n+1}\left(\lambda^{n+1}, x^{n+1}\right) < Z_{\mathrm{LD}}^{n+1}\left(\lambda^{n+1}, x^n\right) = \sum_{i=1}^{I} Z_i\left(x_i\right) + \left(\lambda^{n+1}\right)^{\mathrm{T}}\left(Ax^n - b\right) \tag{6.28}$$

如果 x^{n+1} 不能获得，则令 $x^{n+1} = x^n$ 。

步骤 7：检验是否满足停止条件，如果满足停止条件，则停止乘子更新，否则，转向步骤 2，进行下一次乘子迭代更新。停止条件：

$$\| \lambda^{n+1} - \lambda^n \| < \varepsilon_1 \tag{6.29}$$

$$\| x^{n+1} - x^n \| < \varepsilon_2 \tag{6.30}$$

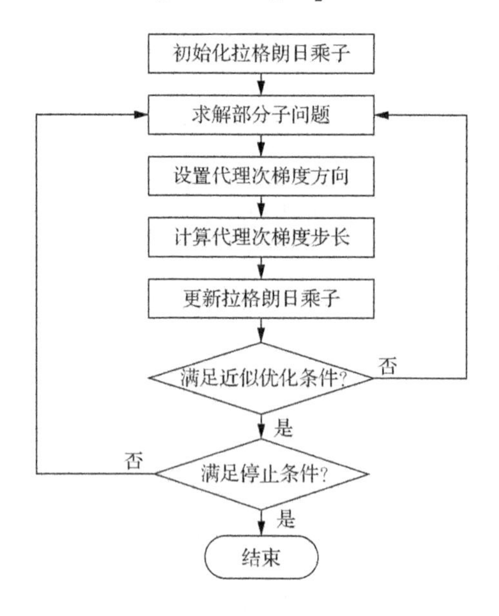

图 6.3　代理次梯度迭代算法基本流程图

3. 改进代理次梯度迭代算法

针对传统拉格朗日松弛代理次梯度迭代算法因每次迭代都需精确优化松弛函数导致求解效率低的问题，本书提出了改进代理次梯度迭代算法。该算法在无须获取所有松弛问题最优值的基础上，保证改进代理次梯度方向与最优化方向成锐角，如图 6.4 所示步长递减关系图，其中 λ^* 为最优值对应的拉格朗日松弛乘子，通过合理步长的选择，获取近似优化解。

首先，本书将依据拉格朗日松弛对偶函数的非光滑特性[2]，设计改进代理次梯度迭代优化过程，使得

$$Z_{\mathrm{LD}}^{n}\left(\lambda^{n},x^{n}\right)<Z_{\mathrm{LD}}^{n}\left(\lambda^{n},x^{n-1}\right) \tag{6.31}$$

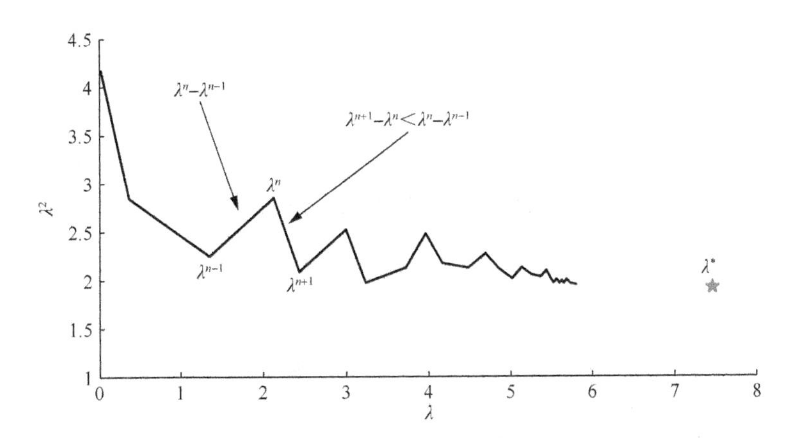

图 6.4 步长递减关系图

其次，结合非光滑凸优化理论[3]，研究所提算法步长的选择方法以及算法的收敛条件。考虑到传统代理次梯度迭代算法的最优值难以获取而导致保证收敛的步长难以确定，本节提出基于收缩映射概念的步长选取方法，无须预估最优值，在每两次连续迭代的过程中保证乘子之间的距离满足递减的关系，通过递减率参数 α^n 的合理选择使得

$$\|\lambda^{n+1}-\lambda^{n}\|=\alpha^{n}\|\lambda^{n}-\lambda^{n-1}\| \tag{6.32}$$

建立步长：

$$c^{n}=\alpha^{n}c^{n-1}\|\hat{d}\left(x^{n-1}\right)\|/\|\hat{d}\left(x^{n}\right)\|=\alpha^{n}\alpha^{n-1}c^{n-2}\|\hat{d}\left(x^{n-1}\right)\|/\|\hat{d}\left(x^{n}\right)\| \tag{6.33}$$

为了保证所提算法不会因为步长递减速度过快而导致算法过早收敛，令 α^n 和 c^n 满足：

$$\lim_{n\to\infty}\left(1-\alpha^n\right)/c^n=0 \tag{6.34}$$

$$\hat{d}^n=\hat{g}^n+\gamma^n\hat{d}^{n-1} \tag{6.35}$$

$$\gamma^n=\max\left[0,-\beta\frac{\left(\hat{d}^{n-1}\right)^{\mathrm{T}}\hat{g}^n}{\left(\hat{d}^{n-1}\right)^{\mathrm{T}}\hat{g}^{n-1}}\right],0\leqslant\beta\leqslant2 \tag{6.36}$$

如图 6.5 所示，代理次梯度迭代算法效率低的一个原因是算法在可行域内部搜索时出现锯齿震荡[4]，这样导致拉格朗日乘子收敛所需的迭代次数多，在运行大规模优化问题时出现计算时间过长的问题。为此设计了基于次梯度方向可控的拉格朗日松弛迭代策略，判断相邻两次迭代次梯度方向的角度，如果为钝角，即 $\gamma^n>0$，则引入偏移次梯度，使相邻两次迭代方向为锐角，如图 6.6 所示。如果相邻两次迭代的次梯度方向为锐角，即 $\gamma^n=0$，则次梯度方向不改变，如图 6.7 所示，这样能更快达到收敛的目的。

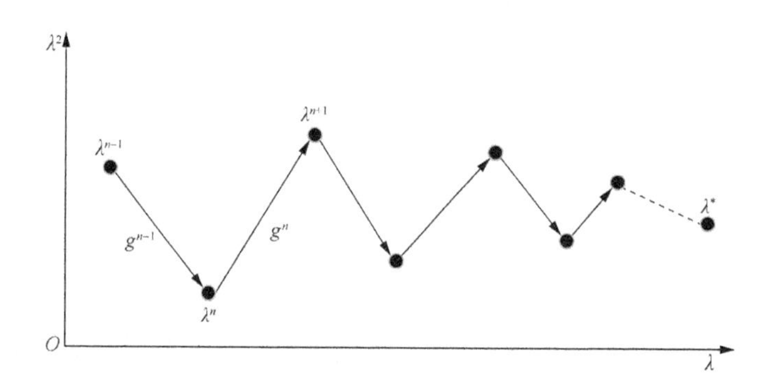

图 6.5　内部震荡现象示意图

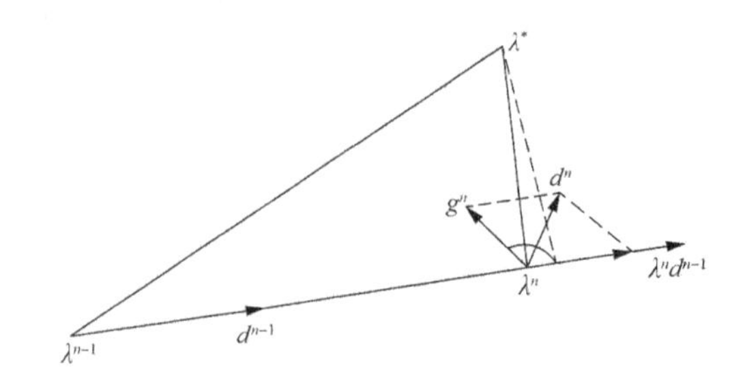

图 6.6　相邻两次迭代的次梯度方向为钝角示意图

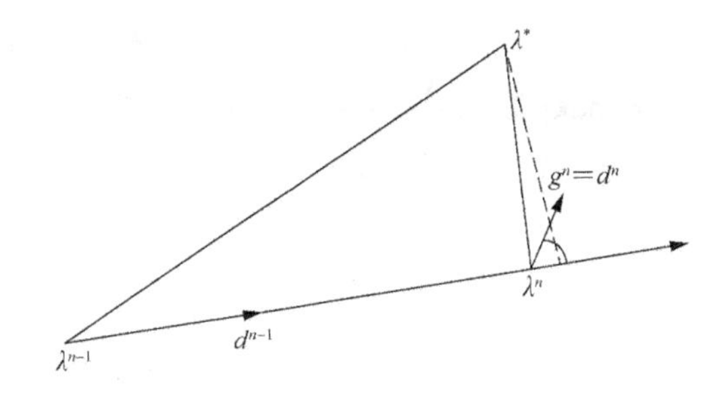

图 6.7　相邻两次迭代的次梯度方向为锐角示意图

通过这种方法可以使得改进代理次梯度迭代算法在无须特殊信息（如初始迭代点与最优点距离）条件下可实现收敛，克服代理次梯度迭代算法因每次迭代都需精确优化松弛函数导致求解效率低的问题，用以提高代理次梯度迭代算法在解决大规模 NP 难问题的实用性。

改进代理次梯度迭代算法更新拉格朗日乘子步骤如下。

步骤 1：设定拉格朗日乘子初值。

步骤 2：解决子问题得到 x^0：

$$x^0 = \operatorname{argmin}\left(\sum_{i=1}^{I} Z_i\left(x_i\right) + (\lambda^0)^{\mathrm{T}}\left(\sum_{i=1}^{I} a_i x_i - b\right)\right) \tag{6.37}$$

步骤 3：设定步长初始值 c^0：

$$c^0 = \frac{Z^* - Z_{\mathrm{LD}}^0}{\hat{d}\left(x^0\right)^2} \tag{6.38}$$

$$\hat{d}^0 = \hat{g}^0 = Ax^0 - b \tag{6.39}$$

步骤 4：计算代理次梯度 $\hat{g}\left(x^n\right)$：

$$\hat{g}\left(x^n\right) = Ax\left(\lambda^n\right) - b = \sum_{i=1}^{I} a_i x_i\left(\lambda^n\right) - b \tag{6.40}$$

步骤 5：计算改进的代理次梯度 $\hat{d}^n$：

$$\hat{d}^n = \hat{g}^n + \gamma^n \hat{d}^{n-1}, n = 1,2,\cdots \tag{6.41}$$

$$\gamma^n = \max\left(0, -\beta\frac{\left(\hat{d}^{n-1}\right)^{\mathrm{T}}\hat{g}^n}{\left(\hat{d}^{n-1}\right)^{\mathrm{T}}\hat{g}^{n-1}}\right), 1 \leqslant \beta \leqslant 2 \tag{6.42}$$

步骤 6：更新步长 c^n：

$$c^n = \alpha_n \frac{c^{n-1} \| \hat{d}\left(x^{n-1}\right) \|}{\| \hat{d}\left(x^n\right) \|}, 0 < \alpha_n < 1, n = 1, 2, \cdots \tag{6.43}$$

$$\alpha_n = 1 - \frac{1}{M\left(n^p\right)}, M \geqslant 1; 0 < p < 1 \tag{6.44}$$

步骤 7：拉格朗日乘子根据式（6.45）进行更新。

$$\lambda^{n+1} = \lambda^n + c^n \hat{d}^n \tag{6.45}$$

步骤 8：执行近似优化。给出 λ^{n+1}，执行近似优化获得 x^{n+1}，使 x^{n+1} 满足：

$$Z_{\mathrm{LD}}^n\left(\lambda^{n+1}, x^{n+1}\right) < Z_{\mathrm{LD}}^n\left(\lambda^{n+1}, x^n\right) = \sum_{i=1}^{I} Z_i\left(x_i\right) + \left(\lambda^{n+1}\right)^{\mathrm{T}}\left(Ax^n - b\right) \tag{6.46}$$

如果得不到 x^{n+1}，则令 $x^{n+1} = x^n$。

步骤 9：检验是否满足停止条件，如果满足停止条件，则乘子停止更新，否则，转向步骤 2，进行下一次乘子迭代更新。停止条件：

$$\| \lambda^{n+1} - \lambda^n \| < \varepsilon_1 \tag{6.47}$$

$$\| x^{n+1} - x^n \| < \varepsilon_2 \tag{6.48}$$

6.2.4 对偶问题求解

使用拉格朗日乘子松弛掉浇次加工顺序约束和设备能力约束后，所获得子问题优化方案无法满足松弛的耦合约束条件。通常会出现不满足这些松弛掉的约束情况。为了解决这个问题，可以通过建立一个协调机制的方式，协调所有子问题的最优解，来满足这些约束[5]。子问题中的拉格朗日乘子相当于价格，在这些约束条件不满足时，对子问题的目标函数进行惩罚。通过求解对偶问题的方式，来更新拉格朗日乘子，并将更新后的拉格朗日乘子代入并迭代求解子问题，可实现子问题的协调。

将原问题转化为对偶问题，求解原问题的下界转化为求解对偶问题的上界：

$$Z_{\mathrm{LD}} = \max_{u_i, v_{jt}} \left(\sum_i Z_{\mathrm{LR}}(i)^* - \sum_{t=1}^{T} \sum_{j=1}^{J} v_{jt} \left(\sum_i \delta_{ijt} - M_{jt} \right) \right) \tag{6.49}$$

式中，$Z_{\mathrm{LR}}(i)^*$代表$\min Z_{\mathrm{LR}}(i)$。

式（6.49）中的对偶函数是凹函数，并且由许多凹面组成。每个凹面对应一个松弛问题的可能调度策略。由于离散优化的组合性质，各种可能出现的不确定因素进一步加剧了这一函数特性，可能的调度策略数量随着问题规模的增加而急剧增加。因此，对于实际问题，因为凹面的数量非常大，同时，考虑对偶函数接近平滑函数，尤其是在近优值的附近更趋于平滑。这种对偶函数的平滑特性可以通过改进代理次梯度迭代算法来求解。对于给定的一组拉格朗日乘子，获得最优子问题解，然后基于改进代理次梯度迭代算法更新乘子，重复该迭代过程直到满足一些停止条件。

具体对偶问题求解步骤如下。

步骤 1：设置拉格朗日乘子u_i^n和v_{jt}^n初始值，n代表迭代次数，初始设为 1，$u_i^0 = 0, v_{jt}^0 = 0$，其中炉次$i \in \Omega$，工序$j = 1, 2, \cdots, J$，时间节点$t = 0, 1, \cdots, T$。

步骤 2：利用反向动态规划算法求解若干炉次所建立的调度子问题。

步骤 3：代理最优性条件判断，如果满足下式条件，继续步骤 4，若不满足，回到步骤 2 求解剩余炉次所建立的调度子问题，直到满足代理最优条件。

$$Z_{\mathrm{LD}}^n \left(u^n, v^n, t_{ij}^n, \delta_{ijt}^n \right) < Z_{\mathrm{LD}}^n \left(u^n, v^n, t_{ij}^{n-1}, \delta_{ijt}^{n-1} \right) \tag{6.50}$$

步骤 4：设置拉格朗日乘子更新的次梯度方向，第n次迭代中的拉格朗日乘子u^n, v^n在第j工序的次梯度方向为

$$\hat{g}^n \left(u_i^n \right) = E \left(t_{i+1,j}^n - t_{i,j}^n - p_{i+1,J} \right) \tag{6.51}$$

$$\hat{g}^n \left(v_{jt}^n \right) = E \left(\sum_{i \in \Omega} \delta_{iJt}^n - M_{jt} \right) \tag{6.52}$$

步骤 5：判断相邻两次迭代的次梯度方向所成角度，如果为钝角，则引入

偏移次梯度，使相邻两次迭代方向为锐角。其判断方式和引入偏移次梯度计算方法如下：

$$\hat{d}^n\left(u_i^n\right)=\hat{g}^n\left(u_i^n\right)+\varphi^n\hat{d}^{n-1}\left(u_i^{n-1}\right) \tag{6.53}$$

$$\hat{d}^n\left(v_{jt}^n\right)=\hat{g}^n\left(v_{jt}^n\right)+\varphi^n\hat{d}^{n-1}\left(v_i^{n-1}\right) \tag{6.54}$$

式中，

$$\varphi^n=\max\left(0,-\beta\left(\frac{\hat{d}^n\left(u^{n-1}\right)^{\mathrm{T}}\hat{d}^n\left(u^{n-1}\right)+\hat{d}^n\left(v^{n-1}\right)^{\mathrm{T}}\hat{d}^n\left(v^{n-1}\right)}{\hat{d}^n\left(u^n\right)^{\mathrm{T}}\hat{d}^n\left(u^n\right)+\hat{d}^n\left(v^n\right)\left(v_n\right)^{\mathrm{T}}\hat{d}^n\left(v^n\right)}\right)\right),1\leqslant\beta\leqslant 2 \tag{6.55}$$

步骤 6：计算第 n 次迭代中的拉格朗日乘子的更新步长：

$$c^n=c^{n-1}\gamma^n\frac{\hat{d}^n\left(u^{n-1}\right)^{\mathrm{T}}\hat{d}^n\left(u^{n-1}\right)+\hat{d}^n\left(v^{n-1}\right)^{\mathrm{T}}\hat{d}^n\left(v^{n-1}\right)}{\hat{d}^n\left(u^n\right)^{\mathrm{T}}\hat{d}^n\left(u^n\right)+\hat{d}^n\left(v^n\right)^{\mathrm{T}}\hat{d}^n\left(v^n\right)} \tag{6.56}$$

式中，$\gamma^n=1-\dfrac{1}{Mn^p},M\geqslant 1,0<p<1$。

步骤 7：基于次梯度方向和步长，更新拉格朗日乘子：

$$u_i^{n+1}=\max\left(0,u_i^n+c^n\hat{d}\left(u_i^n\right)\right) \tag{6.57}$$

$$v_{jt}^{n+1}=\max\left(0,v_{jt}^n+c^n\hat{d}\left(v_{jt}^n\right)\right) \tag{6.58}$$

步骤 8：判断是否满足停止条件 $\|\hat{d}^n\|<\varepsilon_1$，假如满足，则停止乘子更新，得到最优决策 t_{ij}^* 和 δ_{ijt}^*，否则，$n=n+1$，转向步骤 7，进行下一次乘子迭代更新。

在第 n 次迭代求解中，如果炉次 i 的子问题最优解不满足代理最优性条件，则可以继续求解下一个炉次的子问题，直到代理最优性条件被满足，然后求解对偶问题（式（6.21）），继续更新拉格朗日乘子。将新的拉格朗日乘子代入子问题，在第 n+1 次迭代求解子问题，直到满足停止条件。改进代理次梯度迭代算法的优点是，在不影响求解质量的情况下，减少拉格朗日乘子迭代次数，减少其收敛时间。

6.2.5 构造可行解

由于期望浇次加工顺序约束（5.7）和期望设备能力约束（5.10）在拉格朗日松弛过程中被松弛，将所有子问题的最优解合并在一起构成原问题的解通常不可行，即在特定时间节点不满足浇次加工顺序约束或者设备能力约束。要获得可行的调度编制计划，需要建立一个基于所选择的对偶解和随机事件实现的启发式规则。其中，选择一个好的对偶解至关重要。

鉴于可行计划构建的启发性，具有惩罚值高的对偶解不一定是一个良好的可行调度时间表。因此，必须尝试在几个具有惩罚值高的候选对偶解中找到一个可行调度时间表。在随机环境中，每个对偶或可行的解实际上都是一个策略。为了获得目标函数的期望值而对每个对偶解进行模拟是非常耗时的。对选定的候选对偶解运用序数优化思想进行简短模拟，以确定他们预期成本的“排名”。然后选择简短测试胜者的对偶解生成可实施的时间表，进行严格的模拟运行以获得可行优化方案。

通过子问题和对偶问题的迭代求解，可使子问题的最优解收敛，但判断由单炉次的调度优化方案获取的整个炼钢-精炼-连铸生产调度过程调度优化方案是否有违反“浇次加工顺序约束、设备能力约束”的情况出现，如果有，按照开始时间代价规则构造调度优化方案，具体步骤如下。

步骤 1：从时间节点 0 开始，判断所有炉次是否满足“浇次加工顺序约束、设备能力约束”方程，如果满足，进入步骤 4，如果不满足，进入步骤 2。

步骤 2：在不满足“加工顺序约束、设备能力约束”方程的炉次中，分别计算时间节点推迟一个单位的代价大小，代价小炉次的加工开始时间推迟一个单位。推迟时间代价公式如下：

$$f(i,j)=\min Z_{ij}\left(t_{ij}+1,\delta_{ijt}\right)-\min Z_{ij}\left(t_{ij},\delta_{ijt}\right) \tag{6.59}$$

步骤 3：重复步骤 1 和步骤 2，直到在这一时间节点所有炉次满足要求。

步骤 4：判断下一时间节点，如果到达最后时间，则停止，得到可行调度方案，否则转入步骤 1。

6.3 加工时间不确定生产调度问题的数据验证

6.3.1 拉格朗日松弛框架下改进迭代策略数据验证

本节针对一般的非线性整数规划问题，设计了拉格朗日松弛框架下代理次梯度迭代算法以及改进代理次梯度迭代算法的试验比较，求解得出最优值的迭代变化曲线，比较两种算法得到最优解时的迭代次数以及解的质量，考虑以下非线性规划问题，

$$\min\left(0.5x_1^2+0.2x_2^2\right), \tag{6.60}$$

$$\text{s.t.}\quad x_1-0.2x_2\geqslant 48, \tag{6.61}$$

$$5x_1+x_2\geqslant 250, \tag{6.62}$$

$$x_1,x_2\in R \tag{6.63}$$

这里拉格朗日乘子的初始值都设为 0，通过本书所提拉格朗日乘子更新方法对该问题进行求解，本书所有试验仿真都是在 Intel CORE i5-5200U CPU，2.2GHz，4 GB 内存环境下采用 MATLAB R2015a 编程实现。

图 6.8 为传统代理次梯度迭代算法下得出的最优值变化曲线，可以看出拉

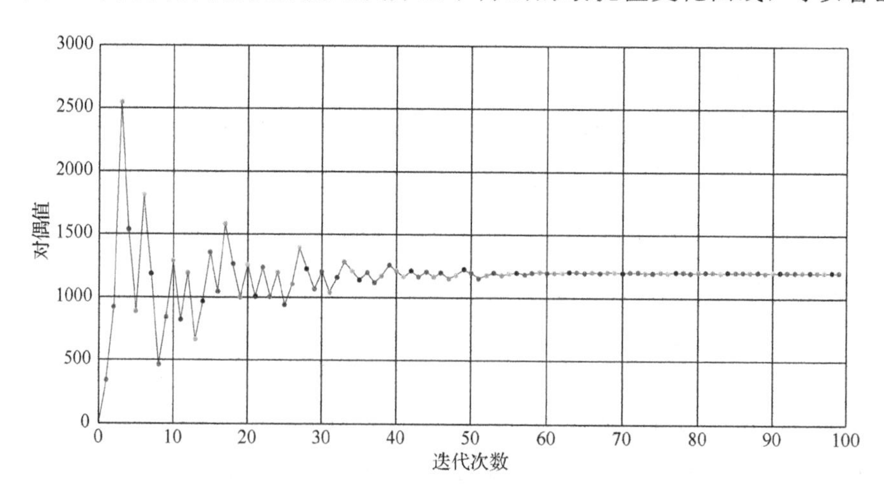

图 6.8　传统代理次梯度迭代算法下最优值轨迹示意图

格朗日对偶值随着迭代次数的增加而不断更新，大体趋势为围绕最优收敛值波动，而且随着迭代次数的增加，波动逐渐减少，传统代理次梯度迭代算法在迭代 60 次时收敛到最优值，即为 1203。

图 6.9 为改进代理次梯度迭代算法下得出的最优值变化曲线。从图中可以看出，改进代理次梯度迭代算法的迭代次数比一般算法少得多，仅迭代 30 次就可以找到最优值，其收敛速度明显快于传统代理次梯度迭代算法。这是由于迭代步长和方向选择的影响。如果当前的代理次梯度方向与前一次迭代方向成钝角时，会明显降低收敛速度，但是改进算法会改变迭代方向，使得当前迭代方向与前一次迭代方向成锐角，因此收敛速度会优于传统代理次梯度迭代算法。通过本实例验证可以证明本书所采用的基于次梯度方向可控的改进代理次梯度迭代算法能够很好解决拉格朗日乘子收敛速度慢的问题。

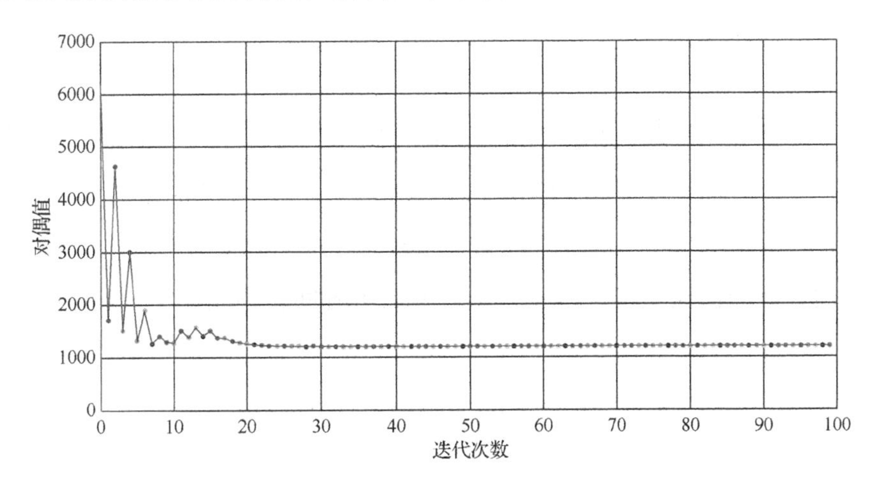

图 6.9 改进代理次梯度迭代算法下最优值轨迹示意图

6.3.2 基于马尔可夫链描述的加工时间不确定炼钢-精炼-连铸生产调度数据验证

改进拉格朗日松弛迭代算法在解决非线性整数规划问题的性能已得到验证的情况下，为了进一步验证所改进的算法在解决不确定加工时间的炼钢-精炼-连铸生产调度问题的性能，仍然使用 C#语言编程进行仿真，在 Intel CORE i5-5200 CPU，4GB 内存，Windows 10/64 位操作系统计算机上执行程序进行验证。通过比较 CPU 运行时间和对偶间隙衡量算法性能。

改进代理次梯度迭代算法求解混合整数规划模型的对偶问题的参数设置如下：

$$\varepsilon_1 = e-4,\ M = 1.5,\ p = 0.8,\ \beta = 1.2$$

对偶间隙、运行时间是评价算法质量的依据。

模型的数据是计算机随机产生的，设置如下：

（1）工序总数为 4。

（2）精炼工序的路径为 RH—LF。

（3）相邻工序之间的运输时间为在区间[1,5]上分布的整数。

（4）相邻浇次间更换结晶器所需时间为 5。

（5）惩罚系数 $W_1 = 10$，$W_2 = 10$，$W_3 = 15$，$W_4 = 15$。

（6）$T = 1000$。

为了方便表示结果，本书引入若干符号表示各个算法及其问题：工序数用 S 表示，设备个数用 M 表示，浇次个数用 B 表示，每个浇次内的炉次个数用 J 表示。问题规模为工序总数、工序所对应的并行生产设备的台数、每台连铸机上的浇次、每个浇次里的炉次之积。可能加工时间转移图如图 6.10 所示。

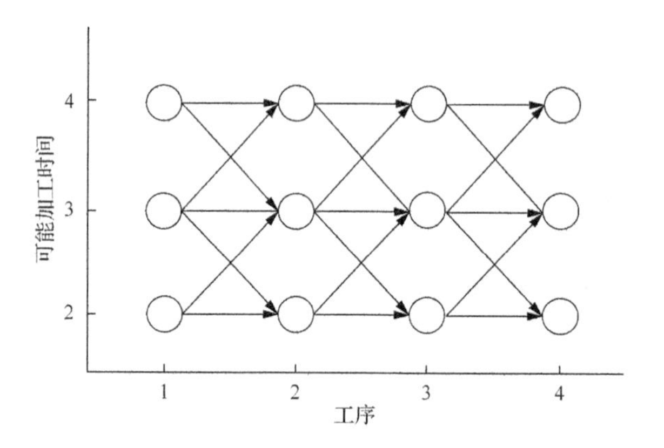

图 6.10　可能加工时间转移图

第 1 工序的可能加工时间 2，3，4 的概率分别设定为 40%，30%，30%。第 1 工序和第 2 工序之间的状态转移矩阵与第 2 工序和第 3 工序之间以及第 3

工序和第 4 工序之间的状态转移矩阵均设定如下：

$$\pi_{yz(3\times3)} = \begin{bmatrix} \pi_{11} & \pi_{12} & \pi_{13} \\ \pi_{21} & \pi_{22} & \pi_{23} \\ \pi_{31} & \pi_{32} & \pi_{33} \end{bmatrix}$$

第 2 工序的可能加工时间为 2，3，4 的概率分别为 34%，32%和 34%。第 3 工序的可能加工时间为 2，3，4 的概率分别为 33.2%，33.6%和 33.2%。第 4 工序的可能加工时间为 2，3，4 的概率分别为 38.6%，25.9%和 35.5%。

SSG 代表代理次梯度迭代算法，ISSG 代表改进代理次梯度迭代算法。表 6.1 列出了传统代理次梯度迭代算法及改进代理次梯度迭代算法得出的对偶间隙和计算时间。由于数据验证量很大，无法展示所有结果，因此本书从中选出具有代表性的验证结果，其每道工序的设备数为 3。

表 6.1 两种方法的测试结果

问题	问题结构		对偶间隙/%		计算时间/s	
	B	J	SSG	ISSG	SSG	ISSG
1	2	4	3.31	3.33	3.9	2.6
2	2	5	3.69	3.66	6.2	4.1
3	2	6	4.14	4.01	7.7	5.7
1,2,3 平均	—	—	3.71	3.67	5.9	4.1
4	4	4	2.15	2.17	9.7	6.9
5	4	5	2.39	2.44	14.1	10.4
6	4	6	2.42	2.45	19.2	14.7
4,5,6 平均	—	—	2.32	2.35	14.3	10.7
7	5	4	1.62	1.60	16.9	11.3
8	5	5	1.95	1.94	27.4	20.7
9	5	6	1.72	1.76	37.3	26.8
7,8,9 平均	—	—	1.76	1.77	27.2	19.6

根据图 6.10 和表 6.1，可以得到如下结论。

（1）对于问题 1,2,3，由 SSG 得出的平均对偶间隙为 3.71%，平均计算时间为 5.9s，由 ISSG 得出的平均对偶间隙为 3.67%，平均计算时间为 4.1s。两种算法求得的对偶间隙相差不大，但 ISSG 的计算时间减少了 1.8s。

（2）对于问题 4,5,6，由 SSG 得出的平均对偶间隙为 2.32%，平均计算时间为 14.3s，由 ISSG 得出的平均对偶间隙为 2.35%，平均计算时间为 10.7s。两种算法求得的对偶间隙相差不大，但 ISSG 的计算时间减少了 3.6s。

（3）对于问题 7,8,9，由 SSG 得出的平均对偶间隙为 1.76%，平均计算时间为 27.2s，由 ISSG 得出的平均对偶间隙为 1.77%，平均计算时间为 19.6s。两种算法求得的对偶间隙相差不大，但 ISSG 的计算时间减少了 7.6s。

（4）对于不同规模的问题（问题 1,2,3,4,5,6,7,8,9），由 SSG 得出的平均对偶间隙为 2.59%，平均计算时间为 15.8s，由 ISSG 得出的平均对偶间隙为 2.60%，平均计算时间为 11.5s。从平均性能来看，两种算法均能得到良好的近似解。从对偶间隙来看，两种算法相差不大，表明两种算法求解质量相差不大。但对比计算时间可以看出 ISSG 表现更好，说明偏转策略能避免两个相邻搜索方向形成钝角而使得搜索效率提高。

本书基于两种不同的优化方法，针对实际钢铁企业的生产调度问题进行了不同规模的数据测试，图 6.11 为求解不同规模问题的对偶间隙比较示意图。可见，两种算法求解不同规模问题的对偶间隙差别很小，改进拉格朗日松

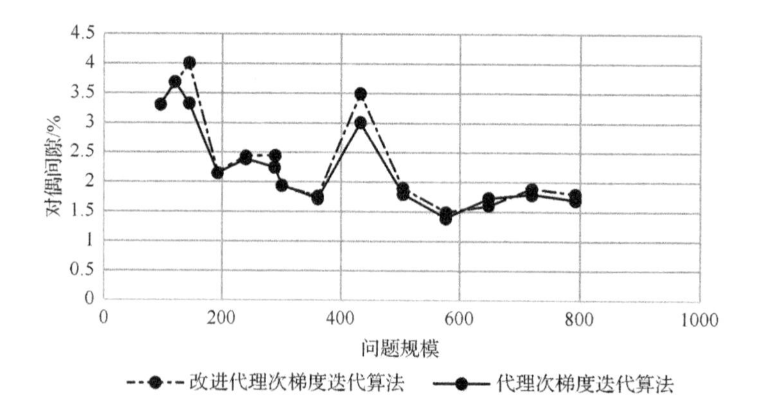

图 6.11　求解不同规模问题的对偶间隙比较示意图

弛算法没有改变实际生产调度问题的求解质量，两种算法均可以满足实际钢铁企业对炼钢-精炼-连铸调度问题求解质量的需求。同时，也证明了所提改进拉格朗日松弛算法的可行性和有效性。

经过仔细分析程序的迭代结果，从图 6.12 中可以看出对于规模小的问题，两种算法的运行时间相差不大，当达到一定问题规模后，改进后的算法运行时间较短。采用改进代理次梯度迭代算法提前终止迭代的原因是采用了步长可控策略，减少了迭代震荡。

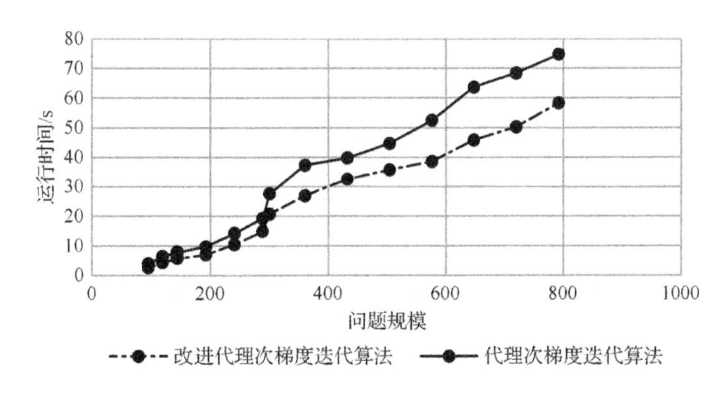

图 6.12　求解不同规模问题的运行时间比较示意图

6.4　本 章 小 结

本章首先介绍了次梯度迭代算法和代理次梯度迭代算法的乘子更新策略。通过分析次梯度和代理次梯度迭代算法求解拉格朗日对偶问题的不足，即次梯度迭代算法需求解所有子问题，在求解大规模调度问题时出现效率低的问题；代理次梯度迭代算法在次梯度迭代算法上进行改进，不需求解所有子问题，但其仍需预估最优值且乘子迭代更新出现震荡的情况。本章提出不需预估最优值，基于次梯度方向可控的改进代理次梯度迭代算法。通过开发基于拉格朗日松弛、反向动态规划、启发式规则的方法，求解得到优化问题的近似解。其次本章考虑松弛浇次加工顺序和设备能力约束，设计了一个改进代理次梯度迭代算法，该算法有效地减少拉格朗日乘子更新迭代次数，提高了求解效率。最后通过 C#编程进行仿真实验，包括拉格朗日框架下改进迭代策略验证以及基于马尔可夫链描述的加工时间不确定炼钢-精炼-连铸生产调度问题数据验证。在拉格朗日框架下改进迭代策略验证中，改进的代理方向更圆滑，与 $\lambda^{*}-\lambda^{n}$ 方向夹角更小，减少了 Z 字形震荡，导致收敛更快。针对马尔可夫链描述的加工时间不确定炼钢-精炼-连铸生产调度问题数据验证了改进拉格朗日松弛优化算法在不影响求解质量的前提下能够有效提高生产调度问题的响应速度，验证了改进算法的有效性和先进性，对于大规模问题，该算法表现更好。

参考文献

[1] Zhao X, Luh P B, Wang J. Surrogate gradient algorithm for Lagrangian relaxation[J]. Journal of Optimization Theory and Applications, 1999, 100(3): 699-712.

[2] Cui H, Luo X. An improved Lagrangian relaxation approach to scheduling steelmaking-continuous casting process[J]. Computers and Chemical Engineering, 2017, 106(2): 133-146.

[3] Lai X, Zhong H, Xia Q, et al. Decentralized intraday generation scheduling for multiarea power systems via dynamic multiplier-based Lagrangian relaxation[J]. IEEE Transactions on Power Systems, 2017, 32(1):1-10.

[4] Pang X F, Gao L, Pan Q K, et al. A novel Lagrangian relaxation level approach for scheduling steelmaking-refining-continuous casting production[J]. Journal of Central South University, 2017, 24(2): 467-477.

[5] 沈哲辉，黄腾，唐佑辉. 灰色-马尔科夫模型在大坝内部变形预测中的应用[J]. 测绘工程，2015，24(2): 69-74.

7 钢水命中率不确定精炼生产调度数学模型

7.1 引　　言

精炼是炼钢-精炼-连铸生产调度过程的中间阶段，由 RH、CAS、KIP 和 LF 等精炼设备组成。以炉次为单位的钢水命中率不确定（炉次在不同精炼设备结束生产后钢水成分与既定生产钢水成分要求匹配程度不确定）是影响钢铁生产效率的主要扰动因素。精炼过程钢水命中率不确定因素不仅导致了突发情况的发生，降低了原有生产调度方案的可行性，破坏了炼钢-精炼-连铸生产过程的节奏；同时，因为重炼（即钢水成分不符合要求返回到特定精炼工序进行重新精炼的过程）提高了钢水精炼的次数，还增加了炼钢-精炼-连铸生产过程的能耗。可见，合理的精炼过程钢水命中率不确定环境下的调度优化方案是确保钢铁任务按期完成的重要手段，将直接影响后续工序的生产效率，进而影响整个钢铁生产节奏。

在钢水命中率不确定精炼生产调度过程中，不仅要满足精炼生产多阶段、多设备、多约束生产工艺条件；而且需要兼顾以炉次为生产单元的钢水在各精炼阶段因钢水命中率低而进行回炉重炼的工艺处理过程；从而，导致该调度过程的数学模型难以准确描述。同时，由于钢铁生产精炼过程钢水命中率不确定而产生的多路径回炉重炼，导致钢铁生产精炼过程调度问题的复杂度随回炉重炼过程数目的增加而呈指数增长，短时间内难以通过科学合理的优化方法获得可行的近似调度优化方案以满足实际钢铁生产需要。本章搭建钢水命中率不确定环境下精炼生产调度过程模型。首先，对钢水命中率不确定精炼生产调度过程进行详细分析并提出该问题基本假设；其次，使用马尔可夫链描述钢水命中率的不确定性，并定义钢铁生产精炼以及系统状态的转移规则；再次，建立基于离散时间马尔可夫链的钢铁生产精炼过程随机演化调度优化系统模型；

最后对本章内容进行总结。

7.2　钢水命中率不确定精炼生产调度问题基本假设与描述

炼钢-精炼-连铸生产过程是钢铁生产的核心部分，该过程承接炼铁生产过程又紧随轧制生产过程，而且其生产力较其他的生产工序偏弱[1]，所以被认为是钢铁生产的瓶颈。精炼阶段从工序安排角度讲对整个炼钢-精炼-连铸生产过程起到承上启下的作用，是炼钢-精炼-连铸生产过程的中心环节，所以将其视为炼钢-精炼-连铸生产过程最主要的生产阶段。因此，对精炼生产阶段采用科学合理的调度方法进行优化，是提高整个钢铁生产效率的重要手段。

根据钢厂炼钢-精炼-连铸生产过程实际情况，有炼钢、一重精炼、二重精炼、三重精炼和连铸五道工序（j=1,2,3,4,5），其中精炼生产过程调度问题的基本假设有：首先，每个炉次中的任意一道工序一旦开始则不能中断，直到该精炼生产任务结束为止；其次，只考虑精炼生产过程中钢水命中率的不确定性，将其余的不确定因素忽略；再次，如果任意炉次中的任意一道精炼工序出现回炉重炼的情况，那么回炉重炼一次后，钢水视为合格；最后，不考虑连铸生产阶段炉次与浇次之间关系。

精炼生产过程是一个以炉次为单位多设备、多阶段的生产过程，每个炉次内每道工序在同一时刻只占用一台精炼设备进行生产，且一台生产设备只能同时对一个炉次的钢水进行加工。精炼生产过程存在着多道精炼工序，具有多条精炼生产工艺路径和多种可能出现的精炼生产状态，即每个炉次在精炼生产过程中所呈现的精炼生产状态、起始加工时间、完成时间以及完成质量（是否需要回炉重炼）具有不确定性。精炼生产过程所具有的不确定性只受到在同一精炼设备生产的前一个精炼工序的影响。根据精炼生产过程自身特点以及对炼钢-精炼-连铸生产调度过程研究，利用数学公式对精炼生产调度问题两个性能指标进行描述。

（1）在精炼生产过程，各炉次在连铸机上进行浇铸，理想开浇时间与实际开浇时间偏差相近，理想开浇时间与实际开浇时间偏差共分为两种情况：

① 炉次 i 在对应连铸机上实际开浇时间提前于在该台连铸机的理想开浇时间 T_i；

② 炉次 i 在对应连铸机上实际开浇时间滞后于在该台连铸机的理想开浇时间 T_i，如式（7.1）所示：

$$\min f_1 = \sum_{i=1}^{I} \sum_{l=1,2,3} \left| T_i - M_{li} \right| \tag{7.1}$$

式中，M_{li} 表示第 l 个浇次第 i 个炉次在对应连铸机上实际开浇时间，$1,2,3,\cdots,I$ 为正整数；T_i 表示炉次 i 在对应连铸机上理想开浇时间。

（2）炉次在各工序处理的等待时间之和最小，因为本书仅对精炼生产过程进行研究，所以精炼生产阶段工序序号 $j'=2,3,4$。则基于本书前期研究内容[2]，列出式（7.2）表示炉次 i 在精炼生产阶段工序间等待时间之和最小。

$$\min f_2 = \sum_{i=1}^{I} \sum_{j'=2,3,4} C_{2_i} \left(F_{ij'+1} - F_{ij'} - W_{ij'} \right) \tag{7.2}$$

式中，C_{2_i} 表示炉次 i 的单位等待时间的惩罚系数，$1,2,3,\cdots,I$ 为正整数；$F_{ij'}$ 表示第 i 个炉次第 j' 道精炼工序的开始加工时间；$F_{ij'+1}$ 表示第 i 个炉次第 $j'+1$ 道精炼工序的开始加工时间；$W_{ij'}$ 表示第 i 个炉次第 j' 道精炼工序在精炼生产设备上的加工时间，i 为炉次序号，$i \in \{1,2,3,\cdots,I\}$ 为正整数；j' 为精炼生产阶段工序序号，$j'=2,3,4$。

约束条件：

$$F_{ij+1} \geqslant F_{ij} \tag{7.3}$$

$$\sum_{j=1}^{j'} x_{ijo} \leqslant 1,\ i=1,2,\cdots,I,\ j'=2,3,4, x_{ijo}=0 \text{ 或 } 1 \tag{7.4}$$

$$t_{ij+1} - t_{ij} \geqslant 0 \tag{7.5}$$

式（7.3）表示同一个炉次上一道工序完成后下一道工序才能开始；式（7.4）表示每一个炉次的每一道工序只能同时使用一台设备；式（7.5）表示同一台

精炼设备上，上一道精炼工序完成后下一道精炼工序才能进行。

因为精炼生产过程是一个多阶段、多设备的生产过程，所以每道精炼工序都存在着多种完成方式和多条工艺路径。根据钢厂生产经验和历史生产数据，可以得出每道精炼生产工序的大致完成情况，且每一道精炼生产完成方式由精炼生产状态、精炼工序起始加工时间和钢水转移质量共同描述。图 7.1 所描述的某个炉次精炼过程的生产情况，第一道精炼工序中钢水命中率状态可能出现的情况分别是（A_{11},B_{11},G_1），（A_{12},B_{12},G_2），（A_{13},B_{13},G_3），A 表示精炼生产状态，B 表示精炼工序起始加工时间，G_1 表示质量优良，G_2 表示质量合格，G_3 表示质量不合格。相邻精炼工序间的关系由转移概率矩阵进行描述，工序 2 同样具有 3 种钢水命中率状态，所以连接工序 1 与工序 2 间的转移概率矩阵的大小为 3×3，表示以某种精炼加工方式完成工序 1 的前提下，精炼生产过程由工序 1 中某种钢水命中率状态转向工序 2 中某种钢水命中率状态的概率。由于精炼生产过程具有多设备、多工序的特性，所以导致每个炉次必然存在多条精炼生产工艺路径。同时精炼生产系统因为存在着多种扰动因素，所以具有不确定性，从而在精炼生产过程中可能导致回炉重炼的状况。如果在实际精炼生产过程中出现回炉重炼的情况，就会进一步增加各炉次精炼生产工艺路径的数量。通过 7.2.2 节对于精炼生产过程的描述可知，在实际的精炼生产过程中只会选择众多精炼生产工艺路径中的一条作为实际精炼生产的工艺路径，发生回炉重炼的情况间接扩大了最优精炼生产工艺路径的选取范围。这里工序 2 所呈现的钢水命中率状态由工序 1 所呈现的钢水命中率状态和工序 1 所采用的精炼设备共同导出，它们之间属于隐性的泛函关系。任何一个炉次在进行精炼生产前都需要通过科学的动态调度手段获得可行的调度方案，充分利用精炼生产设备，在保证精炼生产任务按期完成和钢水质量合格的前提下尽可能地缩短精炼生产过程的生产时间，提高钢铁生产效率。图 7.1 为不确定钢水命中率参数模型图。

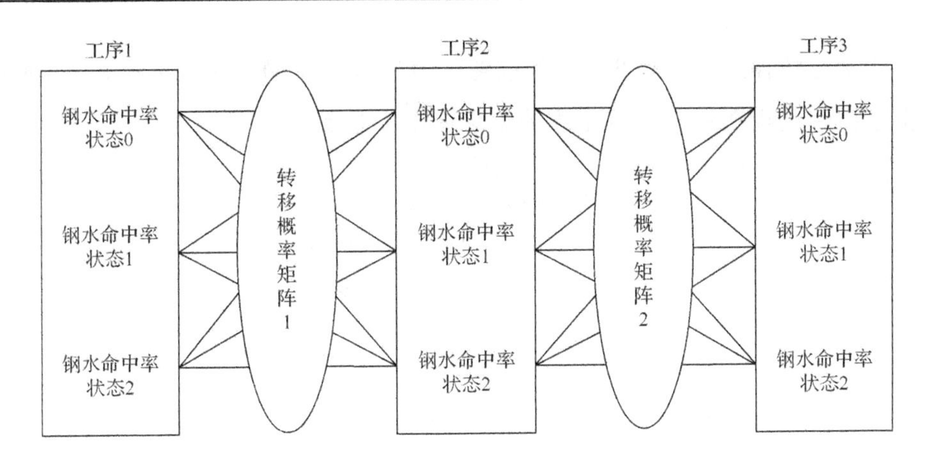

图 7.1　不确定钢水命中率参数模型图

假设某精炼生产过程拥有 3 道精炼工序，工序的编号依次为 1、2、3。第一道精炼生产工序产出的钢水命中率可能状态，w_1 为 1,2,3；第二道精炼生产工序产出的钢水命中率可能状态，w_2 为 1,2,3；第三道精炼生产工序产出的钢水命中率可能状态，w_3 为 1,2,3。从图 7.1 可知，每道精炼工序都有三种钢水命中率状态，且同一炉次相邻精炼工序间的钢水命中率状态转移关系需要运用转移概率矩阵进行表示。例如工序 1 与工序 2 都具有 3 种可能出现的钢水命中率状态，用来描述工序 1(w_1)与工序 2(w_2)间关系的状态转移概率矩阵大小为 3×3。代表工序 1 以某种钢水命中率状态为前提的条件下，转向工序 2 的某种钢水命中率状态的概率，用数学公式表达如下：

$$p_{w_1 w_2}^{u(t)} = E\left(w_2 | w_1, u(t)\right) \tag{7.6}$$

式中，$p_{w_1 w_2}^{u(t)}$ 表示从工序1(w_1)产出的钢水命中率状态执行生产行动 $u(t)$ 转移到工序 2(w_2)的转移概率；w_1 表示工序 1 钢水命中率状态；w_2 表示工序 2 钢水命中率状态；$u(t)$ 表示执行精炼生产行动；E 表示从工序 1(w_1)产出的钢水命中率状态执行精炼生产行动 $u(t)$ 转移到工序 2(w_2)的数学期望。

利用式（7.6）可以计算出所有相邻工序间的钢水命中率状态转移概率，并计算获得转移概率矩阵 $\pi_{12(3\times3)}$，如式（7.7）所示。转移概率矩阵与相邻两精炼工序有关，如果能够得到某道精炼工序的钢水命中率状态和相邻两道精炼工序间的状态转移矩阵，就可以得到任意一道精炼工序钢水命中率状态，并最终获得该精炼过程在所有精炼工序的钢水命中率状态。

$$\pi_{12(3\times3)}=\begin{bmatrix} p_{w_1(1)w_2(1)} & p_{w_1(1)w_2(2)} & p_{w_1(1)w_2(3)} \\ p_{w_1(2)w_2(1)} & p_{w_1(2)w_2(2)} & p_{w_1(2)w_2(3)} \\ p_{w_1(3)w_2(1)} & p_{w_1(3)w_2(2)} & p_{w_1(3)w_2(3)} \end{bmatrix} \tag{7.7}$$

式中，$\pi_{12(3\times3)}$表示从工序 1 以某种钢水命中率状态转移到工序 2 以某种钢水命中率状态的转移概率矩阵，矩阵大小为 3×3。使用马尔可夫链所描述的核心问题是如何确定钢水命中率不确定条件下转移概率矩阵，并利用马尔可夫链进行推导获得后续模型搭建所需的精炼生产状态描述函数，如式（7.8）所示，以及精炼工序执行情况描述函数，如式（7.9）所示。

$$V_{\pi12}\left(x(k)\right)=\sum_{u(k)\in U}P\left(u(k)|x(k)\right)M_{x(k)}^{u(k)}+\gamma\sum_{x(k+1)\in X}P_{x(k)x(k+1)}^{u(k)}v_{\pi12}\left(x(k+1)\right) \tag{7.8}$$

式中，$V_{\pi12}\left(x(k)\right)$表示精炼生产状态$x(k)$的描述函数；$x(k)$表示精炼生产状态；$u(k)$表示精炼生产执行状态；$M_{x(k)}^{u(k)}$表示在精炼生产状态$x_k$执行精炼生产行动$u_k$的生产时间；$\gamma$表示折扣因子，$0\leqslant\gamma\leqslant1$；$P_{x(k)x(k+1)}^{u(k)}$表示从精炼生产状态$x_k$执行精炼生产行动$u_k$转移到精炼生产状态$x(k+1)$的概率；$v_{\pi12}\left(x(k+1)\right)$表示精炼生产状态$x(k+1)$。

$$\begin{aligned}&L_{\pi12}\left(x(k),u(k)\right)\\&=M_{x(k)}^{u(k)}+\gamma\sum_{x(k+1)\in X}P_{x(k)x(k+1)}^{u(k)}\sum_{u(k+1)\in U}\pi\left(u(k+1)|x(k+1)\right)L_{\pi}\left(u(k+1),s(k+1)\right)\end{aligned} \tag{7.9}$$

式中，$M_{x(k)}^{u(k)}$表示在精炼生产状态$x(k)$执行精炼动作u_k的生产时间；γ表示折扣因子，$0\leqslant\gamma\leqslant1$；$P_{x(k)x(k+1)}^{u(k)}$表示从精炼生产状态$x_k$执行精炼动作$u_k$转移到精炼生产状态$x(k+1)$的概率；$\pi\left(u(k+1)|x(k+1)\right)$表示精炼生产状态$x(k+1)$执行精炼生产行动$u(k+1)$的概率，$\pi\left(u(k+1)|x(k+1)\right)=P\left\{x(k+1),u(k+1)\right\}$。

每道精炼工序所产出的钢水成分符合预定目标要求的炉次占总炉次的百分比称为钢水命中率，其状态用数学公式表达如式（7.10）所示。

$$P_z(j+1)=\sum_{z=s_1}^{s_3}\pi_{yz}P_y(j) \tag{7.10}$$

式中，$P_z(j+1)$表示第$j+1$道工序转向钢水命中率状态z的概率；π_{yz}表示从钢水命中率状态y转移到钢水命中率状态z的概率矩阵；$P_y(j)$表示第j道钢铁精炼工序转向钢水命中率状态y的概率，j为正整数。

7.3 钢水命中率不确定精炼生产调度数学模型搭建

在实际的精炼生产过程中，钢水命中率状态从当前精炼阶段转移到下一精炼阶段的过程不仅与上一精炼阶段有关，而且与之前精炼阶段的钢水命中率状态有关。这会导致所搭建的钢水命中率转移模型过于复杂，甚至难以建模，因此需要对不同精炼生产阶段的钢水命中率状态转移模型进行简化。在本书中所采用的简化方法就是假设不同精炼阶段的钢水命中率状态转移具有马尔可夫属性，即假设钢水命中率转移状态只取决于当前状态和下一精炼阶段状态，与之前的精炼阶段无关。

马尔可夫链是描述一系列事件随机过程的模型[3]，这一系列事件中每个事件的发生概率只取决于前一个事件所取得的状态[4]，在概率论及数学研究的相关领域中，由俄罗斯数学家安德雷·马尔可夫进行深入研究后，所提出的马尔可夫过程是一个无记忆的随机过程，过程的未来状态与它的过去状态无关[5]。若一个研究过程需要利用当下的状态去预测未来可能发生的状态，称这个研究过程满足马尔可夫属性，即以研究系统当下的状态为条件，它过去和未来的状态都是独立的，马尔可夫链同样也是一种马尔可夫过程。在随机过程中，在已知当前状态下，过程的未来状态与它的过去状态无关。它具有离散状态空间或离散索引集，但马尔可夫链的精确定义各不相同，通常将马尔可夫链定义为具有可计数状态空间的离散或连续时间的马尔可夫过程[6]。当今世界利用马尔可夫链进行过程统计建立的模型有很多，主要应用到机动车辆的巡航控制系统、到达机场的客户队列或线路、水坝等储存系统以及某些动物物种的种群增长等方面的研究[7,8]。

7.3.1 数学模型中参数及符号定义

D：钢铁企业同时承担精炼生产炉次数，D 为正整数。

B：精炼设备的种类总数，B 为正整数。

J：工序总数，J 为正整数。

i：炉次序号，$i=1,2,3,\cdots,I$，i 为正整数。

j：工序序号，$j\in\{1,2,\cdots,J\}$，j 为正整数。

l：浇次序号，l 为正整数。

L_{li}：为第 l 个浇次的第 i 个炉次的序号。

B_j：表示第 j 道精炼工序的设备数，$B_j\geqslant 1$，B_j 为正整数。

H_k：每种精炼生产设备的数量，k 为精炼生产设备种类，$k=1,2,3,\cdots,K$。

s_i：炉次 i 当前加工状态($i=1,2,3,\cdots,I$)，s_i 为正整数。

q_i：炉次 i 中离当前时刻最近的一道精炼工序完成方式编号，$q_i\in\{1,2,\cdots,C_{in}\}$，$q_i$ 为正整数。

C_{in}：表示第 i 个炉次第 n 道精炼工序可能完成方式的数目，C_{in} 为正整数。

R_n：当前精炼生产状态下第 n 种精炼设备空闲的数目，n 为正整数。

t：当前时刻。

t_{ij}：炉次 i 在第 j 道精炼工序的开始加工时间。

P_{ij}：炉次 i 在第 j 道精炼工序的加工时间。

U：定义炉次中某精炼工序的执行状态。

β_i：第 i 个炉次的某道精炼工序的执行状态，$\beta_i=0$ 表示不执行第 i 个炉次的某道精炼工序，$\beta_i=1$ 表示执行第 i 个炉次的某道精炼工序。

$x(k)$：精炼生产状态。

$u(k)$：采取的精炼生产行动。

$x'(k+1)$：当前精炼生产状态为 $x(k)$，执行精炼生产 $u(k)$ 转移到一个临时精炼生产状态。

T_i：第 i 个炉次的理想开浇时间。

T_φ：某炉次在精炼阶段加工时间。

T_ω：某炉次在精炼阶段等待时间。

7.3.2 系统状态定义

在定义钢铁精炼生产调度系统状态时，虽然利用调度人员经验对系统状态进行定义更为准确，但工作效率较低；利用精炼生产调度方法对系统状态进行定义，可以弥补利用调度人员经验进行人工定义方法的不足[9]。一般情况下，对精炼生产调度系统进行状态定义，必须要考虑钢铁精炼生产过程设备的生产能力、每个炉次在某时刻的生产状态、某时刻可供每个炉次任意一道工序完成生产任务方式的数量，以及在某时刻每类设备被占用的情况。根据以上对钢铁精炼生产调度系统状态定义的要求，假设某钢铁生产企业在同一套精炼生产设备上同时进行 I 个炉次的精炼生产任务，完成 I 个炉次的精炼生产任务需要 B 种精炼设备，每种精炼设备的台数为 H_k。对精炼生产调度系统状态定义如下：

$$X=[s_1,s_2,\cdots,s_D,q_1,q_2,\cdots,q_D,R_1,R_2,\cdots,R_E,t]^{\mathrm{T}} \tag{7.11}$$

4 道精炼工序炉次可能出现的生产状态图如图 7.2 所示。

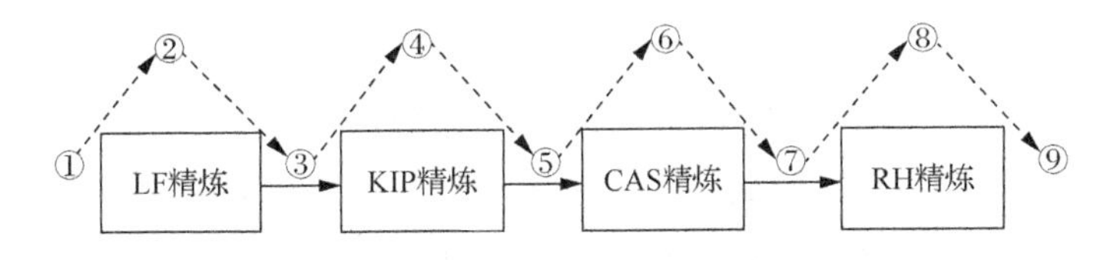

图 7.2 4 道精炼工序炉次可能出现的生产状态图

在图 7.2 中，某个具有 4 道精炼工序的炉次不包括回炉重炼发生的情况，最多会出现 9 种生产状态。状态①表示 LF 精炼工序开始加工，状态②表示 LF 精炼工序正在进行加工，状态③表示 LF 精炼工序完成 KIP 精炼工序开始加工，以此类推。

如果某炉次在精炼生产过程中发生回炉重炼的情况，精炼生产状态将会大于 9 种。在图 7.3 中，可以看出在钢水命中率不确定环境下发生钢水成分不符合生产要求需要回炉重炼的情况，精炼生产状态从图 7.2 的 9 种增加到 11 种。为便于描述该生产特点，将回炉重炼生产过程作为该炉次的固定生产工序。图 7.3 为 5 道精炼工序炉次可能出现的生产状态图。

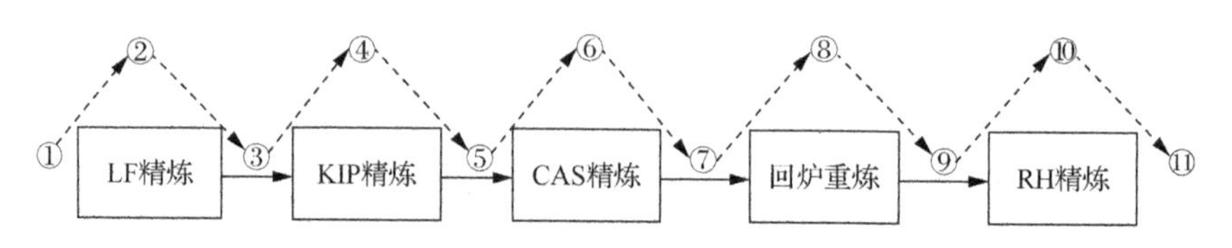

图 7.3　5 道精炼工序炉次可能出现的生产状态图

7.3.3　工序执行状态定义

一般情况下，在对精炼生产过程中精炼工序执行状态进行定义前必须要保证执行这一精炼工序所需要的精炼生产加工设备至少有一台空闲。根据以上对精炼生产过程生产工序执行状态的要求，定义精炼生产过程生产工序执行状态为

$$U=\left[\beta_1,\beta_2,\cdots,\beta_D\right]^{\mathrm{T}} \tag{7.12}$$

7.3.4　状态转移规则定义

在精炼生产过程中，开始执行某一个炉次的某道精炼工序或完成某道精炼工序任务时，精炼生产调度系统状态会发生转移。若在同一精炼生产调度系统状态下，正在进行精炼生产的多个炉次中某一炉次的某道工序生产任务先完成，则精炼生产调度系统状态会转移到临时精炼生产调度系统状态。假设精炼生产调度系统初始状态为

$$x(0)=[1,\cdots,1,0,\cdots,0,R_1,\cdots,R_I,0]^{\mathrm{T}} \tag{7.13}$$

式中，$x(0)$表示精炼生产调度系统初始状态；1 表示各炉次准备执行第 1 道精炼工序的生产调度系统状态；0 表示各炉次执行第 1 道精炼工序的完成方式；$R_n\in\{0,1,\cdots,H_n\}$（$n\in\{1,2,\cdots,E\}$，n 为正整数，R_n 为正整数）表示当前时刻未被占用的第 j 类精炼加工设备数量。

γ 和 α 表示学习系数：

$$0 \leqslant \gamma \leqslant 1, 0 \leqslant \alpha \leqslant 1 \tag{7.14}$$

为进一步解释精炼生产调度系统状态 X，利用两个炉次的精炼生产工艺路径进行举例说明，某钢铁生产企业同时承担两个炉次的精炼生产任务，该企业所提供的精炼生产设备有：LF 精炼设备 2 台、KIP 精炼设备 2 台、CAS 精炼设备 1 台、RH 精炼设备 1 台。炉次 1 在四类精炼设备上进行生产的时间为 20min、20min、24min、19min，开始加工时刻为 0。图 7.4 为 3 道精炼工序炉次可能出现的生产状态图[9]。

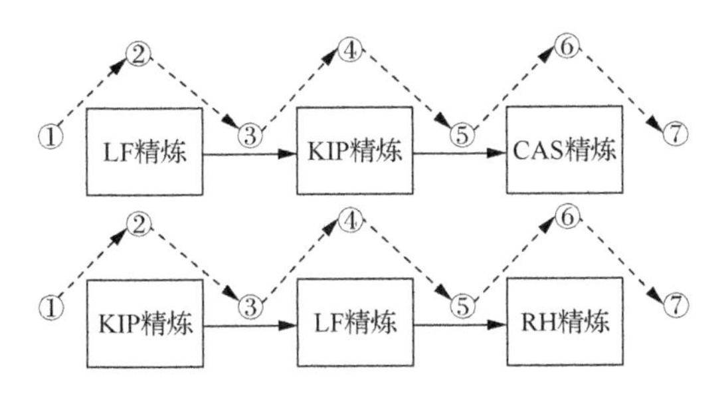

图 7.4 3 道精炼工序炉次可能出现的生产状态图

两个炉次精炼初始生产状态为

$$x(0) = [1,1,0,0,2,2,1,1,0]^{\mathrm{T}} \tag{7.15}$$

式中，两个炉次精炼生产状态“1,1”表示两个炉次准备进行第 1 道精炼工序；初始精炼工序完成方式表示为“0,0”；用于完成两个炉次精炼生产任务的四类精炼加工设备占用情况表示为“2,2,1,1”；“0”表示处于该生产状态的时刻。

两个炉次执行第 1 道精炼工序的生产状态为

$$x(1) = [2,2,2,2,1,1,1,1,20]^{\mathrm{T}} \tag{7.16}$$

式中，两个炉次精炼生产状态“2,2”表示两个炉次的第 1 道工序正在加工。第 1 道精炼工序的完成方式表示为“2,2”；四类精炼加工设备占用情况为“1,1,1,1”；“20”表示处于该生产状态的时刻。

两个炉次执行最后一道精炼工序的生产状态为

$$x(7)=[7,7,1,1,2,2,1,1,64]^{\mathrm{T}} \tag{7.17}$$

式中，两个炉次精炼生产状态“7,7”表示两个炉次的最后一道工序加工结束。最后一道精炼工序的完成方式表示为“1,1”；四类精炼加工设备占用情况为“2,2,1,1”；“64”表示处于该生产状态的时刻。

假设当前精炼生产调度系统状态为$x(k)$，通过执行精炼生产行动$u(k)$后，精炼生产调度系统状态转移到临时状态$x'(k+1)$。

$$x'(k+1)=f\left(x(k),u(k)\right) \tag{7.18}$$

式中，

$$x(k)=\left[s_1,s_2,\cdots,s_D,q_1,q_2,\cdots,q_D,R_1,R_2,\cdots,R_E,t\right]^{\mathrm{T}} \tag{7.19}$$

$$u(k)=\left[\beta_1,\beta_2,\cdots,\beta_D\right]^{\mathrm{T}} \tag{7.20}$$

$$s_i'=s_i+\beta_i \tag{7.21}$$

如果在精炼生产调度系统临时状态$x'(k+1)$下，正在进行生产的多个炉次中第p个炉次某道工序的精炼生产任务较其他炉次的精炼生产任务先完成，则临时状态$x'(k+1)$转移到精炼生产状态$x(k+1)$。

$$x(k+1)=\left[s_1',s_2',\cdots s_p''\cdots,s_D',q_1,q_2,\cdots,q_p',\cdots,q_D,R_1',R_2',\cdots,R_n'',\cdots,R_E',t'\right]^{\mathrm{T}} \tag{7.22}$$

式中，

$$s_p''=s_p'+1\text{；}\quad q_p'=m\text{；}\quad R_n''=R_n'+\sigma\text{，}\quad \sigma=1\text{或}2$$

其中，s_p''是第p个炉次某道精炼工序比其他炉次精炼工序率先完成精炼生产任务时的临时状态($p\in\{1,2,\cdots,D\}$，p为正整数)；q_p'表示完成精炼生产任务的方式($p\in\{1,2,\cdots,D\}$，p为正整数)；R_n''表示当前时刻未被占用的第p类精炼加工设备数量($n\in\{1,2,\cdots,E\}$，n为正整数)；t'是精炼生产任务结束的时刻。如果在相同时刻还有其他炉次的精炼生产任务结束，其精炼生产调度系统状态转移规则也可以按照式（7.18）～式（7.22）进行相应的更新。如果某个炉次最后一道精炼工序的生产任务执行结果不需要进行回炉重炼，则该炉次精炼生产过程结束，否则进行回炉重炼。

7.3.5 目标函数

在搭建钢水命中率不确定精炼生产调度数学模型时，首先需要满足三项精炼性能指标：

（1）同一台精炼设备同一时间只能处理一个炉次。

（2）同时要求炉次在各工序处理的等待时间之和最小。

（3）所有浇次在连铸机上的理想开浇时间和实际开浇时间差值最小。

另外，需要确定所搭建数学模型的决策变量，决策变量只有 1 个。因为一个炉次中的任意一道精炼工序加工结束的时间等于精炼加工开始时间加上在精炼生产设备上的加工时间。由于在精炼设备上的加工时间是确定的，所以只需要得知精炼工序加工开始时间就可以得出加工结束时间，所以需要将在精炼设备上加工的开始时间作为一个决策变量。

将每个炉次在精炼生产过程的设备选择及在所选设备的开始加工时间进行合理安排。因此本书将“精炼生产过程炉次在各工序处理等待时间之和最小”以及“精炼生产过程各炉次理想开浇时间与实际开浇时间差值最小”作为优化目标，以“同一精炼设备上相邻炉次不发生冲突”作为约束条件，建立如下数学目标函数，$Q\left(x(k),u(k)\right)$ 表示在精炼生产状态 $x(k)$ 执行精炼生产行动 $u(k)$ 的开始时间，其中，$Q\left(x(k+1),u(k+1)\right)$ 表示精炼生产状态 $x(k+1)$ 可选取所有精炼生产行动集合中对应的开始加工时间，$g\left(x(k),u(k),x(k+1)\right)$ 为从精炼生产状态 $x(k)$ 执行钢铁精炼生产行动 $u(k)$ 进行生产到达精炼生产状态 $x(k+1)$ 的时间：

$$\begin{aligned}\min Q\left(x(k),u(k)\right)=\alpha &\min_{u(k+1)\in U^{x(k+1)}} E\left(Q\left(x(k+1),u(k+1)\right)\right)\\&+(1-\gamma)Q\left(x(k),u(k)\right)+\gamma\left(g\left(x(k),u(k),x(k+1)\right)\right)\\&+\left|Q\left(x(k),u(k)\right)-T_i\right| \end{aligned} \tag{7.23}$$

式中，$\min Q\left(x(k),u(k)\right)$表示精炼生产系统在精炼生产状态$x(k)$执行精炼生产行动$u(k)$的加工时间最小值；$Q\left(x(k),u(k)\right)$表示当前精炼生产系统在精炼生产状态$x(k)$执行精炼生产行动$u(k)$的加工时间；$\min\limits_{u(k+1)\in U^{x(k+1)}} E\left(Q\left(x(k+1),u(k+1)\right)\right)$表示在精炼生产状态$x(k+1)$执行精炼生产行动$u(k+1)$加工时间数学期望值的最小值；$\left|Q\left(x(k),u(k)\right)-T_i\right|$表示精炼生产系统在精炼生产状态$x(k)$执行精炼生产行动$u(k)$理想开浇时间与实际开浇时间的差值；$T_i$表示炉次$i$理想开浇时间，炉次$i$的理想开浇时间需要满足：

$$T_i > T_\varphi + T_\omega \tag{7.24}$$

T_φ表示该炉次在精炼设备上的加工时间；T_ω表示该炉次相邻工序，在精炼设备上进行处理的等待时间之和。进一步说明浇次与炉次之间的关系，利用算例进行简要说明。某钢铁生产企业同时承担 5 个炉次的精炼生产任务，并分为 2 个浇次完成后续连铸阶段生产任务。炼钢-精炼-连铸生产过程炉次与浇次关系示例表，如表 7.1 所示。

表 7.1　炼钢-精炼-连铸生产过程炉次与浇次关系示例表

L_{li}	l	i
1	1	1
2	2	2
3	1	3
4	2	4
5	1	5

规定L_{11}理想开浇时间为 8:00，处理时间为 10min；L_{13}理想开浇时间为 8:10，处理时间为 10min；L_{15}理想开浇时间为 8:20，处理时间为 10min；L_{21}理想开浇时间为 9:00，处理时间为 20min；L_{22}理想开浇时间为 9:40，处理时间为 20min。根据炉次与浇次关系、各炉次理想开浇时间以及在连铸机上处理的时间，绘制各炉次理想开浇时间示意图。

通过式（7.23）对于性能指标“精炼生产过程炉次在各工序处理等待时间之和最小”以及“精炼生产过程各炉次理想开浇时间与实际开浇时间差值最小”转化为了优化目标，接下来将另一个性能指标“同一精炼设备上相邻炉次不发生冲突”通过式（7.25）转化为约束条件。

$$Q\left(x\left(k+1\right),u\left(k+1\right)\right)>Q\left(x\left(k\right),u\left(k\right)\right)+g\left(x\left(k\right),u\left(k\right),x\left(k+1\right)\right),$$
$$k=1,2,3,\cdots,K;i=1,2,3,\cdots,I \tag{7.25}$$

7.4 本章小结

本章主要搭建钢水命中率不确定环境下精炼生产调度模型。首先，对钢水命中率不确定精炼生产调度问题进行详细分析，并从精炼生产过程的角度出发规定了模型的决策变量及参数；其次，提出问题假设并使用马尔可夫链分析钢水命中率的不确定性；最后，对三项钢铁精炼生产性能指标包括相邻工序在同一精炼设备进行生产，炉次在各精炼工序处理等待时间之和最小，精炼生产过程各炉次理想开浇时间与实际开浇时间差值最小以及同一精炼设备上相邻炉次不发生冲突进行分析，并建立数学模型。精炼生产过程在钢铁生产中具有生产设备的精确性、工序复杂性以及生产路径数量多等特点，被认为是 NP 难问题。在精炼生产阶段任何精炼工序都可能出现由于钢水成分不符合生产要求，从而需要重新编制调度方案，短时间内通过动态调度手段获得可行的调度方案难度较大，针对这一问题进行的算法设计将在第 8 章进行介绍。

参考文献

[1] Luh P B, Zhao X, Wang Y, et al. Lagrangian relaxation neural networks for job shop scheduling[J]. IEEE Transactions on Robotics and Automation, 2000, 16(2): 78-88.

[2] 安亭亭. 炼钢—连铸生产调度优化算法与仿真的研究与应用[D]. 沈阳: 沈阳建筑大学, 2017.

[3] 李相勇, 张南, 蒋葛夫. 道路交通事故灰色马尔可夫预测模型[J]. 公路交通科技, 2003, 20(4): 98-100,104.

[4] Nishi T, Isoya Y, Inuiguchi M. An integrated column generation and Lagrangian relaxation for flowshop scheduling problems[C]. Proceedings of the 2009 IEEE International Conference on Systems,Man and Cybernetics,Tokyo, 2009: 299-304.

[5] Xu T B, Zhu C X, Qi W H, et al. Passive analysis and finite-time anti-disturbance control for semi- markovian jump fuzzy systems with saturation and uncertainty[J]. Applied Mathematics and Computation, 2022, 424: 127030-127040.

[6] Nishi T, Hiranaka Y, Inuiguchi M. A successive Lagrangian relaxation method for solving flowshop scheduling problems with total weighted tardiness[C]. IEEE International Conference on Automation Science and Engineering, Scottsdale, 2007: 875-880.

[7] Hoitomt D J, Luh P B. A practical approach to job-shop scheduling problems[J]. IEEE Transactions on Robotics and Automation, 1993, 9(1): 1-13.

[8] Meng J Y, Soh Y C, Wang Y Y. FMS jobshop scheduling using Lagrangian relaxation method[C]. IEEE International Conference on Robotics and Automation, Nagoya, 1995.

[9] 庞新富, 高亮, 潘全科, 等. 某一转炉或精炼炉故障下炼钢-连铸生产重调度方法及应用[J]. 控制与决策, 2015, 30(11): 4-12.

8 钢水命中率不确定精炼生产调度策略

8.1 引　　言

精炼生产过程在钢铁生产中具有生产设备的精确性、精炼工序复杂性以及精炼生产路径数量多等特点，被认为是非确定多项式问题。在精炼生产阶段任意精炼工序都可能发生由于钢水成分不符合生产要求而需要回炉重炼的情况，导致精炼生产调度问题难度随精炼工序数量的增加呈指数增长，精炼生产调度问题计算规模进一步扩大。为此，本章提出基于改进 Q 学习的钢水命中率不确定精炼生产调度策略。首先，基于启发式仿真策略去除冗余的状态行动对，用以缩小精炼生产调度问题的计算规模；其次，利用改进 Q 学习算法对该问题进行迭代求解；再次，利用在线决策得到符合后续精炼工序要求的精炼生产调度方案；最后，基于某大型钢铁企业的精炼生产过程数据验证算法的有效性。

8.2 传统 Q 学习算法与改进 Q 学习算法概述

8.2.1 传统 Q 学习算法

传统 Q 学习算法是一种无监督（off-policy）的强化学习方法，是由 Watkins 提出的一种求解信息不完全的马尔可夫决策问题的学习方法[1]。计算 Q 学习算法基本公式（式（8.1））所获得的计算结果大于 0，则 Q 值表得到更新。Q 值表在得到更新时会对下一状态的最优值进行计算，并按照该方法计算获得的下一状态最优值做出相应的动作，因此该动作不依赖于当前的求解策略[2]。目前，随着对传统 Q 学习算法研究越发成熟，该算法已经大量应用到实际生活中，例如，工厂中最优操作工序、棋艺对弈、控制移动机器人等[3]。传统 Q

学习算法是$Q(x(k),u(k))$在某一时刻$x(k)$状态下，采取行动$u(k)$能够获得最优收益的期望。探索环境会根据智能体采取的动作，给予相对应的回报反馈，通过计算Q学习算法基本公式获得相应的回报(r)。Q学习算法的核心思想首先是将智能体每一时刻在探索环境的状态$x(k)$与行动$u(k)$组成的状态行动对进行集中，形成状态行动对，并构建出一张Q值表[4]，用来存储通过Q学习算法基本公式进行迭代计算所获得的Q值；其次根据所得到的更新后的Q值重构出新的Q值表；最后根据收敛重新构建的Q值表来指导智能体后续探索路线，获得最优的智能体探索策略[5]。传统Q学习算法主要用于马尔可夫环境下的生产系统，利用智能体经历的动作序列，依据Q学习基本公式计算出的Q值大小选择下一状态的最优动作。传统Q学习算法的一个关键假设是把智能体和环境的交互看作一个马尔可夫决策过程[6]，当前的状态只与下一个状态有关，与其他状态无关，简化了状态转移模型，提高了计算效率，在生产线的调度和规划智能体最优行走路径方面有着较多应用，使用的原因有两点。

（1）首先，传统Q学习算法“不具有模型”，可以直接对每个生产状态下的任意一个动作进行Q值的估算和预测；其次，传统Q学习算法利用基本公式进行迭代获取Q值表；最后，利用在线决策方法来决策智能体当前状态下可以获得最高Q值的动作，进而对Q值表进行更新[7]。如果在算法运行的过程中能够无限次访问状态行动对，那么就可以得到收敛的最优函数值[8]。传统Q学习算法通过自身的基本公式可以直接对智能体下一状态的每一个动作进行Q值的预测和估算，提高了求解效率。

（2）传统Q学习算法可以对生产工艺过程的任意生产阶段内的任意工序进行调度决策以及对生产时间进行估算，根据实际生产情况采取相应的调度策略，进行下一最优生产行动的选取。传统Q学习算法采用随机调度的方法对下一生产状态最优行动进行选取[9]，保证在选取下一生产状态最优行动时可以做到“整体最优”而不是“局部最优”，保证了调度方案的优化效果[10]。

传统Q学习算法首先需要对学习矩阵Q进行初始化；其次，根据调度环境计算出智能体可能采取的所有动作的奖励值，建立奖励矩阵R；再次，根据智能体所处调度环境选取一个动作 $u(k)$ 作为初始动作，并利用 Q 学习算法基本公式：

$$\begin{aligned}Q\big(x(k),u(k)\big)=&(1-\alpha)Q\big(x(k),u(k)\big)+\alpha\Big(R\big(x(k),u(k)\big)\\&+\gamma\times\max\Big(Q\big(x(k+1),u(k+1)\big)-Q\big(x(k),u(k)\big)\Big)\Big)\end{aligned} \tag{8.1}$$

式中，α 为学习系数。

计算得出与下一状态最优执行动作相对应的 Q 值回报，并更新学习矩阵 Q；最后，判断学习矩阵 Q 是否收敛，收敛则算法结束，否则返回继续利用 Q 学习基本公式进行迭代计算，直到学习矩阵 Q 收敛。

8.2.2　改进 Q 学习算法

本节针对传统 Q 学习算法初始阶段智能体无法准确选取下一状态的最优动作[11]，引入可以将多性能指标转化为优化目标以及约束条件的帕累托解集[12]，并利用帕累托解集优化求解思想引入动作选取概率 P，利用动作选取概率计算下一系统状态所有可能采取完成方式的概率值，并选取概率值最大的完成方式作为下一系统状态的生产方式。图 8.1 是改进 Q 学习算法流程图。改进 Q 学习算法计算步骤如下。

步骤 1：定义改进 Q 学习算法的状态空间和动作集。

步骤 2：初始化学习矩阵 Q，即将学习矩阵 Q 置为零矩阵，并设学习系数 α。

步骤 3：从学习矩阵 Q 中选取一个状态行动对 $\big(x(k),u(k)\big)$ 作为智能体初始状态。

步骤 4：利用 Q 学习算法基本公式分别计算智能体从当前状态转移到下一状态所有可能的状态行动对的 Q 值。

步骤 5：在算法运行过程中出现智能体选择下一状态最优动作时，利用动作转移概率计算公式：$P\big(u(k)/x(k)\big)=Q\big(x(k),u(k)\big)\Big/\sum_{j}Q\big(x(k),u(k)\big)$，分别计算智能体可能选择的每一个状态行动对的选取概率，并对计算出的动作选取概率进行比较，选择执行动作选取概率最大的状态行动对 $\left(x(k+1),u(k+1)\right)$ 继续进行计算。

步骤 6：利用 Q 学习算法基本公式对选定的状态行动对 $\left(x(k+1),u(k+1)\right)$ 进行 Q 值计算。

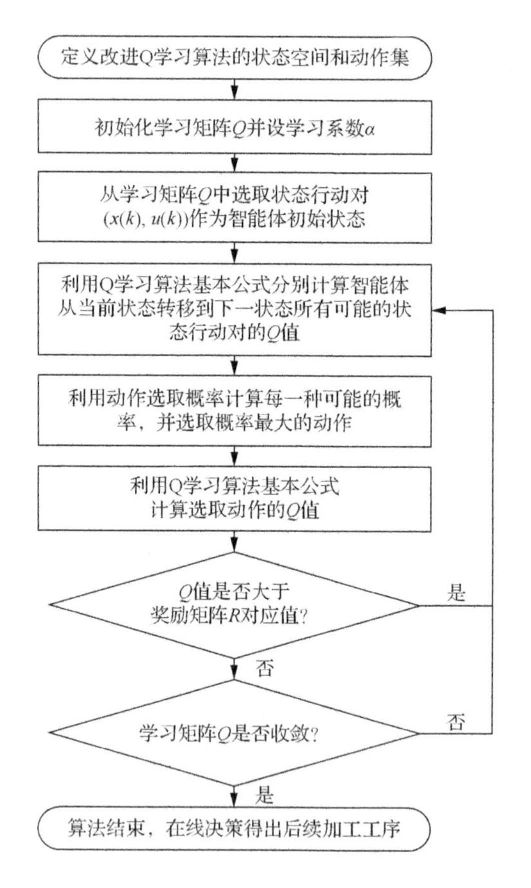

图 8.1　改进 Q 学习算法流程图

步骤 7：如果 $Q>T^{*}$，其中 T^{*} 为该状态奖励矩阵 R 的对应值，则返回到步骤 4 进行迭代计算。若 $Q<T^{*}$ 则更新学习矩阵 Q。

步骤 8：判断学习矩阵 Q 是否收敛，收敛则算法结束，否则返回到步骤 4 继续进行迭代计算。

步骤 9：在线决策，参照改进 Q 学习算法所获得的收敛学习矩阵 Q 进行在线决策，利用公式 $u^*(k)=\arg\max_{u(k)\in U^{x(k)}} Q(x(k),u(k))$ 编制出满足后续工序生产要求的生产加工策略。

8.3　基于改进 Q 学习算法的钢水命中率不确定精炼生产调度策略求解

8.3.1　考虑不同生产性能指标的启发式策略仿真设计

启发式策略是一种使用模型按照某种规则将某一具体层次的不确定性，转化为它们对目标影响的策略。目前，启发式策略主要应用于航空、航天、电力、化工、交通、生产管理等领域。在解决大规模精炼生产调度问题时，可以利用启发式策略仿真来减小模型变量规模、结合混合智能算法提高算法的计算效率，在实际钢铁生产中具有时效性[13]。

考虑到钢铁精炼生产过程自身加工设备数量多、工艺路径复杂的特点，在实际的钢铁生产中往往希望在连铸机上开始浇铸时间早的炉次先进入精炼设备进行生产，主要原因是避免炉次在完成精炼阶段生产任务后，进行下一生产阶段（即连铸阶段），等待时间过长，导致钢水温度降低以及钢水成分不符合生产要求，需要重新对钢水进行加热或者回炉重炼，影响后续精炼工序不能正常进行。因为精炼生产阶段是多设备、多阶段的加工过程，所以对精炼生产过程进行生产调度难度较大。在实际精炼生产中，如果出现钢水成分不符合生产要求需要进行回炉重炼的情况，那么精炼生产阶段的调度难度随精炼工序数量增加呈指数增长。针对上述在精炼生产调度过程中出现的问题，在实际钢铁生产中往往希望在精炼生产阶段，不同炉次相邻精炼工序间等待时间短的精炼工序先进入精炼设备进行生产。根据以上两个精炼生产性能指标，本书采用以下两种启发式策略：在连铸机上开始浇铸时间早的炉次先进入精炼生产设备进行生产；在不同炉次相邻精炼工序间等待时间短的精炼工序先进入精炼设备进行生产。无论采用以上哪种启发式策略，只要在仿真过程中发现钢水成分不符合生产要求需要进行回炉重炼的情况，则进行回炉重炼的精炼工序先进入精炼生产设备进行生产。每种启发式策略的仿真结果是以各炉次精炼工序的状态行动对为矩阵元素构成的矩阵。在获得两种启发式策略的仿真结果后，需要将两种启发式策略所获得的矩阵进行合并，达到除去两种启发式策略仿真中冗余状态行动对的目的（冗余状态包括在实际精炼生产过程中不可能发生的精炼生产状态，即钢水命中率状态转移概率矩阵中概率为 0 的精炼生产状态，以及利用不同启发式策略得到的仿真结果具有相同的精炼生产状态）。另外还可以达到缩小该调度问题的求解规模、得到初始的 Q 值（两种启发式策略获得的仿真结果进行合并后得到的矩阵可以作为后续算法设计中改进 Q 学习算法迭代求解钢水命中率不确定精炼生产调度问题的初始学习矩阵 Q）的目的。

8.3.2　基于改进Q学习算法的钢水命中率不确定精炼生产调度策略流程

钢水命中率不确定精炼生产调度问题属于大规模流水车间调度问题，是求解 NP 难问题。强化学习中的 Q 学习算法具有自适应、贪婪搜索的特性，能够快速搜索到最优解[14]，但传统 Q 学习算法具有无法准确选取下一最优状态的缺点。考虑到这一问题，在传统 Q 学习算法的基础上进行改进，利用改进 Q 学习算法进行迭代计算会节省精炼生产阶段的加工时间，提高精炼生产调度效率，能够更好地应对在实际精炼生产调度过程中发生由于钢水成分达不到生产要求需要进行回炉重炼的状况。针对本书搭建的调度数学模型，作者提出了利用改进 Q 学习算法求解钢水命中率不确定精炼生产调度问题的方法，以下为基于改进 Q 学习算法的调度流程。

步骤 1：首先，定义精炼生产过程状态行动对。用以表示各炉次在精炼生产阶段的生产状态。其中，$u(k)$ 表示各炉次在精炼生产阶段对于同种精炼生产加工设备选取的状态（$k=1,2,3,\cdots$，k 为正整数）。其次，搭建精炼生产过程钢水命中率不确定奖励矩阵 R 和精炼生产过程学习矩阵 Q。假设钢铁生产企业同时承担 n 个炉次的精炼生产任务（n 为正整数），需要利用的精炼生产设备有 m 类（m 为正整数）。依据钢水命中率状态转移规则，精炼生产过程奖励矩阵 R 与学习矩阵 Q 的矩阵大小均为 $n\times n$。即奖励矩阵 R 为

$$
R_{n\times n}=\begin{bmatrix} R_{((1,1),1)} & R_{((1,2),2)} & \cdots & R_{((1,n),n)} \\ R_{((2,1),1)} & R_{((2,2),2)} & \cdots & R_{((2,n),n)} \\ \vdots & \vdots & & \\ -1 & R_{((n,2),2)} & \cdots & R_{((n,n),n)} \end{bmatrix} \tag{8.2}
$$

式中，“ −1 ”表示该精炼生产情况不存在；“ $R_{((1,1),1)}$ ”表示第 1 个炉次的第 1 道工序利用第 1 种精炼加工设备进行的处理时间，$R_{((1,1),1)}$ 为一个大小为 $n\times n$ 的矩阵；“ $R_{((1,n),n)}$ ”表示第1个炉次的第 n 道精炼工序使用第 n 类精炼生产设备进行的处理时间， $R_{((1,n),n)}$ 为一个大小为 $n\times n$ 的矩阵；“ $R_{((n,n),n)}$ ”表示第 n 个炉次的第 n 道精炼工序使用第 n 类精炼生产设备进行加工的生产时间， $R_{((n,n),n)}$ 为一个大小为 $n\times n$ 的矩阵。

学习矩阵 Q 为

$$
Q_{n\times n}=\begin{bmatrix} Q_{((1,1),1)} & Q_{((1,2),2)} & \cdots & Q_{((1,n),n)} \\ Q_{((2,1),1)} & Q_{((2,2),2)} & \cdots & Q_{((2,n),n)} \\ \vdots & \vdots & & \vdots \\ -1 & Q_{((n,2),2)} & \cdots & Q_{((n,n),n)} \end{bmatrix} \tag{8.3}
$$

式中，“ $Q_{((1,1),1)}$ ”表示在第 1 个炉次的第 1 道精炼工序使用第 1 类精炼加工设备进行的处理时间， $Q_{((1,1),1)}$ 为一个大小为 $n\times n$ 的矩阵；“ $Q_{((1,n),n)}$ ”表示第 1 个炉次的第 n 道精炼工序使用第 n 类精炼生产设备进行加工的生产时间，$Q_{((1,n),n)}$ 为一个大小为 $n\times n$ 的矩阵；“ $Q_{((n,n),n)}$ ”表示第 n 个炉次的第 n 道精炼工序使用第 n 类精炼加工设备进行的处理时间，$Q_{((n,n),n)}$ 为一个大小为 $n\times n$ 的矩阵；“ −1 ”表示该精炼生产情况不存在。

在利用改进 Q 学习算法求解钢水命中率不确定精炼生产调度问题时，因首次进入精炼生产环境，所以对精炼生产过程学习矩阵 Q 进行初始化，精炼生产过程学习矩阵 Q 中行代表每一个炉次中生产工序的生产状态 $x(k)$，列代表每一个炉次中精炼工序精炼生产设备的选取状态 $u(k)$。

$$Q_{n\times n}=\begin{bmatrix}0 & 0 & \cdots & 0\\ 0 & 0 & & 0\\ \vdots & \vdots & & \vdots\\ 0 & 0 & \cdots & 0\end{bmatrix} \tag{8.4}$$

步骤 2：初始化精炼生产过程学习矩阵 Q，并设学习系数 α。

步骤 3：选取精炼生产过程第 1 道精炼工序状态行动对 $\left(x(1),u(1)\right)$ 作为初始状态。

步骤 4：利用值函数公式（8.1）进行更新迭代。

步骤 5：出现不同炉次相邻工序同一时间在同一精炼生产设备上进行精炼生产时，通过计算动作选取概率，如式（8.5），对不同炉次相邻精炼工序进入精炼设备进行生产的顺序进行安排：

$$P\left(u(k)/x(k)\right)=Q\left(x(k),u(k)\right)\Big/\sum_{j}Q\left(x(k),u(k)\right) \tag{8.5}$$

式中，$Q\left(x(k),u(k)\right)$ 是在生产状态 $x(k)$ 在精炼设备 $u(k)$ 上进行生产的加工时间矩阵；$\sum\limits_{j}Q\left(x(k),u(k)\right)$ 表示在第 j 个炉次生产状态 $x(k)$ 选取在精炼设备 $u(k)$ 上进行生产的所有工序加工时间的和，$u(k)\in\{U\}$。

步骤 6：判断精炼生产过程学习矩阵 Q 更新情况，若值函数大于 0，则精炼生产过程学习矩阵 Q 得到更新。否则，将转回到步骤 4 以选取下一生产状态作为初始状态，并利用值函数进行迭代计算。

步骤 7：判断精炼生产过程学习矩阵 Q 收敛的情况，学习矩阵 Q 收敛的条件为 $\max\limits_{j}\left|(Q_j^{i+1}-Q_j^i)/Q_j^i\leqslant 1\right|$。学习矩阵 Q 满足该收敛条件则得到收敛的精炼生产过程学习矩阵 Q，否则回到步骤 4 继续进行迭代计算；当对精炼生产过程学习矩阵 Q 最后一个元素迭代计算结束后，通过对所获得的精炼生产过程学习矩阵 Q 进行数据处理，获得收敛的学习矩阵 Q。收敛的精炼生产过程学习矩阵 Q 为

$$Q=\begin{bmatrix}Q_{((1,1),1)} & Q_{((1,2),2)} & \cdots & Q_{((1,m),m)}\\ Q_{((2,1),1)} & Q_{((2,2),2)} & & Q_{((2,m),m)}\\ \vdots & \vdots & & \vdots\\ Q_{((n,1),1)} & Q_{((n,2),2)} & \cdots & Q_{((n,m),m)}\end{bmatrix} \tag{8.6}$$

步骤 8：得到收敛精炼生产过程学习矩阵 Q，则算法结束。

精炼生产过程钢水命中率不确定学习矩阵的搭建是 Q 学习算法解决钢水命中率不确定精炼生产调度问题的主要计算环节。精炼生产过程搭建钢水命中率不确定学习矩阵的主要目的是，为后续迭代求解钢水命中率不确定精炼生产调度问题提供计算数据和为下一状态最优状态行动对的选取提供基础数据支持。

改进 Q 学习算法结束计算后，进入人工在线决策环节，即调度人员利用 Q 学习算法所获得的收敛精炼生产过程学习矩阵 Q 对每一道工序产出的钢水按照每个炉次不同的生产要求进行个性化选择的决策环节，即

$$u^*(k)=\arg\max_{u(k)\in U^{x(k)}} Q\big(x(k),u(k)\big) \tag{8.7}$$

式中，$u^*(k)$ 表示最优精炼生产设备选取状态；$\arg\max_{u(k)\in U^{x(k)}} Q\big(x(k),u(k)\big)$ 表示使 $Q\big(x(k),u(k)\big)$ 值最大的状态行动对。

调度人员在实际钢铁精炼生产过程中出现钢水成分不符合生产要求需要回炉重炼时，通过式（8.7）以及利用改进 Q 学习算法所求出的收敛精炼生产过程学习矩阵 Q 对整个钢铁精炼生产阶段进行重调度，利用该方法快速获得符合后续工序生产要求的重调度方案。

8.4　面向钢水命中率不确定精炼生产调度问题的数据验证

8.4.1　基于经典 Q 学习算法在不同案例下的数据验证

1. 经典 Q 学习案例问题描述

本节引入房间问题案例，利用传统 Q 学习算法求解策略和本书提出的改进 Q 学习算法求解策略分别对房间问题进行求解。所谓房间问题是指智能体在特定的探索环境中，执行从初始房间到达目标房间的探索任务，在探索过程中会出现智能体无法准确选取奖励值最大房间的情况。考虑以下房间问题实例，Q 学习案例

探索环境图以及智能体行走路线图，如图 8.2 和图 8.3 所示。

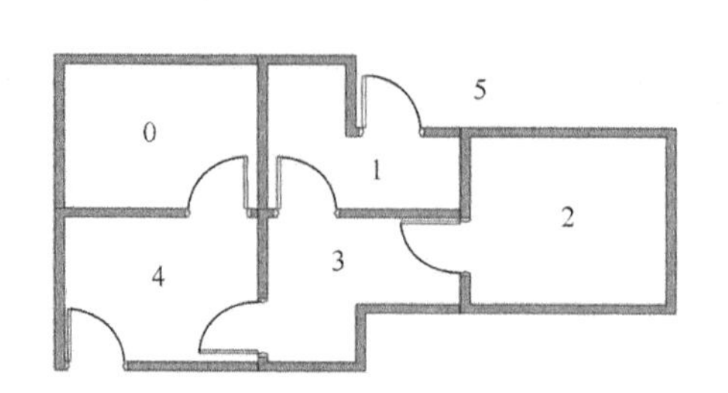

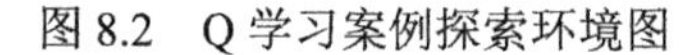
图 8.2　Q 学习案例探索环境图

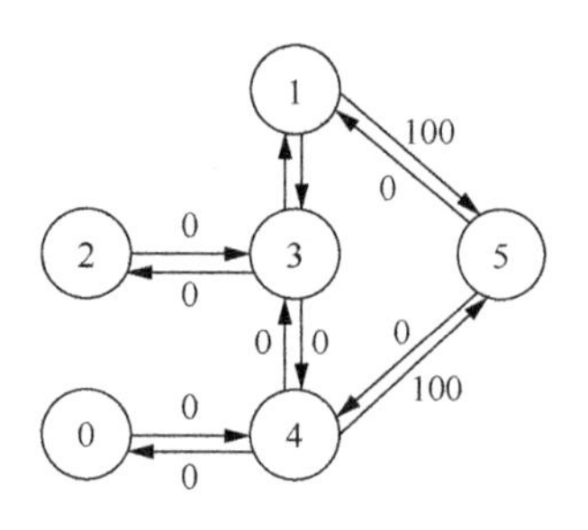

图 8.3　智能体行走路线图

假设智能体经过任意房间到达另一个房间时间相同，智能体从任意房间出发经过最少的房间到达目标房间（即房间 5），智能体在到达目标房间时，会获得最高奖励值 100，智能体到达其他房间所获得奖励值均为 0，且每个房间不可重复进入。根据智能体在房间内所有可能进出房间的情况和所在房间获得的奖励值绘制了智能体探索房间行走的路线图，如图 8.3 所示。利用本书所提出的改进 Q 学习算法对学习矩阵 Q 进行不断迭代更新，最终得到收敛的学习矩阵 Q，并根据收敛学习矩阵 Q 的指导规划出智能体从初始房间到达目标房间的最佳行走路径。

2. 传统 Q 学习算法与改进 Q 学习算法数据验证比较

首先，根据房间结构图和智能体进入对应房间所获得的奖励值，得到了智能体从任意房间到达目标房间 5 的路线图，并根据路线图构建出了奖励矩阵 R：

$$R=\begin{bmatrix} -1 & -1 & -1 & -1 & 0 & -1 \\ -1 & -1 & -1 & 0 & -1 & 100 \\ -1 & -1 & -1 & 0 & -1 & -1 \\ -1 & 0 & 0 & -1 & 0 & -1 \\ 0 & -1 & -1 & 0 & -1 & 100 \\ -1 & 0 & -1 & -1 & 0 & -1 \end{bmatrix} \tag{8.8}$$

并定义帕累托解集，用于改进 Q 学习算法最优选取概率的计算。

其次，因智能体首次进入房间，对房间环境一无所知，所以对学习矩阵 Q

进行初始化，构建学习矩阵 Q。其中，行代表状态 s，列代表动作 a，初始学习矩阵 Q 为零矩阵。最后，采用 MATLAB 分别编写传统 Q 学习算法和改进 Q 学习算法求解该房间问题的应用程序，在 Intel CORE i5-5200 CPU，4GB 内存，Windows 10/64 位操作系统计算机上执行，分别得出传统 Q 学习算法和改进 Q 学习算法标准化的学习矩阵 Q 计算结果，如表 8.1 所示。

表 8.1　传统 Q 学习算法与改进 Q 学习算法标准化学习矩阵 Q 计算结果

传统 Q 学习算法标准化学习矩阵 Q	改进 Q 学习算法标准化学习矩阵 Q
$Q=\begin{bmatrix} 0 & 0 & 0 & 0 & 60 & 0 \\ 0 & 0 & 0 & 36 & 0 & 100 \\ 0 & 0 & 0 & 36 & 0 & 0 \\ 0 & 60 & 21.6 & 0 & 60 & 0 \\ 36 & 0 & 0 & 36 & 0 & 100 \\ 0 & 60 & 0 & 0 & 60 & 0 \end{bmatrix}$	$Q=\begin{bmatrix} 0 & 0 & 0 & 0 & 15 & 0 \\ 0 & 0 & 0 & 0 & 0 & 25 \\ 0 & 0 & 0 & 9 & 0 & 0 \\ 0 & 15 & 0 & 0 & 15 & 0 \\ 0 & 0 & 0 & 0 & 0 & 25 \\ 0 & 15 & 0 & 0 & 15 & 0 \end{bmatrix}$

通过标准化的学习矩阵 Q 可以得出智能体处于各个房间时能够获得最大的奖励值，即智能体处于该情况时进入下一房间的最优选择，并依据两种算法标准化的学习矩阵 Q 绘制智能体行走路线图，如图 8.4 和图 8.5 所示。

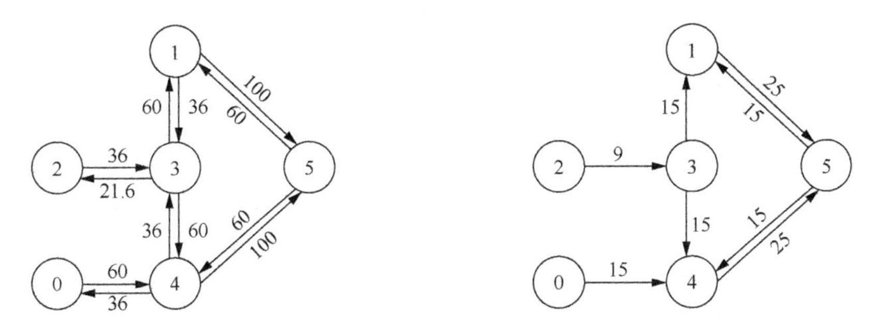

图 8.4　基于传统 Q 学习算法规划的智能体行走路线图　　图 8.5　基于改进 Q 学习算法规划的智能体行走路线图

从图 8.4 和图 8.5 可以看出，利用改进 Q 学习算法，智能体到达目标房间 5 行进的路线数量明显少于传统 Q 学习算法，说明利用改进 Q 学习算法规划的智能体从初始房间到达目标房间经过的房间数量较少，智能体使用较短时间到达目标房间。

8.4.2 相同工艺路径下钢水命中率不确定精炼生产调度案例

1. 相同工艺路径下钢水命中率不确定精炼生产调度问题描述

某钢铁生产企业同时承担3个炉次的精炼生产任务，该企业用于完成该精炼生产任务的设备以及对应的数量有RH精炼设备2台、KIP精炼设备2台以及LF精炼设备2台，钢铁生产企业同时承担3个相同工艺路径的炉次精炼生产流程图，如图8.6所示。

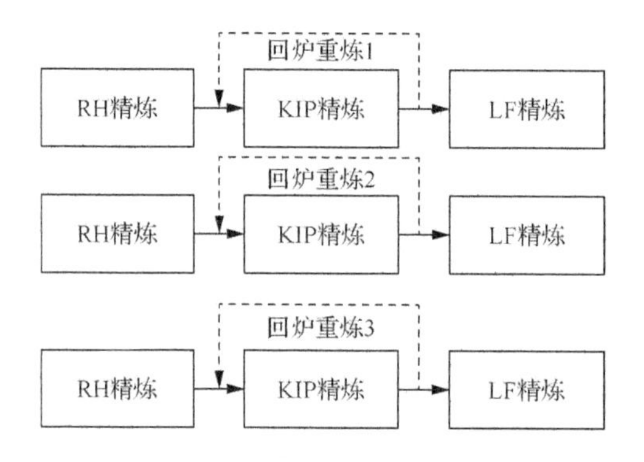

图8.6　钢铁生产企业同时承担3个相同工艺路径的炉次精炼生产流程图

利用本书所提出的改进Q学习算法求解策略对该钢水命中率不确定精炼生产调度问题进行求解验证，得到收敛的精炼生产过程学习矩阵Q，在发生钢水成分不符合生产要求需要进行回炉重炼的情况时，利用收敛的精炼生产过程学习矩阵Q进行人工在线决策，获得科学有效的调度方案。各炉次在精炼生产设备上的加工时间，如表8.2所示。

表8.2　各炉次在精炼生产设备上的加工时间

炉次序号	KIP 精炼设备	LF 精炼设备	RH 精炼设备
炉次 1	20	30	20
炉次 2	35	25	20
炉次 3	30	35	20

对表 8.3 进行分析可知，考虑求解策略中两种启发式策略，其中一个为“让理想开浇时间早的炉次先进入精炼设备进行生产”，继而获得三个炉次在精炼工序的开始处理时间和开浇时间。基于各炉次在精炼工序的开始处理时间和开浇时间，对表 8.4 进行分析可知，对每个炉次精炼工序的实现方式进行排列组合，并参考相邻精炼工序间转移概率，将不同炉次相邻工序间转移概率为 0 的精炼工序实现方式或者不同策略可以获得相同生产结束时间的精炼工序去除。通过计算可以得出三个炉次的精炼生产工艺路径数量分别为 16 条、16 条和 16 条（一个炉次从第一个精炼工序开始执行，到所有精炼生产工序加工任务完成（包括回炉重炼），所经过各精炼工序的实现方式进行排列组合，称为一条精炼生产工艺路径），因此该钢铁生产企业完成三个炉次生产任务可能出现的实现轨迹数量为 4096 条。

表 8.3　各炉次的理想开浇时间

炉次序号	精炼生产开始时间	理想开浇时间
炉次 1	10:00	11:47
炉次 2	10:00	12:00
炉次 3	10:26	12:36

表 8.4　各炉次生产任务实现方式与转移概率矩阵

炉次序号	RH 精炼	KIP 精炼	回炉重炼 1	LF 精炼
炉次 1	系数矩阵 1 $\begin{bmatrix}(1,1) & 800 & G_1\\(1,1) & 760 & G_2\end{bmatrix}$	系数矩阵 2 $\begin{bmatrix}(1,2) & 1450 & G_1\\(1,2) & 2410 & G_2\\(1,2) & 2590 & G_3\end{bmatrix}$	系数矩阵 3 $\begin{bmatrix}(1,3) & 3000 & G_1\\(1,3) & 3100 & G_2\\(1,3) & 3200 & G_3\end{bmatrix}$	系数矩阵 4 $\begin{bmatrix}(1,4) & 4070 & G_2\\(1,4) & 4010 & G_3\end{bmatrix}$
	转移概率矩阵 1 $\begin{bmatrix}0.32\\0.68\end{bmatrix}$	转移概率矩阵 2 $\begin{bmatrix}0.39 & 0.40\\0.39 & 0.11\\0.22 & 0.49\end{bmatrix}$	转移概率矩阵 3 $\begin{bmatrix}0.41 & 0.2 & 0.17\\0.3 & 0.4 & 0.40\\0.29 & 0.4 & 0.43\end{bmatrix}$	转移概率矩阵 4 $\begin{bmatrix}0.2 & 0.19 & 0.3\\0.8 & 0.81 & 0.7\end{bmatrix}$

续表

炉次序号	RH 精炼	KIP 精炼	回炉重炼 2	LF 精炼
炉次2	系数矩阵 1 $\begin{bmatrix}(2,1) & 1600 & G_1\\(2,1) & 1700 & G_2\end{bmatrix}$	系数矩阵 2 $\begin{bmatrix}(2,2) & 2030 & G_1\\(2,2) & 2041 & G_2\\(2,2) & 2081 & G_3\end{bmatrix}$	系数矩阵 3 $\begin{bmatrix}(2,3) & 3073 & G_1\\(2,3) & 3094 & G_2\\(2,3) & 3104 & G_3\end{bmatrix}$	系数矩阵 4 $\begin{bmatrix}(2,4) & 4000 & G_2\\(2,4) & 3940 & G_3\end{bmatrix}$
	转移概率矩阵 1 $\begin{bmatrix}0.2\\0.8\end{bmatrix}$	转移概率矩阵 2 $\begin{bmatrix}0.62 & 0.31\\0.34 & 0.45\\0.04 & 0.24\end{bmatrix}$	转移概率矩阵 3 $\begin{bmatrix}0.52 & 0.21 & 0.07\\0.44 & 0.55 & 0.50\\0.04 & 0.24 & 0.43\end{bmatrix}$	转移概率矩阵 4 $\begin{bmatrix}0.34 & 0.45 & 0.57\\0.66 & 0.55 & 0.43\end{bmatrix}$
炉次3	系数矩阵 1 $\begin{bmatrix}(3,1) & 5228 & G_1\\(3,1) & 5310 & G_2\end{bmatrix}$	系数矩阵 2 $\begin{bmatrix}(3,2) & 6033 & G_1\\(3,2) & 6091 & G_2\\(3,3) & 7004 & G_3\end{bmatrix}$	系数矩阵 3 $\begin{bmatrix}(3,3) & 7090 & G_1\\(3,3) & 7145 & G_2\\(3,3) & 7245 & G_3\end{bmatrix}$	系数矩阵 4 $\begin{bmatrix}(3,4) & 8004 & G_2\\(3,4) & 8540 & G_3\end{bmatrix}$
	转移概率矩阵 1 $\begin{bmatrix}0.43\\0.57\end{bmatrix}$	转移概率矩阵 2 $\begin{bmatrix}0.39 & 0.40 & 0.17\\0.31 & 0.31 & 0.34\\0.30 & 0.29 & 0.49\end{bmatrix}$	转移概率矩阵 3 $\begin{bmatrix}0.62 & 0.31 & 0.07\\0.34 & 0.45 & 0.60\\0.04 & 0.24 & 0.33\end{bmatrix}$	转移概率矩阵 4 $\begin{bmatrix}0.34 & 0.45 & 0.67\\0.66 & 0.55 & 0.33\end{bmatrix}$

2. 相同工艺路径下钢水命中率不确定精炼生产调度策略求解

本书利用启发式策略仿真对两种启发式策略，即精炼生产工艺过程炉次在各工序处理等待时间之和小的炉次生产工序先进入精炼生产设备进行生产和开浇时间早的炉次工序先进入精炼生产设备进行生产，各进行 1000 次仿真，可以得到 2000 条精炼生产工艺路径。图 8.7 和图 8.8 为不同启发式策略仿真结果图。

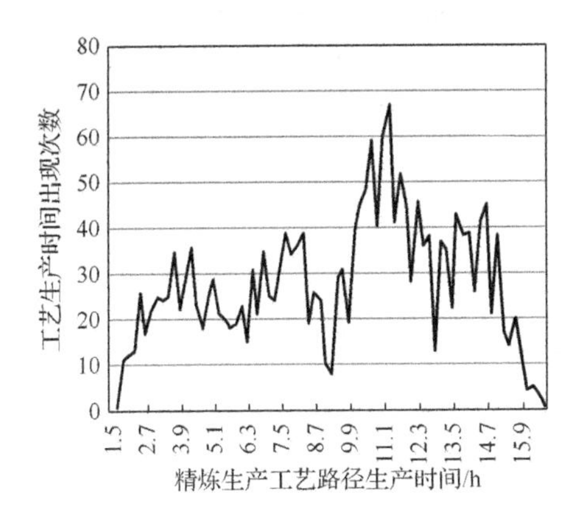

图 8.7 相同工艺路径下启发式策略 1 仿真结果图

图 8.8 相同工艺路径下启发式策略 2 仿真结果图

根据两种启发式策略的仿真结果，绘制出仿真结果所对应精炼生产工艺路径生产时间最短的甘特图，如图 8.9 和图 8.10 所示。通过比较图 8.9 和图 8.10 精炼生产阶段加工完成时间及理想开浇时间与实际开浇时间偏差得知，启发式策略 1 较启发式策略 2 先完成精炼生产任务，充分利用精炼生产设备，所以启发式策略 1 优于启发式策略 2。

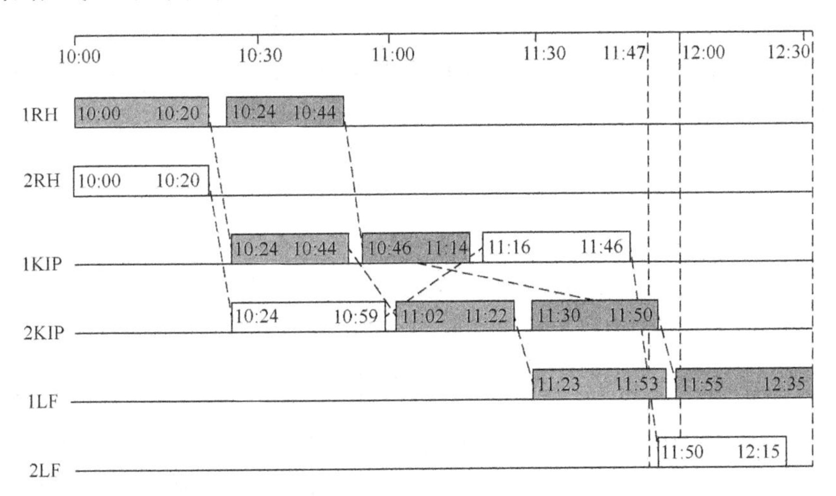

图 8.9 启发式策略 1 精炼生产工艺路径甘特图

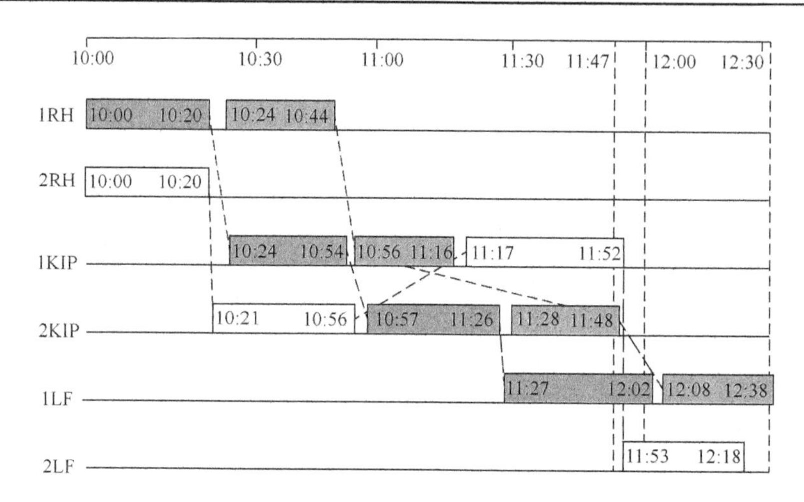

图 8.10 启发式策略 2 精炼生产工艺路径甘特图

首先，每种启发式策略的仿真结果是一个精炼阶段各炉次生产工序状态行动对的集合。将两种启发式策略仿真所获得的精炼工序状态行动对的集合进行合并，得到 1776 个非冗余的状态行动对，以及每个精炼工序状态行动对的下一个状态行动对子集。

其次，采用 MATLAB 编写本书所提出的改进 Q 学习算法迭代求解钢水命中率不确定精炼生产调度问题的应用程序，在 Intel CORE i5-5200 CPU，4GB 内存，Windows 10/64 位操作系统计算机上执行。通过改进 Q 学习算法迭代计算 19 次，得到收敛的精炼生产过程学习矩阵 Q。

最后，利用收敛的精炼生产过程学习矩阵 Q 对实际精炼生产过程进行在线决策。

$$u^*(k)=\arg\max_{u(k)\in U^{x(k)}} Q\big(x(k),u(k)\big) \tag{8.9}$$

对相同工艺路径炉次钢水命中率不确定精炼生产调度问题做出调度，得到适用于相同工艺路径炉次精炼生产过程各炉次工序调度结果，或当实际精炼生产过程中钢水成分不符合生产要求需要进行回炉重炼时，则需要对整个精炼生产过程进行重新调度。利用改进 Q 学习算法迭代获得的收敛精炼生产过程学习矩阵 Q 进行决策，平均决策时间仅为 0.13s。

8.4.3 不同工艺路径下钢水命中率不确定精炼生产调度案例

1. 不同工艺路径下钢水命中率不确定精炼生产调度问题描述

某钢铁生产企业同时承担 3 个具有不同工艺路径炉次的精炼生产任务，该企业用于完成该精炼生产任务的设备以及对应的数量有：RH 精炼设备 2 台、KIP 精炼设备 2 台、LF 精炼设备 2 台以及 CAS 精炼设备 1 台。钢铁生产企业同时承担 3 个不同工艺路径炉次精炼生产流程图，如图 8.11 所示。利用本书所提出的改进 Q 学习算法求解策略对不同工艺路径下钢水命中率不确定精炼生产调度问题进行求解验证，得到收敛的精炼生产过程学习矩阵 Q。在发生钢水成分不符合生产要求需要进行回炉重炼的情况时，利用收敛的精炼生产过程学习矩阵 Q 进行人工在线决策，获得科学有效的调度方案。不同工艺路径炉次精炼生产任务实现方式与转移概率示意表，如表 8.5 所示。

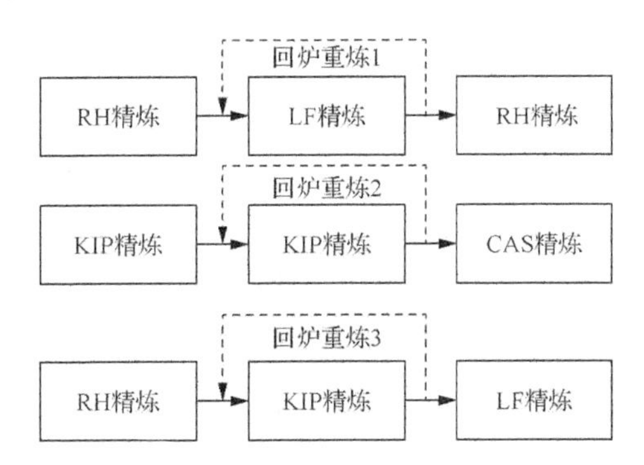

图 8.11 钢铁生产企业同时承担 3 个不同工艺路径炉次精炼生产流程图

表 8.5 不同工艺路径炉次精炼生产任务实现方式与转移概率示意表

炉次序号	1RH 精炼	LF 精炼	回炉重炼 1	2RH 精炼
炉次 1	系数矩阵 1 $\begin{bmatrix} (1,1) & 700 & G_1 \\ (1,1) & 640 & G_2 \end{bmatrix}$	系数矩阵 2 $\begin{bmatrix} (1,2) & 1190 & G_1 \\ (1,2) & 2130 & G_2 \\ (1,2) & 2460 & G_3 \end{bmatrix}$	系数矩阵 3 $\begin{bmatrix} (1,3) & 2400 & G_1 \\ (1,3) & 2700 & G_2 \\ (1,3) & 2800 & G_3 \end{bmatrix}$	系数矩阵 4 $\begin{bmatrix} (1,4) & 3470 & G_2 \\ (1,4) & 3610 & G_3 \end{bmatrix}$
	转移概率矩阵 1 $\begin{bmatrix} 0.22 \\ 0.78 \end{bmatrix}$	转移概率矩阵 2 $\begin{bmatrix} 0.29 & 0.20 \\ 0.22 & 0.31 \\ 0.49 & 0.49 \end{bmatrix}$	转移概率矩阵 3 $\begin{bmatrix} 0.31 & 0.15 & 0.13 \\ 0.44 & 0.50 & 0.47 \\ 0.25 & 0.35 & 0.40 \end{bmatrix}$	转移概率矩阵 4 $\begin{bmatrix} 0.13 & 0.29 & 0.25 \\ 0.87 & 0.71 & 0.75 \end{bmatrix}$

续表

炉次序号	1KIP 精炼	2KIP 精炼	回炉重炼 2	LF 精炼
炉次2	系数矩阵 1 $\begin{bmatrix}(2,1) & 1530 & G_1\\(2,1) & 1760 & G_2\end{bmatrix}$	系数矩阵 2 $\begin{bmatrix}(2,2) & 1900 & G_1\\(2,2) & 2181 & G_2\\(2,2) & 2290 & G_3\end{bmatrix}$	系数矩阵 3 $\begin{bmatrix}(2,3) & 4003 & G_1\\(2,3) & 4034 & G_2\\(2,3) & 4101 & G_3\end{bmatrix}$	系数矩阵 4 $\begin{bmatrix}(2,4) & 3200 & G_2\\(2,4) & 3840 & G_3\end{bmatrix}$
	转移概率矩阵 1 $\begin{bmatrix}0.13\\0.87\end{bmatrix}$	转移概率矩阵 2 $\begin{bmatrix}0.62 & 0.24\\0.30 & 0.52\\0.08 & 0.24\end{bmatrix}$	转移概率矩阵 3 $\begin{bmatrix}0.41 & 0.20 & 0.16\\0.19 & 0.54 & 0.53\\0.40 & 0.26 & 0.31\end{bmatrix}$	转移概率矩阵 4 $\begin{bmatrix}0.3 & 0.4 & 0.49\\0.7 & 0.6 & 0.51\end{bmatrix}$
炉次3	系数矩阵 1 $\begin{bmatrix}(3,1) & 5008 & G_1\\(3,1) & 5010 & G_2\end{bmatrix}$	系数矩阵 2 $\begin{bmatrix}(3,2) & 6193 & G_1\\(3,2) & 6290 & G_2\\(3,3) & 7004 & G_3\end{bmatrix}$	系数矩阵 3 $\begin{bmatrix}(3,3) & 6590 & G_1\\(3,3) & 6745 & G_2\\(3,3) & 6945 & G_3\end{bmatrix}$	系数矩阵 4 $\begin{bmatrix}(3,4) & 7604 & G_2\\(3,4) & 7800 & G_3\end{bmatrix}$
	转移概率矩阵 1 $\begin{bmatrix}0.69\\0.31\end{bmatrix}$	转移概率矩阵 2 $\begin{bmatrix}0.38 & 0.30 & 0.11\\0.36 & 0.30 & 0.30\\0.26 & 0.40 & 0.59\end{bmatrix}$	转移概率矩阵 3 $\begin{bmatrix}0.59 & 0.21 & 0.44\\0.30 & 0.42 & 0.41\\0.11 & 0.37 & 0.15\end{bmatrix}$	转移概率矩阵 4 $\begin{bmatrix}0.19 & 0.35 & 0.47\\0.81 & 0.65 & 0.53\end{bmatrix}$

对表 8.5 进行分析可知，对每个炉次精炼工序的实现方式进行排列组合，并参考相邻精炼工序间转移概率矩阵进行计算，其中炉次 1 精炼生产工艺路径数量为

$$A_4^4-8=16 \tag{8.10}$$

炉次 2 精炼生产工艺路径数量为

$$A_3^3+A_2^1=8 \tag{8.11}$$

炉次 3 精炼生产工艺路径数量为

$$A_4^4-8=16 \tag{8.12}$$

可以得出三个炉次的精炼生产工艺路径分别为 16 条、8 条和 16 条（一个炉次从第一个精炼工序开始执行，到所有精炼工序加工任务完成（包括回炉重

炼）所经过各精炼工序的实现方式进行排列组合，称为一条精炼生产工艺路径），因此，该钢铁生产企业完成 3 个炉次生产任务的可能实现轨迹数量为 $16\times8\times16=2048$ 条。表 8.6 为不同工艺路径炉次在精炼生产设备上的加工时间。表 8.7 为不同工艺路径炉次精炼生产的理想开浇时间。

表 8.6　不同工艺路径炉次在精炼生产设备上的加工时间

炉次序号	KIP 精炼设备	LF 精炼设备	RH 精炼设备	CAS 精炼设备
炉次 1	—	30	20	—
炉次 2	35	—	—	25
炉次 3	30	35	20	—

表 8.7　不同工艺路径炉次精炼生产的理想开浇时间

炉次序号	精炼生产开始时间	理想开浇时间
炉次 1	9:30	11:27
炉次 2	9:30	11:40
炉次 3	9:56	11:51

2. 不同工艺路径下钢水命中率不确定精炼生产调度策略求解

采用 MATLAB 编写本书所提出求解策略的应用程序，在 Intel CORE i5-5200 CPU，4GB 内存，Windows 10/64 位操作系统计算机上执行本书所提出的钢水命中率不确定精炼生产调度问题求解策略，验证本书所提方法的有效性和实用性。

首先，利用 8.3 节所提出的启发式策略，即精炼生产工艺过程炉次在各工序处理等待时间之和小的炉次生产工序先进入精炼生产设备进行生产和开浇时间早的炉次工序先进入精炼生产设备进行生产，各进行 1000 次仿真，可以得到 2000 条精炼生产工艺路径，仿真结果如图 8.12 和图 8.13 所示。

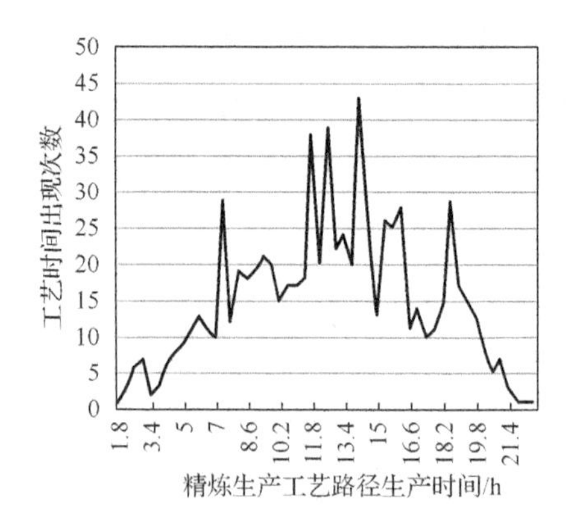

图 8.12　不同工艺路径下启发式策略 1 仿真结果图

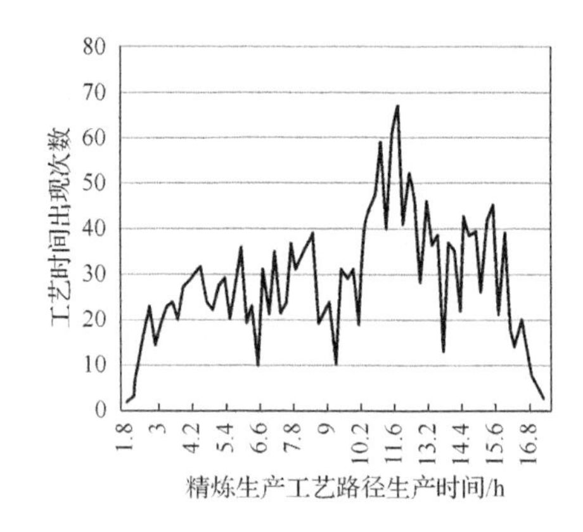

图 8.13　不同工艺路径下启发式策略 2 仿真结果图

根据两种启发式策略的仿真结果，绘制出仿真结果所对应精炼生产工艺路径生产时间最短的甘特图如图 8.14 和图 8.15 所示。

首先，通过比较图 8.14 和图 8.15 各炉次加工结束时间以及与理想开浇时间的偏差可以得出，启发式策略 2 较启发式仿真策略 1 先完成精炼生产任务，并能够充分利用精炼生产设备，所以启发式策略 2 优于启发式策略 1。

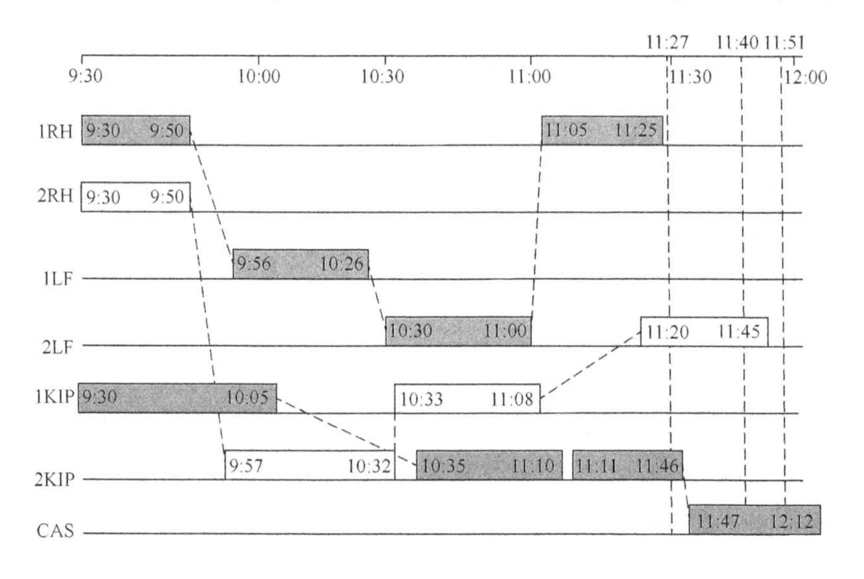

图 8.14　启发式策略 1 最优精炼生产工艺路径甘特图

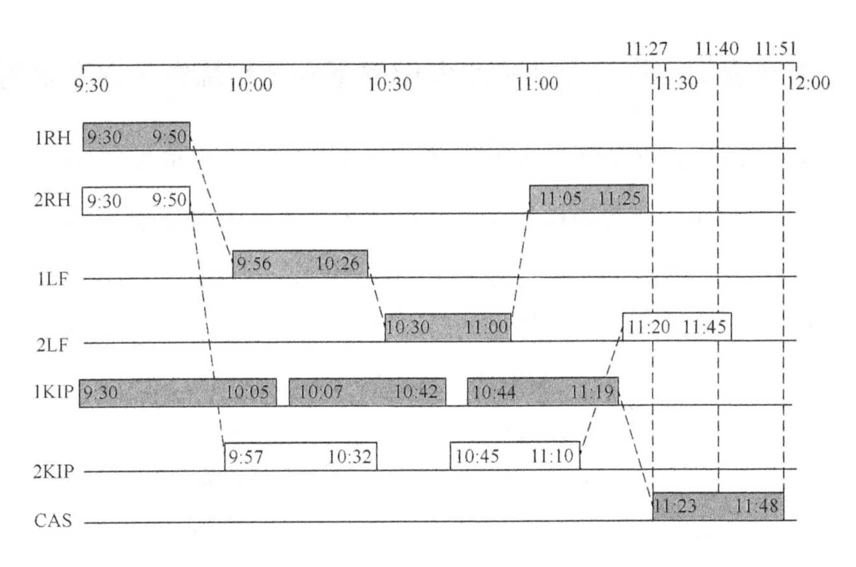

图 8.15 启发式策略 2 最优精炼生产工艺路径甘特图

其次，每种启发式策略的仿真结果是一个精炼阶段各炉次生产工序状态行动对的集合。将两种启发式策略仿真所获得的精炼工序状态行动对的集合进行合并，得到 847 个非冗余的状态行动对，以及每个精炼工序状态行动对的下一个状态行动对子集。

再次，采用 MATLAB 编写本书所提出的改进 Q 学习算法迭代求解钢水命中率不确定精炼生产调度问题的应用程序，在 Intel CORE i5-5200 CPU，4GB 内存，Windows 10/64 位操作系统计算机上执行。通过 26 次改进 Q 学习算法迭代，得到收敛的精炼生产过程学习矩阵 Q。

最后，利用收敛的精炼生产过程学习矩阵 Q 对实际精炼生产过程进行在线决策，即式（8.9），对不同工艺路径炉次钢水命中率不确定精炼生产调度问题做出调度，得到适用于不同工艺路径炉次精炼生产过程各炉次工序调度结果，或当出现实际精炼生产过程中钢水成分不符合生产要求要进行回炉重炼的情况时，则需要对整个精炼生产过程进行重调度。如果利用改进 Q 学习算法迭代获得的收敛精炼生产过程学习矩阵 Q 进行决策，平均决策时间仅为 0.18s。

8.4.4 大规模钢铁生产企业钢水命中率不确定精炼生产调度案例

1. 大规模钢铁生产企业钢水命中率不确定精炼生产调度问题描述

在实际钢铁生产过程的精炼环节，钢水的命中率时常受多种不确定因素影响导致难以达标，继而难以保证精炼环节生产调度的可执行性。因此，现在精炼生产过程亟须科学有效的精炼生产动态调度调整方法，用以保证炼钢-精炼-连铸生产过程的节奏。然而，实际生产调度人员在编制精炼生产调度计划时无法安排更多的炉次进入上述精炼生产系统进行生产，为便于调度人员操作，多数调度工作者对精炼生产调度计划采取走一步看一步的做法。为验证本书提出的模型及算法在大规模实际生产过程中对钢水命中率不确定精炼生产调度问题的求解有效性，本书以国内某钢铁公司二炼钢厂精炼生产为研究背景，结合二炼钢厂现场精炼生产工艺实际情况，采用本书提出的模型和算法，设计了80个炉次在钢水命中率不确定环境下的精炼生产调度试验。

本次调度试验的约束条件如下。

（1）前一个工序加工完成才能开始下一道工序。

（2）一台设备同一时间只能加工一个炉次。

（3）一个炉次一旦开始精炼生产，不能出现生产中断的情况，必须一直生产到精炼生产任务完成。

该厂区精炼调度主体设备包含7个精炼炉（5RH-1、5RH-2、2RH、LF-1、LF-2、KIP及CAS），辅助设备有天车、台车、钢包扒渣、倾转台、钢包烘烤位等。精炼环节包括一重精炼、二重精炼及三重精炼，其中5RH-1与5RH-2，LF-1与LF-2为两组双工设备，即两台精炼生产设备共享同一个设备摆放位，该厂炼钢-精炼-连铸生产设备布局图，如图8.16所示。

2. 大规模钢铁生产企业钢水命中率不确定精炼生产调度策略求解

根据上述大规模实际钢铁生产企业钢水命中率不确定精炼生产调度问题的已知条件，采用本书提出的模型及算法对该调度问题进行数据验证。在不考虑炼钢和连铸阶段生产、炉次与浇次逻辑关系的前提下，利用 8.3 节所提出的启发式策略，即精炼生产工艺过程炉次在各工序处理等待时间之和小的炉次生产工序先进入精炼生产设备进行生产和开浇时间早的炉次工序先进入精炼生产设备进行生产，得到可能的精炼生产工艺路径，并根据两种启发式策略的仿真结果及绘制仿真结果所对应精炼生产工艺路径生产时间最短的甘特图。利用收敛的精炼生产过程学习矩阵 Q 对实际精炼生产过程进行在线决策，对不同工艺路径炉次钢水命中率不确定精炼生产调度问题做出调度，得到适用于不同工艺路径炉次精炼生产过程各炉次工序调度结果；或当出现实际精炼生产过程中钢水成分不符合生产要求要进行回炉重炼的情况时，则对整个精炼生产过程进行重新调度。如果利用改进 Q 学习算法迭代获得的收敛精炼生产过程学习矩阵 Q 进行决策，平均决策时间仅为 6s。

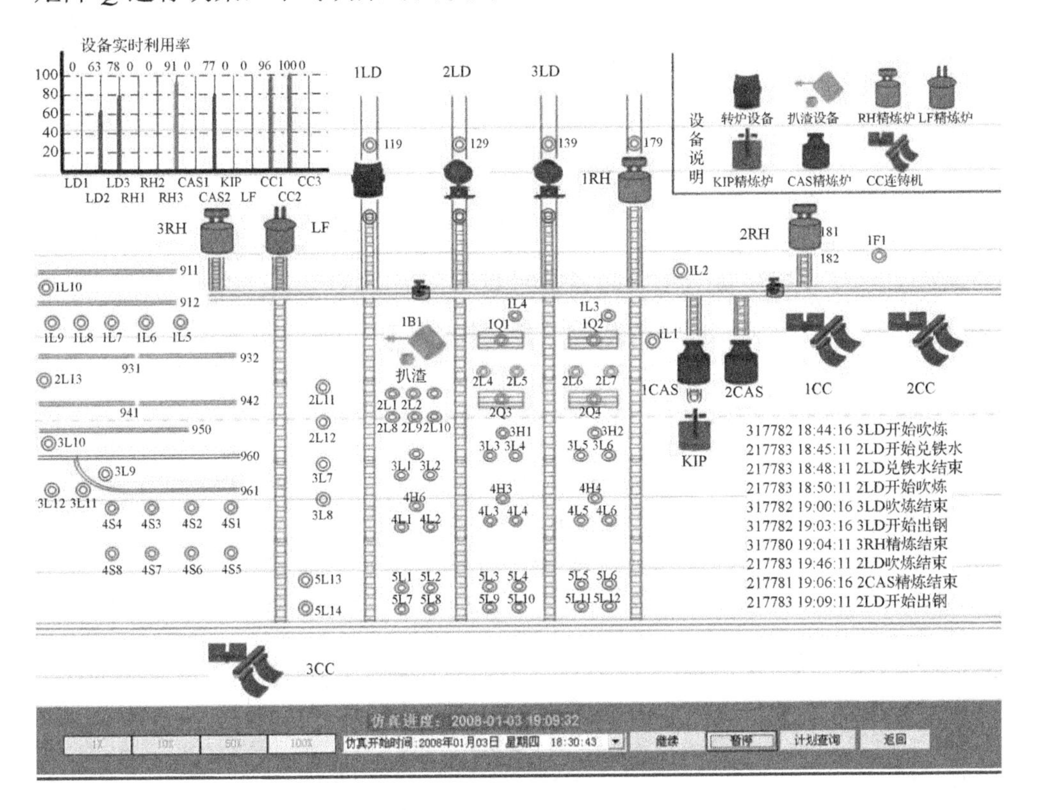

图 8.16 国内某钢铁企业炼钢-精炼-连铸生产设备布局图

8.5 本章小结

首先，本章从基本理论和算法流程两个方面对传统 Q 学习算法进行了研究，并指出了传统 Q 学习算法无法准确选取下一生产状态最优状态行动对的问题；针对这一问题，通过帕累托解集优化求解思想，引入动作选取概率对传统 Q 学习算法进行改进；从精炼生产过程钢水命中率不确定问题矩阵的搭建，和改进 Q 学习算法迭代求解钢水命中率不确定精炼生产调度问题两个方面分析了改进 Q 学习算法求解钢水命中率不确定精炼生产调度问题的求解过程。其次，本章主要从三部分验证本书所提求解策略的可行性与时效性，利用改进 Q 学习算法和传统 Q 学习算法对 Q 学习经典案例进行了求解，结果表明，改进 Q 学习算法在求解 Q 学习经典案例方面具有可行性；利用本书所提算法分别对相同工艺路径炉次钢水命中率不确定精炼生产调度问题和不同工艺路径炉次钢水命中率不确定精炼生产调度问题进行求解，两类调度问题求解结果表明本书所提的模型及算法求解该调度问题具有可行性。最后，通过对大规模实际钢铁生产企业钢水命中率不确定精炼生产调度问题进行了数据验证，利用本书提出的算法对实际钢铁企业的调度问题进行求解，在前三个数据验证试验的基础上进一步验证所提算法的有效性和实用性。

参考文献

[1] 蒋国飞，吴沧浦．基于 Q 学习算法和 BP 神经网络的倒立摆控制[J]．自动化学报, 1998, 24(5): 88-92.

[2] Chen H, Chu C. An improvement of the Lagrangean relaxation approach for job shop scheduling: a dynamic programming method[J]. IEEE Transactions on Robotics and Automation, 1998, 14(5):786-795.

[3] 杜春侠，高云，张文．多智能体系统中具有先验知识的 Q 学习算法[J]．清华大学学报，2005, 4(7): 119-122.

[4] Luh P B, Gou L, Odahara T, et al. Job shop scheduling with group-dependent setups finite buffers and long time horizon[J]. Annals of Operations Research, 1998, 76: 233-259.

[5] 李季．基于深度强化学习的移动边缘计算中的计算卸载与资源分配算法研究与实现[D]．北京：北京邮电大学, 2019.

[6] 金淳，冷淏伶，胡畔．基于启发式Q学习的汽车涂装车间作业排序优化[J]．运筹与管理, 2022, 31(6): 1-8.

[7] Al-Tamimi A, Lewis F L, Abu-Khalaf M. Model-free Q-learning designs for linear discrete-time zero-sum

games with application to H-infinity control[J]. Automatica, 2007, 43(3): 473-481.

[8] 宋清昆, 胡子婴. 基于经验知识的 Q-学习算法[J]. 自动化技术与应用, 2006, 25(11): 10-12.

[9] Galindo-Serrano A, Giupponi L. Distributed Q-learning for aggregated interference control in cognitive radio networks[J]. IEEE Transactions on Vehicular Technology, 2010, 59(4): 1823-1834.

[10] Jaakkola, Jordan T. On the convergence of stochastic iterative dynamic programming algorithms[J]. Neural Computation, 1994, 6(6): 1185-1201.

[11] Zitzler E. Evolutionary algorithms for multi-objective optimization: methods and applications[D]. Switzerland Zurich: Swiss Federal Institute of Technology, 1999.

[12] 颜伟, 田甜, 张海兵, 等.考虑相邻时段投切次数约束的动态无功优化启发式策略[J]. 电力系统自动化, 2008, 32(10): 71-75.

[13] 张超勇. 基于自然启发式算法的作业车间调度问题理论与应用研究[D]. 武汉: 华中科技大学, 2007.

[14] 庞新富, 俞胜平, 刘炜, 等. 炼钢连铸动态智能调度系统的研究与开发[J]. 控制工程, 2005, 10(6): 52-55.

编 后 记

“博士后文库”是汇集自然科学领域博士后研究人员优秀学术成果的系列丛书。“博士后文库”致力于打造专属于博士后学术创新的旗舰品牌，营造博士后百花齐放的学术氛围，提升博士后优秀成果的学术影响力和社会影响力。

“博士后文库”出版资助工作开展以来，得到了全国博士后管委会办公室、中国博士后科学基金会、中国科学院、科学出版社等有关单位领导的大力支持，众多热心博士后事业的专家学者给予积极的建议，工作人员做了大量艰苦细致的工作。在此，我们一并表示感谢！

“博士后文库”编委会